新型工业化高层住宅设计与建造

丁颖　张宏　著

中国建筑工业出版社

图书在版编目（CIP）数据

新型工业化高层住宅设计与建造 / 丁颖，张宏著
. — 北京：中国建筑工业出版社，2023.12
ISBN 978-7-112-29223-3

Ⅰ. ①新… Ⅱ. ①丁… ②张… Ⅲ. ①高层建筑-住
宅-建筑设计 Ⅳ. ①TU241.8

中国国家版本馆 CIP 数据核字（2023）第 184481 号

责任编辑：徐昌强　李东　陈夕涛
责任校对：姜小莲

新型工业化高层住宅
设计与建造

丁颖　张宏　著

*

中国建筑工业出版社出版、发行（北京海淀三里河路 9 号）
各地新华书店、建筑书店经销
北京鸿文瀚海文化传媒有限公司制版
建工社（河北）印刷有限公司印刷

*

开本：787 毫米×1092 毫米　1/16　印张：13¼　字数：318 千字
2023 年 12 月第一版　　2023 年 12 月第一次印刷
定价：**78.00** 元
ISBN 978-7-112-29223-3
（41923）

目录

第一章 绪论

1.1 研究背景

1.1.1 城市住宅的高层化和高层住宅的工业化趋势

（1）城市住宅高层化

随着我国国民经济的迅速发展和新型城镇化建设的不断推进，我国城市化水平有了很大的发展，较好地满足了经济腾飞和人民群众生产生活的需要。在我国颁布的《中华人民共和国国民经济和社会发展第十三个五年规划纲要》中，再次提出加快提高户籍人口城镇化率的要求。

我国是一个人多地少的国家，人口剧增、城市化进程加快与土地资源短缺是我国乃至人类社会发展所面临的最直接、最急迫的问题之一。截至 2016 年，我国共有人口约 13.80 亿，人口总量占全球总人口的约五分之一，居于世界首位；城镇化率 57.35%，略高于全球平均水平，但是与发达国家 80% 的平均水平相比，仍有较大差距；全国共有耕地 135.0 万 $km^{2[1]}$，耕地总面积位居世界第四；人均耕地 0.098ha（1.47 亩），不及世界人均耕地水平的四分之一。此外，从住房和城乡建设部 2016 年全国建筑业企业房屋竣工面积的构成情况看，住宅竣工面积占最大比重，为 67.25%，其他类型房屋竣工面积占比均在 12% 以下（图 1-1）。从以上数据可以看出，城市现有稀缺的土地资源和日益增长的城市建设用地需求之间存在较大的矛盾，节约城市建设用地，是节约耕地的最直接、最有效的途径之一。为了充分提高城市土地资源利用效率，缓解城市日趋紧张的土地资源的利用难题，作为建设量最大的住宅建筑来说，提高居住区建设的容积率、城市住宅高层化成为解决城市土地资源紧张的重要方法和必要途径，也是解决土地资源短缺问题的途径之一。

我国的高层住宅最早可以追溯到 20 世纪 30 年代。彼时上海作为远东繁华城市的代表，率先在黄浦江和苏州河建设了一批高层公寓式住宅。20 世纪中叶，由于经济发展滞后，我国高层住宅的发展也一直处于迟缓状态。进入 20 世纪 70 年代以后，在北京、上海等一线城市陆续建起了一批高层住宅[2]。在高层住宅建设初期，关于造价、安全及社会心理等因素曾历经争论及质疑。经过四五十年的时间，经济水平、消防技术、设备技术、维护水平、建筑材料、建筑技术、建筑设计及施工技术均突飞猛进，加上高层住宅居民的居住体验和适宜性愈来愈佳，时至今日，高层住宅已经广为大众所接受，并逐渐成为居住区降低建筑密度、提高居住环境质量、提高居住舒适度的主要建筑形式。

综上所述，由于高层住宅在土地利用方面的贡献无论是其经济价值还是社会意义都清晰可见，因此，城市住宅的高层化，必定以不可阻挡之势成为我国未来城市化发展的主要

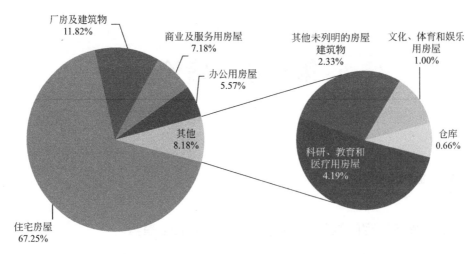

图 1-1　2016 年全国建筑业企业房屋竣工面积构成

图片来源：2016 年建筑业发展统计分析，http://www.mohurd.gov.cn/xytj/tjzljsxytjgb/xjxxqt/w020170523213466623070743428.pdf

居住形式之一，值得我们以积极的、科学的态度去研究，以促进中国高层住宅的健康发展。

（2）住宅的工业化

住宅作为需求量巨大的特殊商品，推行工业化有重要的实际意义：一方面，工业化最能体现规模化生产的优势；另一方面，在住宅生产和建造的全过程中，便于用制造业的质量管理体系来进行生产控制，有利于保证产品的质量。以工业化生产的方式来建造住宅，即住宅工业化，是住宅产业化的核心。

住宅工业化起源于第二次世界大战以后的西方主要发达国家，截至当前，工业化住宅已经成为法国、美国、日本等国家主要的住宅开发模式。半个多世纪以来，住宅工业化在日本、美国等发达国家的普及率日益提高，成为地产业发展主流。

我国工业化住宅的建设起步较晚，从 20 世纪中期引进苏联住宅工业化思想开始，经历过失败的建设历程，曾引起全社会对住宅建筑工业化的质疑。目前，我国已建设万科、青岛海尔、北新集团、南通华新、长沙远大住工以及深圳华阳等多个国家住宅产业化基地，发挥了行业模范作用，起到了以点带面的作用。国家给予工业化住宅政策引导和支持，工业化技术水平的提高和全社会资源环境意识的加强，促进了住宅建设从观念到技术的巨变。所有这一切都推动了住宅建造业进入科学和可持续的发展阶段，推进了我国住宅工业化的科学发展步伐。此外，我国已经形成实施和推进住宅产业化所必需的行业市场化基础，北京、上海等一线城市已形成稳定的供需市场并推广得如火如荼；住宅建筑材料和部品的工业化和标准化生产体系已初步建立并趋向完善；住宅工业化建设迎来从体制到技术，从企业的设计、生产到施工、监管，以及技术人才实现转型的关键时期[3]。

但是，我国住宅工业化的发展瓶颈依然相当突出：我国住宅的部品化、标准化和通用化水平还不高；建筑产业依然处于发展模式粗放阶段，工业化、信息化、标准化水平不高，建造周期长、劳动生产效率低、质量不可控、资源耗费较大、碳排放量突出；建筑工业化发展过程中，政府推动的动力远大于市场机制；我国新建建筑如前几年那样的大规模需求不复存在，调查统计表明，目前全国实施建筑工业化项目规模与全国开工竣工量相比不到1%[4]。此外，我国工业化住宅的生产体系、各种技术保障体系、生产方式、协作程度等与发达国家相比仍存在较大差距，提高我国住宅产业化水平，探索适合我国的住宅工业化之路，仍有漫长的道路要走。

（3）高层工业化住宅

中国作为一个人多地少、城市化发展迅速的国家，解决人们的居住问题，实现智慧、高水平、可持续的城市化居住，高层工业化住宅兼有工业化和高层化两大优势，集节约城市用地、提高住宅工程质量、提高效率、减少人工以及降低工业化建筑成本等优点于一身，是工业化时代居住模式发展的必然。

我国的工业化住宅建设已进入一个重要的转型期，既要兼顾住宅的适量增长和质量的全面提升，又要注重资源的合理、节约利用，实现住宅产业从粗放型转向集约型，实现新时期经济发展需求下住宅工业化的合理发展。而切实研究高层工业化住宅设计与建造，完成从设计到建造的科技更新与变革，是实现工业化住宅产业化和可持续的必要手段。

当前，开展高层工业化住宅的研究已经成为我国建筑行业的迫切需求之一，目前工业化住宅在一线城市推广较多，这些城市绝大多数新开发住宅区容积率要求大于2.0，据不完全统计，在北京、上海、深圳等地已完成或待建的工业化住宅中，高层住宅的数量占据绝大比例。此外，科研院所的科技工作者、大型地产企业均参与到研究的队伍中来，以尽早掌握核心技术，在建筑市场竞争中占据主动。然而，我国的高层工业化住宅作为住宅工业化体系中的重要部分，其设计与建造中仍存在诸多问题：国家政策层面，虽制定了一系列的相关政策，但是政策的推行和落实均需要进一步跟进；各研究单位和企业的研究自成体系，缺少沟通的途径和平台，尚未形成合力；目前各种结构体系、构造节点及构配件的通用性远未达到一定的水平，影响了住宅产业化水平的提高；部分企业有短视行为，在工业化住宅体系引进过程中，忽视自身的科研实力和创新能力的提高，对发达国家的体系全盘照搬，不利于工业化建筑方法的本土化；实现高层工业化住宅"造汽车一样的造房子"这种高度工业化、产业化模式，仍任重道远。

1.1.2 工业化背景下传统建筑设计与建造模式的反省与思考

一直以来，人们对建筑设计的研究主要是偏重于空间形态、建筑美学领域的探索以及对文脉、自然环境、建构技术等相关影响因素的关注。传统的设计运作流程和专业间的协作机制也是围绕着这些目标而进行。然而，建筑工业化是建筑发展历程中不可逆转的潮流，随着工业化建筑的发展，以传统的模式进行工业化建筑的设计、生产与建造，暴露出越来越多的不足。与此同时，信息技术迅猛发展并已广泛渗透到工业化建筑的设计与建造中来，以计算机技术为支撑和以数字载体为中介的操作手段，引发了人们对传统建筑设计与建造模式的反省与思考。

（1）作品模式

长久以来，人们习惯于将建筑设计的成果称为"作品"：建筑学被公认为一门实践性很强的学科，但在我国，建筑艺术偏重于建筑形体的塑造，而建筑构造、材料、工艺流程等技术层面的内容常被忽视，建筑专业学习通常是图面操作和小比例的模型。国内建筑院校的课程设计侧重于对学生美术修养的教育，鼓励学生设计上的奇思妙想胜于启发学生关注作品的实现度；建筑师的建筑设计观念受科技文化水平以及对艺术的认知水平的影响，建筑设计时注意力集中在构图、图形、色彩等视觉元素方面，即使关注材料，也是过多关注材料的肌理、触觉等感官感觉；建筑师更注重从环境、文脉、功能构成等角度，利用抽象或具象以及其他形而上的思维方式去考虑设计的展开，为设计"作品"而标新立异，对所有的建筑类型都片面追求设计的独创性、艺术性，往往忽略如何实现作品以及作品的可操作性。

这种作品模式的惯性思维，也影响了建筑师对于居住建筑的设计把握。尤其是我国住宅大量性建设时期结束以后，随着经济的发展和生活水平的提高，人们对于住宅的需求转向了"质"，对居住的舒适度、居住区的辨识度提出更高的要求。住宅商品化的政策实施以后，开发商出于对利益的追逐，过分关注住宅建筑的"商品"属性，迎合部分使用者追新求异的心理，在住宅设计时片面追求住宅建筑外形的视觉效果，甚至出现不少要求建筑师将住宅做成"地标式建筑"的案例……这一切无形中加剧了建筑师在住宅设计中片面追求"作品"视觉冲击力的心理。

这种长期以来形成的作品模式的设计习惯，在工业化建筑时代来临之时，成为导致建筑师产生迷惘情绪的主要原因之一。

（2）设计流程错序

传统的建筑设计流程（图1-2），从方案设计→初步设计→审批→施工图设计→审查→交底→施工（最终产品）→验收→设计回访与工程回访，是一个单向的、抛过墙式的流程。目前我国大多数设计单位为保证经济效益、提高工作效率而进行细化式分工，面对一个建筑项目，多数属于流水线式设计模式，即前期接洽团队、方案团队、施工图团队往往是三组不同的人员，总是在一个阶段工作结束后，转给下一个团队进行阶段性的工作。尤其是住宅，由于其功能的特殊性，平面设计阶段往往由设计经验丰富的建筑师进行设计工作，因此绝大多数设计院早在住宅设计的方案阶段就将平面设计与立面设计分开进行。

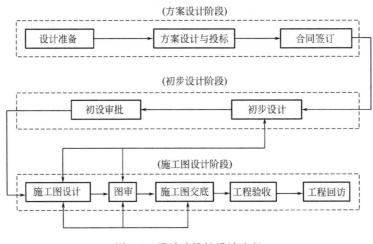

图1-2　设计院线性设计流程

图片来源：作者自绘

此外，传统建筑的施工与设计完全分开，这样会造成建筑初期设计、施工图设计、施工建造各司其职，团队之间、专业之间一旦出现问题，就容易引发严重的多米诺效应，所有专业的工作都必须推翻，甚至需要到建筑方案阶段重来。这种单向线性的设计流程可逆性差、效率低、出错率高，极易导致流程的错序和反复而引发工程质量问题，对于复杂工程可控性差、准确度低。

（3）辅助工具不足

20世纪90年代，国内设计单位开始"甩图板"行动，设计人员采用计算机辅助设计，建筑设计由纯手绘二维图发展为借助CAD软件手工绘制二维图纸。30年来，西方发达国家早已进入三维信息化时代，我国仅机械行业和部分制造业采用三维CAD技术，建筑行业依然是建筑CAD技术基于点线面的二维表达，建筑信息传递依然依靠二维视图的纸质媒介。二维图纸的设计，导致专业之间、建筑与配套之间如有交叉或干扰，靠设计阶段的自查和图纸审查极难发觉，只有到施工阶段才能检查出来，而施工阶段的错误往往是不可逆的，容易造成返工、工期延误、设备无法运行等工程事故，甚至造成无法挽回的损失。

综合技术表达要求与时间效率来看，在现在至未来很长一段时间内，对于大量符合建筑抗震基本原则、体型规则的传统建筑项目来说，采用二维CAD较为适宜；而对于体型不规则甚至异形、结构形式复杂的建筑工程项目来说，二维的形式已经难以表达清楚。尤其是工业化建筑时代的来临，工业化建筑对设计表达深度、表达精度有更高的要求，各专业间需要在设计阶段做充分的检查，已经远远超越二维绘图工具所能驾驭的范围。这也是大量建筑师面对工业化建筑的设计产生无措感的根源之一。

（4）各专业分裂式合作

传统的建筑设计单位，尤其是在以专职聘任建筑师为主体的设计院和事务所，仍或多或少采用"作坊式"传统协作模式，即每个设计单位都是"小而全"的集体。传统建筑设计项目，方案阶段其他专业并不参与，多数情况下仅是建筑师和甲方的设计要求对接，人们普遍认为传统项目的方案设计阶段其他专业没有参与的必要性。这便为实际建造时原有方案的实现度不佳留下了隐患。

一栋建筑从方案设计完毕到施工图纸交付使用，需要经过建筑、结构、给排水、电气、暖通空调、总图、景观等多个专业配合完成。常规的设计项目工期要求都比较紧促，因此，在各专业的催促下，建筑专业提出定稿的条件图以后，其他各个专业在建筑图纸的基础之上分别进行专业设计。设计期间，专业之间各自为政，个别小型设计院甚至连结构专业的柱网都不会重新合并到建筑里。如有变更或专业间存在较明显的冲突，专业交流会的时候口头联系手动修改，施工图完成后各专业总工分别审图，由于专业知识所限，设计人员之间专业分工明显，专业之间不做也无法进行相互检查。因此，传统设计院在进行项目设计时，各专业之间表面上看虽有合作关系，实则缺乏相互制约，是一种分裂式的串行合作（图1-3）。

对于整个建筑系统而言，作为子系统的各专业之间相互封闭，信息无法对接和叠加。此种现象的结果，便是直到实际建造施工时才会发现具体某一个节点上各专业之间的冲突和问题，此时再慌忙去寻找解决办法，容易引发工程事故。

（5）设计远离建造

传统的建筑项目设计中，设计与建造是完全分离的两个单位、两个运行系统。究其原因，一方面由于建筑师自身更关注建筑的空间和形式，对建筑的实现缺少必要的考虑和回应；另一方面，我国的建筑工程管理机制实行分项招标、分段验收政策，容易造成设计、

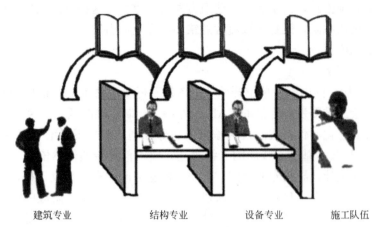

建筑专业　　　　结构专业　　　　设备专业　　　　施工队伍

图 1-3　专业间的分裂串行合作

图片来源：作者自绘

生产、施工建造各个环节相互割裂和脱节。

　　传统的建设流程，在设计施工图与施工单位"交底"对接以后，设计与建造处于分离状态，只有当建造出现问题时，施工单位通知到设计单位，设计者才慌忙找出办法来弥补。所以，传统的设计与建造线性的合作关系，往往导致建筑作品完成度低，承包商对于建造的模式与质量反而起决定性的作用，设计对建造却失去掌控，建筑的质量难以得到有效保障。

　　（6）建造问题重重

　　除了与设计、管理和维护严重脱节以外，传统建造方式还存在诸多问题，如：

　　工人工作环境差、劳动强度高、管理难度大。手工和半机械化的结合造成工程质量难以保证，施工安全事故频发。

　　模板等现场建筑材料投入量大、周转利用率低，资源浪费严重，还产生大量的建筑垃圾，对环境的破坏性大。

　　手工作业过多，对青壮年工人依赖性大。随着经济发展，我国将面临老龄化的社会问题，熟练和半熟练建筑技术工人越来越缺乏。同时，恶劣的工作环境让年轻人更趋向于选择其他服务行业就业，造成建筑工地招工难的问题，因此导致人工成本高、人员流动性大、工程成本高的状况。

　　由于建筑质量不佳，工程项目竣工后，很多建筑部件先于设计耐久期限出现质量问题，造成后期的维护和保修工程量大，无形中进一步造成了人力、物力的浪费和维护成本的增加。

　　传统的建造效率低下且完全现场模式，对于自然气候环境依赖性大。而北方地区施工周期短，因此施工效率愈发低下，有些地区甚至每年仅有半年施工期。

1.1.3　我国住宅产业化面临的困境

　　（1）缺乏完善的技术体系支撑

　　当前，我国的工业化住宅建设引起了政府的高度重视，但是由于技术体系尚在建设之中，缺乏成熟的设计技术，不能为高品质的住宅建筑提供足够的技术支撑，因而给工业化的设计、建造甚至全生命周期的管理维护带来一系列问题，住宅全生命周期的居住品质难以得到保障。设计技术、设计模式的转型问题仍是阻碍我国住宅产业化的重要因素。

（2）住宅产业化生产体系仍在建设中

经过 20 多年的发展，我国住宅产业化的部品供应要求虽已形成一定的产业链条，但从国际视野看，与西方发达国家成熟的住宅产业体系差距仍较大：住宅工业化或住宅产业化的概念普及度仍然较低；已有的系列部品产品存在品种单一、规格偏少、标准化程度低等问题；现有的住宅行业仍是工业化程度较低的劳动密集型产业，距离实现技术密集型的产业理想仍有很大距离。

（3）生产建造方式落后、协作程度较低

由于我国住宅建设需求量大、产业化发展时间短，形成了较低的行业准入门槛，引发大量从事相关产业的中小企业的非理性参与，降低了整个住宅产业的集中度；同时由于缺乏管理机制，众多企业各自为政，分散发展，造成当前住宅产品品质和集成化程度低，缺乏技术控制手段，建筑部品、部件的生产与供应不均衡，造成低效率、高成本现象。

（4）住宅引发严重的环境问题，不利于可持续目标的实现

通过大量调研，笔者发现我国当前的工业化住宅仍存在大量粗放式的生产与管理现象：构件虽然是在室内制作，但是却以低效率的人工工厂化作业为主（图 1-4），工业化、机械化水平较低，属于典型的"伪工业化"现象；建筑外墙整体性差、节点构造材料的耐久性与墙体、结构体系的差距较大、预制构件无法真正实现更换；由于新建的装配整体式住宅"楼龄"尚短，维护成本的高与低一直是纸上谈兵，尚无足够的实际数据采集。实现"集约高效"的建设目标，落实节能减排的各项技术措施，仍需要大量的研究投入以及相关技术体系的研发与应用。实现我国高层工业化住宅的产业化目标，仍有相当长的距离。

图 1-4 人工生产 PC 构件

图片来源：作者自摄

1.1.4 "唯预制装配式"工业化住宅的困惑

钢筋混凝土材料合理利用了两种材料的特性，同时具有取材容易、耐久性、耐火性、可模性、整体性、可废物利用等优点，因此成为高层建筑最经济实用的建筑材料，事实上它们也一直是世界各国高层工业化住宅的主要材料之一。在我国当前，钢结构、木结构、复合结构等结构体系的高层住宅工业化虽均取得一定的发展，但是，综合材料特性以及人们的认知程度、住宅的经济效益、社会效益、质量效益和环境效益来看，钢筋混凝土材料

仍是最适合我国国情的建筑材料，当前直至未来的很长一段时间，高层工业化住宅的主体仍是钢筋混凝土结构住宅的工业化。

工业化住宅起源于 20 世纪 30 年代，在 80 年后的当代，已成为发达国家一种普遍的建筑形式。我国工业化住宅发展历史较短，20 世纪 60 年代曾引进苏联技术大批量建设大板住宅，由于没有结合我国国情进行进一步的技术改进，渗漏问题、隔音、保温差等问题频发，尤其唐山大地震引发人们对于预制钢筋混凝土住宅的质疑，加之商品住宅政策的推行，工业化住宅与现浇住宅相比，失去了价格、多样化和质量的优势，而一度退出我国住宅市场。我国预制装配式工业化住宅的发展经历较为曲折，近年来，国内工业化住宅在经历企业试验与社会试点后，为区别于以前的预制装配大板住宅，改为"装配整体式"工业化住宅，作为传统住宅建筑的发展、升级方向。

然而，长久以来，人们对于钢筋混凝土建筑工业化的认知存在一定的误区：将建筑工业化片面地理解为预制混凝土（precast concrete，简称 PC）装配式建筑的工业化，认为"像搭积木一样搭房子"的纯干法建造才是建筑工业化，忽视甚至否定现浇钢筋混凝土的优越性，忽略我国当前高度机械化、现代化、工业化的现浇钢筋混凝土技术，各级城市纷纷建设预制构件厂，各级政府一味地以提高装配率为目的，而忽略本身市场的需求。从一定角度来看，追求高装配率确实会在一定程度上促进建筑工业化的发展，但这种一刀切的发展方式也会脱离现状，容易重蹈当年学苏联的覆辙，舍本逐末，扭曲建筑工业化的本质，达不到技术多样化的效果。

此外，伴随新型工业化住宅建筑的再次起步，我国建筑设计市场也将面临新的内容和挑战。设计行业面对设计和建造模式的转换产生了困惑：如何设计符合工业化生产和工业化建造工艺要求的高性价比的住宅已成为急需探讨和解决的话题。

同时，住宅的商品属性使得"唯预制装配式"工业化住宅的购买方和开发商双双陷入困惑的境地：60 年代的大板住宅使人们对于装配式住宅的安全性仍存在顾虑，因此，预制装配式住宅在我国二线城市的市场认可度不高。例如，本人曾关注我国某大型房地产公司在山东青岛市的一栋高层工业化住宅的建造进展，两年时间内，该栋住宅的施工一直停滞在 ±0.000 的地面位置，因为缺乏市场认可，迫使企业停止在市中心位置采用预制装配式工法建住宅综合体的打算，重新调整了设计方案。可见，住宅作为一种特殊的、具有商品属性的建筑产品，对于新技术的推行，市场需求是不可忽视的重要条件。

1.2 相关概念界定

1.2.1 工业化

"工业化"的具体概念，目前尚无统一的界定。德国经济史学家鲁道夫·吕贝尔特将工业化理解为以机器生产取代手工操作为起源的现代工业发展过程；美国经济学家西蒙·史密斯·库兹涅茨则认为，工业化即产品的来源和资源的去处从农业活动转向非农业生产活动的过程；《新帕尔格雷夫经济学大词典》解释"工业化"是具有以下几个特征的过程：首先，来自制造业活动和第二产业的国民收入份额一般上升；其次，从事制造业和第二产业的劳动人口一般也表现为上升的趋势……可见，工业化的概念拥有狭义和广义两方面的含义：狭义工业化把其看作替代农业的产业，因而工业化即工业产值、就业人口比重保持上升的过程；广义的工业化首先表现为生产技术和社会生产力的变革，以及这一过程引起的经济结构的调整和变动，最终导致并表现为人们思想观念、文化素质上的变化，从而引发整个经济体制或社会制度的变革。

联合国欧洲经济委员会（UNECE，1959）将"工业化"（industrialization）定义为：①生产的连续性，这就意味着同时需要稳定的流程；②生产物的标准化；③全部生产工艺的各个阶段的统一或者集约密集化；④工程的高度组织化。在建筑工程中，第一点就意味着现场作业的完全组织化；第二点意味着在有条件的情况下，只要经济，就要把特定的作业从现场转移到工厂生产，最后在工厂里完成大部分生产活动；⑤只要有可能，就要用机械劳动来代替手工劳动；⑥与生产活动构成一体的有组织的研究和试验[5]。这一定义对于我们在建筑领域的住宅工业化研究有极为重要的意义。

1.2.2　建筑工业化与住宅工业化

建筑工业化的概念是随着西方工业革命而出现的。欧洲的新建筑运动，推动了工厂预制、现场机械装配以及建筑工业化理论雏形的形成。第二次世界大战后西方诸多国家均存在房荒和劳动力匮乏之间的矛盾，工业化因效率高、省劳力而得以推广流传，直至在欧美盛行。联合国1974年发布的《政府逐步实现建筑工业化的政策和措施指引》，为"建筑工业化"给出了准确定义：按照大工业生产方式改造建筑业，并使之逐步变手工业生产为社会化大生产的过程。实现这一过程的基本途径是采用标准化建筑、构配件工厂化生产、机械化施工和科学化管理，并逐步采用现代科学技术的新成果，以提高劳动效率，降低工程成本，提高工程质量。

1995年，建设部印发《建筑工业化发展纲要》，强调建筑工业化是我国建筑业的发展方向，提出我国建筑工业化的基本内容："采用先进、适用的技术、工艺和装备，科学合理地组织施工，发展施工专业化，提高机械化水平，减少繁重、复杂的手工劳动和湿作业；发展建筑构配件、制品、设备生产并形成适度的规模经营，为建筑市场提供各类建筑使用的系列化的通用构配件和制品；制定统一的建筑模数和重要的基础标准（模数协调、公差与配合、合理建筑参数、连接等），合理解决标准化和多样化的关系，建立和完善产品标准、工艺标准、企业管理标准、工法等，不断提高建筑标准化水平；采用现代管理方法和手段，优化资源配置，实行科学的组织和管理，培育和发展技术市场和信息管理系统，适应社会主义市场经济的需要。[6]"该文件对于建筑工业化内容的概括至今仍值得参考与借鉴。

《建筑工业化发展纲要》还提出建筑工业化的重点是房屋建筑，特别是量大面广、体现人民居住水平的住宅建筑。时至今日，住宅建设仍在我国房屋建设中占最大比重。可见，住宅工业化是建筑工业化的一种"产品类型"，因此，它不仅具有建筑工业化的标准，还拥有居住建筑属性决定的特色：作为一种面向广大民众的特殊"商品"和"产品"，居住建筑本身的特殊功能和构造需求，居民生活需求多样化决定的功能需求多样化、人性化和内装个性化、多样化，住宅的商品属性带来的低成本和价格亲民化需求与住宅设计标准化、工业化施工和构配件工厂化生产之间的矛盾，厨房、卫生间等特殊功能区块诸如给排水、防水等特殊构造需求，住宅全生命周期内面临的功能替换和可变的需求，使得住宅工业化面临更复杂的技术集成，对标准化、集约化、机械化乃至建造和管理均有更高的要求。

1.2.3 工业化住宅与装配式住宅

近年来，国内对于工业化住宅的概念界定说法较多，总结起来，有广义和狭义之分。广义的工业化住宅不仅包括全预制装配住宅，还包括采用现代现浇工艺以及各种混合工艺所建造的住宅[7]，也就是说，广义的工业化住宅包括所有采用工业化生产方式建造的住宅。从狭义来看，许多文献把工业化住宅理解为全预制装配住宅。

我国国标图集《工业化建筑评价标准》GB/T 51129-2015 中，对于工业化建筑（in-dustrialized building）明确的定义是"采用以标准化设计、工厂化生产、装配化施工、一体化装修和信息化管理等为主要特征的工业化生产方式建造的建筑"[8]。

我国于 2017 年 6 月 1 日实施的系列装配式建筑技术标准国标图集中，将装配式建筑明确定义为"结构系统、外维护系统、设备与管线系统、内装系统的主要部分采用预制部品部件集成的建筑"[9]。

综上所述可见，工业化住宅其实就是住宅的生产方式或技术手段，运用现代工业技术和现代工业组织，通过技术手段集成和整合住宅生产的各阶段、各生产要素，以实现标准化的建筑、工厂化的构件生产、系列化的住宅部品、装配化的现场施工、一体化土建和装修、社会化的生产经营、有序的工厂作业，从而实现住宅的高质量、高效率、高寿命、低成本、低能耗。其特征是大量的建筑部品由工厂生产加工完成；现场大量的装配作业代替了传统的混凝土现浇作业；推行建筑、装修一体化设计与施工；采用标准化设计和信息化管理；符合绿色建筑的要求。工业化住宅就是要在整个住宅的建造、使用过程中充分体现住宅的工业化优势，在住宅的使用过程中进行合理的管理和维护。而装配式住宅是工业化住宅的一种表现形式，也可以说，工业化住宅的概念包含装配式住宅的概念，或者说工业化住宅是指广义的装配式住宅。

1.2.4 高层住宅

对于高层住宅的概念，不同国家、不同年代、不同地区有不同的定义。高层住宅的发展，与各个国家的经济基础、技术条件、文化意识及人民生活水平紧密相关，因此对于高层住宅的定义各个国家在不同时期都有不同的层数标准或者高度标准。在美国，将 7 层以上或高度超过 23m 视为高层建筑[10]；在日本，31m 或 10 层及以上视为高层住宅[11]；在英国，把等于或大于 24.3m 的建筑视为高层建筑[12]。大多数国家的建筑工程师、检查员、建筑师和相关专业人员将高层建筑定义为至少 23m 高的建筑物[13]。

我国最新国家标准《建筑设计防火规范》GB 50016-2014，对高层住宅有明确的定义，即"建筑高度大于 27m 的住宅建筑"属于高层建筑[14]。

《民用建筑设计通则》GB 50352-2005 将住宅建筑按层数划分为：一层至三层为低层住宅；四层至六层为多层住宅；七层至九层为中高层住宅；十层及十层以上为高层住宅[15]。

由上述内容可见，对于高层住宅的定义，尤其是在梳理高层住宅发展史中，很难准确按照当时各国的法律规定来进行研究。本文关注的重点是设计与建造的技术和方法而非标准的划分，因此，本文在梳理高层住宅演变的过程中将研究对象定义为国外 7 层以上的住宅、国内 10 层以上的住宅。

1.2.5 高层工业化住宅

高层工业化住宅是在高层住宅和住宅工业化技术成熟的基础上，将高层住宅建筑业从分散的、落后的、大量现场人工湿作业的生产方式，逐步过渡到以现代技术为支撑、以现代机械化施工作业为特征、以工厂化生产制造为基础的大工业生产方式的全过程，是高层住宅建筑业生产方式的变革；是把同类型大量高层住宅建筑作为整套工业制品，采用统一的结构形式、成套的标准构件，按照先进的生产工艺和专业分工，集中在工厂进行均衡的、连续的大批量生产和流水作业，利用现代工业的组织和生产方法，在现场进行混凝土现浇和装配工程，采用机械化施工，使建筑业从过去传统分散的手工业生产方式转到大工业生产方式的轨道上来[16]。

1.3 国内外研究现状与文献综述

由于当前建筑学界针对高层工业化住宅设计与建造的研究较少，往往是将高层工业化住宅涵盖于工业化住宅之中笼统介绍，因此本文对于研究现状的展开从住宅工业化和高层工业化住宅两个方面入手，对于相关研究的梳理也从上述两个方面形成的两条线索进行。

另外，居住建筑工业化是全世界的重要课题，涉及多语言、多学科、多领域。由于个人能力和精力所限，本文对相关文献的梳理仅在英文、中文和部分日文译本的研究成果基础上展开。

1.3.1 住宅工业化的研究

（1）国外研究与现状

西方发达国家的工业化住宅已经发展到了相对成熟、完善的阶段，住宅工业化在日本、美国、欧洲、新加坡等发达国家（地区）得到了广泛的实践和应用，技术也非常成熟。例如在瑞典，80%的住宅采用了基于通用部件的住宅通用体系。美国的住宅产业化水平处在国际领先地位，社会化分工程度也较高，其国内住宅部品和构配件的设计研发、生产销售等整个链条产业都已十分成熟，美国住宅用构件的标准化、商品化程度几乎达到100%。由于发达国家工业化住宅起步早，它们对工业化住宅的研究已较为深入和广泛，有着丰富的研究成果，从设计到建造均有了较为成熟的模式化理论和方法。

早在 1971 年，美国学者 Albert G. H. Dietz 和 Laurence S. Cutler 便在 *Industrialized Building Systems for Housing*[17] 一书中指出，随着住房需求的加快，超越了传统施工方式的提供能力，建筑工业化越来越重要。该书为工业化建筑趋势带来了新的动力。书中结合实例，对工业化所涉及的基本原则和目前正在发展的建筑系统类型，尤其是住房系统进行了严格的梳理，并对国家层面的基本政策提出综合解决方案。作者认识到了设计原则、绩效标准、建筑规范效应、批量生产、建筑模块、评估问题、引进问题等多种因素创新，强调了政府政策、劳动力、生产的必要组织。本书可谓较早的、全面系统地研究住宅工业化的著作。麻省理工学院建筑与城市设计系主任、著名教授 N. John Habraken（1972）在他的 *SUPPORTS an alternative to mass housing*[18] 一书中首次提出支撑体/填充体

(support / infill) 概念，这在当时作为住房和环境运动的前沿，如今已在世界范围内推广，作者也被誉为"让世界建筑与城市发生了巨变"的人。2008 年 7 月，在美国 MOMA 艺术馆举行的由 Barry Bergdoll 和 Peter Christensen 联合策划的"住家速递——预制现代住宅"展览（Home Delivery：Fabricating the Modern Dwelling），具有极为重要的意义。此次展览以 5 个实尺模型的形式和 58 个用各种材料和技术制作的预制建筑的图片、文字和模型，将自 1833 年以来全球工业化住宅的发展历程以直观的形式系统地展现于世人面前[19]，展示了预制建筑对人们生活所起的历史和现代的意义，提出随着世界人口的膨胀和对可持续生活方式的需求越来越迫切和明显，大批量生产的工厂制造的住宅不仅有杰出的历史，也是现代建筑发展的重要原则，"预制建筑是当今世界的中心舞台"。两位组织者出版了与展会同名的书籍 Home Delivery：Fabricating the Modern Dwelling[20]，还分别介绍了日本的预制房屋、北欧国家的预制建筑等。展览会上展出了模块元素、数码结构和预制、集成式住宅等多种建造体系，本次展会堪称现代以来对工业化住宅最彻底的讲述和检验。

此外，英国作为世界上第一个工业化国家，对于工业化住宅的研究也较为全面和深入。Brian Finnimore（1989）的 Houses from the Factory：System Building and the Welfare State 一书全面系统地介绍了工业化住宅及相关体系[21]。Brenda Vale（1995）在 Prefabs—The History of the U.K. Temporary Housing Programme 一书中详尽介绍了工业化组合屋的构造及结构的优越性[22]。Kate Barker（2004）领导的房屋供应调查小组出版了 Barker Review of Housing Supply，界定 MMC（Modern Methods of Construction）为采用优质产品和科学流程，建设高效、高质、高满意度的建筑，可持续的建造过程和可预知的建造方法，并按照建筑模式和结构形式对建造方法进行详细分类研究[23]。

日本的住宅工业化经过半个多世纪的发展，已形成完整的建筑产业化体系，尤其是在住宅工业化研究方面已走在了世界的前列：对于工业化住宅的研究从结构体系到设计、生产、建造；从综合研究报告到政策、制度、法律、法规，涵盖面广且研究精细到位。泽田光英（1991）《战后（1955 年～1985 年）日本住宅建设的工业化计划及其评价》[24] 中用详尽的统计数据分析了日本历年来的工法、人均居住面积、建筑造价、政策手段效益等各类指标，得出住宅工业化和产业化健康发展的比率和有效途径。东京大学大学院工学系研究科建筑学教授松村秀一（1998）在《住宅生产界的组织》[25] 一书中对工业化住宅的生产组织提出了系统化的理论。藤本秀一（2004）在《SI 建筑的设计与项目》中结合实例对 SI 结构体系展开研究，提出系列解决问题的工法、构造与对策。日本建筑学会（2008）编制的《可持续居住的集合住宅选择和维持方法》一书中提出了整套集合住宅的设计和维修策略。渡边邦夫（2012）主编的《PC 建筑实例详图图解》通过实例将 PC 建筑的结构体系、施工方法、节点构造及计算流程进行了详细的解读，对于 PC 建筑的推广与发展起到了积极的推动作用[26]。日本学者的多部著作成为世界各国研究工业化住宅必读的典范书目，例如松村秀一（Shuichi Matsumura）教授（1987）的《工业化住宅·考》，系统地解读了日本工业化住宅的发展变化[27]；住宅部品方面的专家岩下繁昭先生（1999）的《日本の住宅部品産業の發展（日本住宅部品产业的发展）》对研究部品在工业化住宅发展过程中的应用做出了详尽的介绍[28]。不仅如此，日本对国外住宅工业化发展也展开了大量研究，《住宅生产の工业化（住宅生产的工业化）》《世界のプレハブシステム（世界的预制装配化系统）》《北歐の住宅對策（北欧的住宅对策）》等研究报告为日本扬长避短、发展本国的工业化住宅之路起到了不可估量的作用。如今，日本住宅产业的发展战略转向环境友好、资源节约和可持续发展，提出百年住宅体系（century housing system，CHS）的战略发展目标，住宅建设的法律框架、政策制度、规划设计理念、建筑材料、住宅部品以及施工方法都随之调整和创新为一套成熟的工业化住宅体系，以适应未来发展的需要。

（2）国内相关论题的研究概况

国内的工业化住宅虽然起步较晚，因已有 20 世纪的经验和教训，加之近年来对国外相关经验和技术的学习与借鉴，使得我国住宅工业化研究取得较快的发展，也有着较为丰富的研究成果。

21 世纪以前，我国工业化住宅主要学习苏联、法国、联邦德国、日本、瑞典、丹麦等住宅工业化发达国家的经验。苏联 B. B. 加连柯夫（1957）的《住宅标准设计的编制方法问题》[29]，中国科学技术情报研究所编辑的《出国参观考察报告——波兰建筑工业化与通用厂房建筑体系》[30]，娄述渝、林夏（1986）编译的《法国工业化住宅的设计与实践》，国家建委建筑科学研究院出版的《国外建筑工业化体系》[31]，日本内田祥哉（1983）的《建筑工业化通用体系》[32] 等著作可谓影响国内住宅工业化趋势的经典。同时，国内将西方住宅相关理论与国情结合，并结合实践进行了理论阐述，比较有代表性的有支撑体理论[33]、装配式大板建筑[34][35] 等。

进入 21 世纪，董悦仲（2005）等编著的《中外住宅产业对比》[36] 一书，可谓近年来介绍国外住宅工业化经验的学术著作之集大成者：书中对比了我国与日本、美国、英国、法国、新加坡、挪威等欧、美、亚发达国家的工业化住宅及住宅产业化，分析了中外差距，总结了上述国家给我国的启示。尤其是"住宅产业专题"部分，由赵基达、娄乃琳、范悦等数位国内专家执笔，包含住宅运行机制、政策制度、技术水平、结构体系等 15 个专题，从宏观的角度为我国工业化住宅的发展提供了详实可靠的参考；吴东航，卓林伟（2009）在《日本住宅建设与产业化》[37] 一书中，将日本住宅现状、历史、相关法律、制度的发展变化、日本可持续住宅的住宅体系、集合住宅的设计、结构、装修等通过具体的数据表格做了详细的介绍，为我们全面了解日本住宅工业化进程以及我国住宅工业化之路取日本之长补己之短提供了有力帮助。此外，中国城市住宅研究中心举办的中国城市住宅研讨会已成为中国城市住宅领域重要的国际学术活动，2009 年在合肥举办"可持续住宅建设产业化"论坛，并出版同名论文集《可持续住宅建设产业化论坛·合肥·2009 论文集》[38]，文林峰、刘美霞（2016）等编《大力推广装配式建筑必读——制度·政策国内外发展》[39]，陈振基（2016）主编《我国建筑工业化时间与经验文集》[40]，中国建筑国际集团有限公司、深圳海龙建筑科技有限公司及同济大学（2016）联合编著《建筑工业化关键技术研究与实践》[41]，张波（2016）主编《建筑产业现代化概论》[42]。这些作品均收集大量的资料，汲取国内外多方面研究的经验，结合具体案例客观总结国内外工业化住宅各方面的发展情况，为我国工业化住宅的发展提供多方面参考。

期刊类文献针对住宅工业化与产业化的研究更为活跃，其中最具代表性的是国内建筑学领域知名期刊《建筑学报》，该刊于 2012 年 3 月和中国建筑标准院举办"生产方式转型下的住宅工业化建造与实践"座谈会，并将当年第 4 期专辟为"工业化建造/工业化住宅设计与理论"特集[43]，记录了产、学、研各界建筑师、学者、专家针对当下生产方式转型和保障房大量建设的背景下，我国住宅所面临的机遇与挑战，以及推进工业化、标准化、部品化等一系列重大技术课题所遇到的发展瓶颈进行研讨和交流，探寻适合我国的住宅产业化发展方向。刘东卫等（2012）[44] 将我国住宅工业化的发展划分为创建、探索和转变 3 个阶段，并对每个发展阶段的设计与标准、主体工业化技术、内装部品化技术和工业化项目实践等方面做出系统解析；范悦教授（2012）[45] 在回顾国外 PCa 住宅工业化和国内工业化住宅发展历程的基础上，提出了生产方式转型发展时期我国住宅工业化的发展策略和展望；周静敏、苗青等（2012）[46] 总结了英国工业化住宅的设计和建造特点，展现了住宅工业化的发展趋势，以期对我国住宅工业化进程有所参考；胡惠琴、李逸定等将代表当时最先进工业化技术的日本琴芝县营住宅、伦敦莫里街住宅、丹麦 ONV 屋预制住宅等世界典型先进技术案例进行翻译介绍……这次研讨会以及会后论文是对当时世界住宅工业化先进技术水平的总结，对指导我国"十二五"工业化住宅发展方向，起到了关键的作用。

学位论文方面，郭戈（2009）[47] 对住宅工业化发展脉络进行了梳理；张竹荣（2009）[48] 在其硕士论文中将国内外多种结构体系的住宅结合案例进行多角度分析，并得出国内工业化住宅发展缓慢的原因及解决建议；于春刚（2006）[49]、王慧英（2007）[50] 等对某一结构体系工业化住宅进行了研究；高颖（2006）[51]、刘长春（2014）[52] 从住宅部品体系、住宅内装模块化的角度展开工业化住宅的研究；姚刚（2016）[53]、肖堡在（2015）[54] 等从基于建筑信息模型（BIM）的角度展开对工业化住宅的研究。此外，还有诸多学位论文偏于资料综述，或者对某单一工业化住宅案例进行分析；也有部分专业学位论文在工业化住宅管理方面展开研究，多为硕士论文，研究的深度、展开的广度都有待扩展。

1.3.2　高层工业化住宅的研究

（1）国外研究与现状

国外针对高层工业化住宅的研究，以新加坡和日本最具有代表性。这两个国家都面临城市人口密度大和国土资源相对紧缺之间的矛盾，城区工业化住宅中高层住宅所占比重较大，对于高层工业化住宅的研究和实践较其他西方国家多，研究成果也更为丰富。

新加坡是世界上公认的住宅问题解决较好的国家，由于整个岛国面积有限，高层高密度从一开始就被定为新加坡主要住宅策略。组屋在新加坡高层住宅建设中占很大比例，可以说其发展史即为新加坡高层住宅的发展史。1975 年，Stephen H. K. Yeh（1975）主编了 *Public Housing in Singapore：A Multidisciplinary Study*[55]；1985 年，Aline K. Wong 和 Stephen H. K. Yeh（1985）共同编写的 *Housing a Nation：25 Years of Public Housing in Singapore*[56] 一书可谓前者的续篇，两本书不仅介绍了新加坡组屋的发展情况，记录了各项重大技术、管理、材料等的突破，还分享了新加坡建屋发展局（Housing & Development Board）的高层住宅发展和管理经验。尤其是后一本书，用大量篇幅介绍了大型规划和大型建设项目的设计、基础设施、建筑标准和相关技术，如公屋平面设计、模块化设计、模板系统及规划等技术问题，为国际上公屋建设、高层住宅建设提供了全方位的经验和示范。

此外，承建本国组屋数量 80％的 HDB 负责编制的 *Precast Poctorial Guide* 2014[57]（2014），对于户型设计、建筑层高、模数设计、尺寸设计、标准接头设计、节点设计、建筑细部尺寸等都做出了技术规定；BCA 出版了"可建造系列丛书"，其中 *Reference Guide on Standard Prefricated Building Components*[58]（2000）制定了标准预制建筑构件的尺寸和连接细节；BCA 与新加坡结构钢结构协会（SSSS）合作编制的 *A Resource Book for Structural Steel Design & Construction*[59]（2001）致力于钢结构体系在中高层工业化建筑中的运用和推广；*Buildable Solutions for High-Rise Residential Development*[60]（2004）对高层住宅的结构体系、节点、规划及设计结合案例进行了技术性研究······截至目前，新加坡对于高层工业化住宅（公屋）的研究已经具有相当的成熟度，并均有建设成熟的社区案例：对高层工业化住宅结构体系和邻里公共空间[61] 的研究，对高层工业化住宅垂直绿化、生态住宅[62]、住区环境[63]、居住者舒适度[64] 等各个层面的研究均处于世界领先地位。

由于日本的住宅产业链非常完善，因此对于高层工业化住宅的研究亦相当成熟，已形成主体工业化和内装工业化协调发展的完善体系：日本 1990 年推出采用部件化、工业化生产方式、高生产率、住宅内部结构可变、适应居民多种不同需求的"中高层住宅生产体系"[65]；森保洋之等（1993）编写的《高層·超高層集合住宅》[66] 结合实例介绍高层、超高层规划、设计、法律标准等，介绍了工业化技术在高层集合住宅中的运用，以及工业化对高层集合住宅设计阶段的影响；日本中高层住宅建设研究会（1998）发行的《工業化住宅ハンドブックセット（工业化集合住宅手册）》[67] 详尽介绍了当时高层住宅工业化技术；日本住宅·都市整治公团关西分社集合住宅区研究会（2005）编著的《最新の住宅設計（最新住区设计）》[68] 结合十佳集合住宅案例研究了以高层集合住宅为主的住宅规划、设计、结构及抗震设计。日本对于高层工业化住宅的研究已处于成熟期并仍在不断进行探索：对高层工业化住宅及结构体系[69]、集合住宅建筑设计[70]、集合住宅再生和改造[71][72][73]、抗震结构体系及构造措施、住区环境[74] 等各个层面的研究均处于全世界领先地位。

（2）国内相关论题的研究概况

目前在国内各类学术文献中，"高层工业化住宅"较少作为专有名词出现，国内对高层工业化住宅的相关理论研究相对较少。《国民经济和社会发展第十二个五年规划纲要》提出大量建设"保障性住房"，发展和消费"节能省地型"住宅。因此，保障性住房中的公共租赁房是国内较早推行工业化建造的高层住宅形式。由住房和城乡建设部住宅产业化促进中心（2011）主编的《公共租赁住房产业化实践——标准化套型设计和全装修指南》[75] 可算作我国高层工业化住宅研究的范例。该书研究了日、美、韩、新加坡、中国香港等国家和地区公租房的发展情况，在总结、借鉴相关经验和教训的基础上，提出适合我国国情的相关政策、制度和体系等；中国房地产业协会和住宅科技产业技术创新战略联盟（2016）针对我国高层住宅工业化技术体系和部品产业链现状开展调研，形成《我国建筑工业化体系现状研究报告》[76]，并组织编写了《我国高层住宅工业化体系现状研究》一书，客观地分析了目前国内高层工业化住宅已有的成绩和存在的问题。此外，还有国内高层工业化住宅经典实例及技术介绍类文献，如《建筑工业化典型工程案例汇编》[77]《上海市建筑工业化实际案例汇编》[78]；介绍国外高层工业化住宅发展历程、经验、技术等的文献，如青岛理工大学于广（2010）[79]、天津大学刘鹏（2010）[80]、张天杰等（2015）[81] 介绍的新加坡，陆烨等（2003）[82] 介绍的日本；对于高层工业化住宅某种结构体系、施工方法的介绍，如夏昌（2013）[83] 介绍的钢筋混凝土组合型高层住宅、贾攀磊（2015）[84] 对几种高层工业化住宅施工方法的介绍等；对高层工业化住宅室内装修及构造节点的介绍，如苏岩芃（2013）[85]、施雁南（2017）[86]、颜宏亮（2015）[87]、王蕾（2016）[88]、胥晓睿（2016）[89] 等人的研究；调研、综述类文献，如徐圣墨等（1981）[90] 对当时上海高层工业化住宅不同结构及施工体系的调查、张广平（2016）[91] 对吉林省高层工业化住宅设计过程的介绍、罗勇（2016）[92] 对装配式技术在高层住宅建筑中的运用现状的简单概括等、戴鹏（2017）[93] 结合实例对高层工业化住宅的改良路径提出建议等。

我国香港地区地狭人多，寸土寸金，得益于香港房屋委员会在公屋建设中对工业化建造的大力推行，高层住宅工业化起步早、发展快、程度高。这一点陈振基[94]、麦耀荣[95]、郝同平[96] 等都有著文论述。

1.3.3 目前国内研究的不足之处

综上所述，可以看到：国内外对于工业化住宅的研究较多，但是专门针对高层工业化住宅的相关研究较少且不够系统。

从研究主体的角度来看，当前我国住宅工业化发展以大型企业集团为主体，它们基于实践的研究成果虽为我国当代住宅工业化的研究做出了较大贡献，但由于它们的研究多是基于自身企业发展和市场考虑，因而带有一定的商业性和片面性。而政府和科研机构、高等院校的研究多偏向于理论综述和经验总结，难以落到实处。

从研究内容的角度看，已有研究大多为对发达国家工业化住宅发展历程、政策、现状、案例等的宏观层面的综述介绍，或者只是针对国内某一具体建筑、某一技术体系或者结构体系、构造节点的微观层面的"碎片式"研究。对于高层工业化住宅的发展历程、概念和定义、高层工业化住宅的设计方法、不同结构体系的设计模式、建造模式，以及从设计到建造的过程、关系而展开的系统逻辑的相关研究寥寥无几。

从研究方法的角度看，已有的研究偏于个案研究法、经验总结法和描述性研究法，研究方法和手段过于单一，理论上的提炼不够，在体系建设上也缺乏系统性。

因此，本文对于高层工业化住宅设计与建造的研究在某种程度上弥补了上述研究内容、研究方式和方法的不足。

1.4 研究目的与意义

1.4.1 问题提出

（1）设计流程中交接界面的混乱与低效

在高层工业化住宅的整个设计流程中，建筑与结构、设备、部品生产厂家之间的配合度，以及设计与后期建造施工之间的互动关系会影响设计与建造的质量。在以往传统的设计中，设计与建造绝大多数是停在线性合作的层面，各利益主体往往只关注自身阶段，忽视或缺乏与其他阶段的协同、配合，有时会导致各阶段间的脱节，造成设计各环节割裂与反复、低效运行的现象。尤其是我国目前的工业化住宅，仍存在一定的粗放模式，设计与建造过程中各方需求较为离散，缺乏技术资料的集成，造成设计交接界面的混乱。工业化建造的背景下，生产力的要求、人们协作关系的新发展共同决定了建筑与结构、设计与建造势必走向整体化。

（2）设计与建造模式的不足造成设计—建造关联性的脱节

虽然工业化住宅一直追求"像造汽车一样造房子"，但是与制造业的精确性及效率相比，建筑业从设计到建造的体系及其运行流程的滞后性较为明显；与世界其他发达国家横向比较，我国高层工业化住宅设计—建造体系亦存在较大差距。近年来，我国大力推行工业化住宅的建设，高速、大规模的高层工业化住宅的建设使得中国设计—建造各环节均出现割裂与低效运行的现象，影响了房屋建造的质量。推行多专业多学科的协同设计，实现多部门的集成建造，实现全过程从线性到系统化的转变，促成设计与建造的紧密结合，是当前亟需解决的问题。

（3）工业化建造背景下建筑师对自身职责与分工的迷失

手工艺时期的建筑设计过程中，建筑师的普遍认识停留在将设计顺利转化的层面。虽然近年来我们一直在努力发展工业化住宅，但是绝大多数建筑师仍难以从传统的思维定式中跳出来，孤立地看待设计与建造问题，不能从深层挖掘建造对于设计的影响，不能从系统运行的角度实现设计与建造的高效、无缝对接，因而失去了对全过程和结果的掌控。面对飞速发展的工业化建造，由于不能适应新语境，建筑师对于自身担负的职责和分工产生了迷失和困顿的情绪。

（4）建筑产业现代化亟需高层工业化住宅理论和实践水平的提高

我国目前的住宅工业化发展以大型企业集团为主体，因此各自的研究成果、结构体系命名、构造节点、部品生产等自成系统，造成高层工业化住宅的体系和概念混乱，不利于其良性发展。从当前我国高层工业化住宅的建设情况来看，高能耗、高污染、低效率、粗放的传统建造模式仍占较大比重，高层住宅建筑业仍然是一个劳动密集型产业，实现技术创新，降低工业化建造成本，建设适合我国国情的生产—设计模式，实现全国范围内的高层工业化住宅的推广，从设计、生产到施工建造理论和实践都亟待提高。

1.4.2 研究的目的

（1）梳理高层工业化住宅发展历程

历史是现实的一面镜子，研究历史的目的在于揭示已有的经验教训和不足，在未来的发展中避免走弯路。梳理高层工业化住宅发展的历程亦是如此，以过去为鉴，分析其设计方法、建造技术的发展过程及优缺点，通过多维度的纵向横向比较，借鉴成功经验，改进过去的不足，避免犯同样的错误，走适合我国国情的高层工业化住宅之路。

（2）既有高层工业化住宅工业化体系、设计和建造模式的解读

对既有高层工业化住宅工业化体系进行梳理和解读，对已有设计流程和建造模式进行总结和分析，为高层工业化住宅设计模式和建造模式的研究提供详实的依据。

（3）消除"碎片化"模式，建立设计—建造协同模式

传统建筑的设计与建造模式形成的思维定式影响着当今工业化住宅的设计与建造，造成建造过程中出现较多的"碎片式"分离与割裂，粗放型生产方式痕迹较多，势必对建造效率和建筑质量甚至住宅整个生命周期产生较大影响。本文的研究目的之一是试图通过对

高层工业化住宅设计与建造的研究，建立其设计—建造一体化的关系模式，实现高层工业化住宅集约化的建造与生产。

（4）提出适合我国国情的新型高层工业化住宅设计与建造模式

本研究结合工程案例，提出对于现有高层工业化住宅的设计、建造模式的改进，以及适合我国高层工业化住宅的设计模式、施工流程及工艺，实现符合我国国情、民情的新型高层工业化住宅的可持续建造。

1.4.3　研究的意义

住房问题，之于国家，涉及经济发展和社会和谐的大局；之于民众，关乎安居乐业和生活品质的切身大事。"十三五"期间，我国大力发展住宅产业化，目前是建筑行业变革、尤其是住宅行业实现粗放型向集约型转变的关键时期，实践上的急切需求和理论上的严重不足，使得本研究具有重要的意义：

（1）完善理论研究体系，指导设计与建造实践

传统高层住宅和工业化住宅，国内外已经有相当多的研究。但是，已有研究多数是从户型、支撑体系、发展脉络等角度进行的，而本研究所出发的角度——设计与建造模式，在现有文献中不多，尤其是将工业化住宅从纵、横两个方向进行设计与建造的演变进行总结的范例，更为少见。本研究将建立高层工业化住宅设计模式与建造模式最佳关系体系，为高层工业化住宅的理论和实践提供有效的依据。

（2）实现"四节一环保"的绿色住区建设目标

通过对高层工业化住宅设计与建造的研究，提高住宅建造全过程的效率，降低工业化住宅的成本，提升住宅性能，减少运营维护的费用，有效提高住宅的使用寿命，为建设"节能、节地、节水、节材和环境保护"绿色居住环境作贡献。

（3）寻找我国高层工业化住宅的发展之路

高层工业化住宅的设计既是住宅工业化的起点，也是其持续发展的难点之一，更是许多建筑师难以突破的技术瓶颈。本研究试图为解决构件"标准化"与"多样化"的矛盾、采用工业化的建造方式与高标准的设计、构造以及建筑表达方式的矛盾以及工业化住宅引发的"大规模生产"与"个性化"需求的矛盾提出建设性的策略及方法；并且为整合可持续发展目标，实现从设计图纸到工厂生产线的转化，揭示高层工业化住宅的设计方法的发展规律，借鉴国外经验，梳理和探究其设计与建造脉络，在世界高层住宅工业化的发展图景中寻找我国的位置。本研究将为我国高层住宅工业化可持续的设计方法和建造模式提出有益的建议和启示，为建筑师所面对的时代问题寻找切实的答案。

1.5　研究内容与研究方法

1.5.1　研究内容

本研究以我国建设需求量最大、最具有代表性和技术挑战性的高层工业化住宅为对象，针对所面临的时代问题和目标，包含以下内容：

一是梳理和归纳国内外高层工业化住宅及其体系的演变与发展历程，以及当前设计—

建造的相关理论，通过评述寻找当前高层工业化住宅所存问题的原因，寻找"新型高层工业化设计与建造模式"的技术策略和理论支撑。

二是借鉴制造业的构件集成原理，构建"基于构件体系的高层工业化住宅设计模式"理论框架，从构件体系的分类原则与方法进行阐述，探索出基于构件体系的标准化设计的基本方法、标准化构件与非标准化构件的组合化设计方法以及构件体系独立组合设计方法及理论，并对构件体系理论下高层工业化住宅空间设计原则与方法进行阐述，指出高层工业化住宅应该采用面向工业化建造的设计模式。

三是构建"新型钢筋混凝土现浇工业化建造模式"策略框架模型，借助正工作室研发的装配式刚性钢筋笼技术、模板工具化技术、架子一体化技术以及智慧建造技术实现对新型钢筋混凝土现浇工业化混凝土体系、钢筋体系、模板体系、脚手架体系等四大体系的重新架构，并建立新型钢筋混凝土现浇工业化的构件三级装配理论。

四是搭建基于 BIM 技术的设计—建造协同平台。在 BIM 技术＋物联网技术、RFID 技术的支撑下，提出设计—建造的全过程协同理论，并研发出新的构件编码方式以及信息写入插件，便于 BIM 模型与实体建造之间的信息交互，在协同原则和协同目标的指引下，完成协同平台的搭建。

五是以东南大学在江苏某地的 31 层保障房为例进行基于构件体系的设计理论和新型钢筋混凝土现浇工业化技术策略以及设计—建造协同平台相关技术体系的实证分析和研究，分析和印证整套设计—建造模式对当今高层工业化住宅的提升优势和存在价值。最后总结研究的结论、创新点和不足，并展望未来的研究策略。

1.5.2 研究方法

本论题是理论与应用相结合的综合性研究，具体的研究方法有：

（1）文献研究法

广泛阅读各类书籍、杂志、国内外文献网站等资料，掌握相关方向的最新动态，充分了解高层工业化住宅相关历史和现状，做好基础知识储备，构建本文的理论平台。对已有的相关理论成果进行收集和分析，提取相关有价值的信息，运用到高层工业化住宅的研究中。

（2）调查研究法

对国内外高层工业化住宅项目进行资料收集，对已有的代表性建设项目进行实地调研，通过拍照、走访、笔记、网络信息筛选等方式得到真实素材，在此基础上了解我国当前高层工业化住宅的理论和技术瓶颈，便于分析问题，寻找策略。

（3）借鉴与比较研究法

借鉴制造业的构件集成理论，结合高层工业化住宅自身的特征，构建高层工业化住宅的设计模式理论，是本文的主要研究方法之一。制造业的产品模式、设计—生产协同模式与工业化住宅产品之间存在趋同性和差异性，通过借鉴分析与比较，有利于构建合理的高层工业化住宅设计与建造模式理论。

（4）虚拟建造与工程实践法

首先将基于构件体系的高层工业化设计模式与新型钢筋混凝土现浇工业化建造模式以及设计—建造协同平台系列理论与技术借助计算机进行虚拟建造与模拟，然后借助工程实践将上述理论做进一步检验，做到理论与实证相结合。

1.6 研究框架

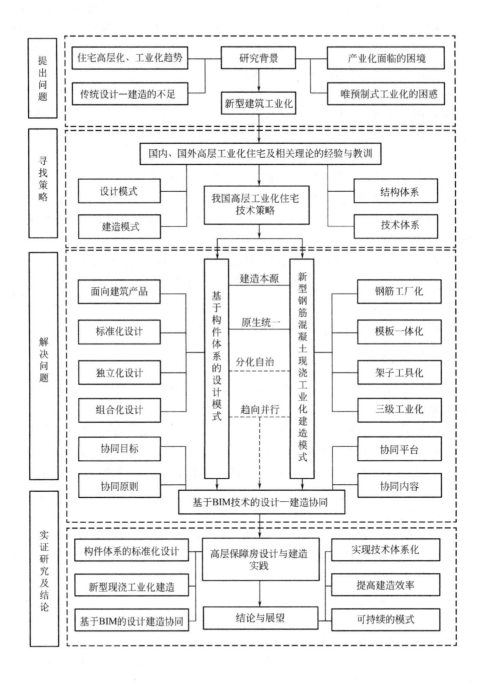

第二章 高层工业化住宅设计与建造模式的历史沿革及相关理论

2.1 国外高层工业化住宅设计—建造的演变与发展研究

2.1.1 历史与社会背景

18世纪中叶以前，欧洲和北美处于农业手工业时代，即使是制造业，也是以手工操作为主，或者用最简单的技术辅助工具操作[97]。彼时的建筑业像农业那样受季节和气候的制约，利用简单物理加工的天然材料，借助简单器具进行手工建造。

直到工业革命之前，建筑业一直处于全手工、半手工半机械时代。工业革命之后，大工业生产的发展促进了建筑科学技术水平的提高，建筑材料种类和性能、结构技术水平以及设备和施工方法等均取得新的成就，拓宽了建筑的发展之路，并且这些新材料、新技术的应用与发挥，使建筑高度突破传统限制成为可能。

（1）钢材在建筑上的广泛运用

1855年，贝塞麦炼钢法（转炉炼钢法）出现，首次解决了大规模生产液态钢的问题，开始了钢材在建筑上的普遍应用。

（2）钢筋混凝土的发明

1849年，法国园艺师约瑟夫·莫尼尔（Joseph Monier）发明钢筋混凝土。1872年，世界第一座钢筋混凝土结构的建筑在美国纽约建成，人类建筑史的新纪元从此开始。此后不久，钢筋混凝土结构开始在工程界得到了广泛的使用。1928年，出现预应力钢筋混凝土结构形式，并于第二次世界大战后在工程中广泛应用。钢筋混凝土的发明、19世纪中叶钢材在建筑业中的应用为建造高层建筑与大跨度桥梁提供了可能。

钢筋混凝土技术首先在法国与美国得到发展。纵观各国建筑历史，钢筋混凝土预制技术在多数国家都是首先在道路、桥梁等其他城市构筑物上应用，技术发展成熟后，再被逐渐应用到住宅建筑上，实现住宅工业化。

（3）电梯的发明

1853年奥蒂斯（Elisha Graves Otis）在美国发明蒸汽动力安全载客升降机。1887年美国发明了电梯，使得高层建筑的实现成为可能。19世纪中叶以前，欧美城市建筑的层数一般低于6层，可见垂直交通对其的限制。可以说，高层建筑的发展是与载客电梯的出现和垂直交通问题的解决分不开的[98]。

（4）公寓式住宅的兴起

19世纪，城市人口急剧增长，英国大城市居住区逐渐扩张，其模式与欧洲大陆有所不同。例如在伦敦，越来越多的家庭选择居住在市郊的别墅内，但大部分居住区的扩张都是水平发展的。而在欧洲大陆，因为土地更加稀缺和拆除现存防御设施成本昂贵等原因，水平方向的城市扩张受到了限制而无法进行，比如大部分巴黎人选择居住在城市的公寓住宅里，而不是市郊的独立别墅里。

由于巴黎公寓的高度被限制在 20m 左右，巴黎公寓很少超过 6 层。到 19 世纪末，巴黎的公寓住宅已经演变为一种成熟的城市多层建筑，与单纯的廉租公寓有了明显的区别。此时巴黎私人汽车尚未问世，许多富有家庭觉得市郊别墅距离市中心太远，而新型的公寓交通便利、外形宏伟、内部空间宽敞，以及拥有中央暖气和电梯等便利设施，成为上流社会和中产阶级选择的理想居所。在此之前，上流社会偏爱豪宅（hotel particulier），而中产阶级偏爱独立的市郊别墅[99]。

19 世纪末的巴黎公寓楼备受美国建筑师的推崇，他们在建筑期刊上的描述极大地影响了美国大城市多层住宅建筑的设计。美国在巴黎公寓空间模式的基础上做了改动，居住在"法式公寓"里，一度成为一种时尚。

（5）高层公寓的出现

1871 年美国芝加哥市发生了一场大火，整个市区烧毁面积达 8km²。大火过后给城市重建创造了历史上难得的发展机遇——有利于城市的合理规划，有利于新建筑、新技术和新材料的使用，促进了电梯的发明与改良；城市地价的剧增，促使建筑向高空发展来获得经济性；建筑技术层面，为追逐建筑高度、减轻结构自重、增加结构稳定性，钢框架结构获得发展；电梯的发展增加了 5 层以上的建筑的实用性。上述各种条件促成了高层建筑的诞生和发展。

从 1880 年起，芝加哥全力进行重建。1884 年，建筑师詹尼设计了世界上第一座钢铁框架结构的 10 层高层建筑——家庭保险公司。虽然在对于高层建筑认知水平较低的当时，这栋建筑一度引发各种质疑，但是它开创了建筑史上的新时期——此后现代高层建筑开始了一个多世纪的蓬勃发展时期。此后 10 余年间，芝加哥取得了高层建筑发展史上的辉煌成就：大量的建筑设计任务吸引了一批有才华的建筑工程师聚集于此，形成了建筑历史上影响深远的"芝加哥学派"。而此时美国的其他城市由于受经济萧条（始于 1873 年）影响并无重大建设。同一时期，由于迫切需要解决居住问题，芝加哥的主要建设对象除了高层办公楼，还包括高层公寓，为了适应工业时代的审美要求，公寓的外表多做成办公楼的特点。

2.1.2 高层住宅工业化建造工艺的萌芽：1990s～2010s

这一时期，钢筋混凝土在建筑上的应用成为建筑史上一件大事，并且在此后很长一段时间内，运用钢筋混凝土成为一切新建筑的标志。19 世纪末，钢筋混凝土结构传遍欧美，直到 20 世纪初一直被广泛采用，催生了新建筑结构形式与新建筑造型，对 20 世纪的预制装配模式的建筑工业化起到了催化作用。

20 世纪初，工业革命引起城市人口剧增，原有城市住宅不堪重负。第一次世界大战让住房矛盾愈加尖锐，迫切要求大量兴建住宅。在此之前，预制工艺和施工机械的发展为建筑工业化提供了条件。预制装配的工业化建造手法在其他公共建筑和工业建筑上已经有了成功的建造经验。各国建筑师纷纷开始进行低标准、低造价居住建筑的研究，倡导住宅的工业化建造，并做了小型分散式独户住宅或者低层、多层住宅工业化建造实践；同时，也在探究适合工业化预制装配的建筑材料。钢筋混凝土材料适宜预制的特性得到公认，于是纷纷开始了对混凝土技术的探索。

法国作为最早将钢筋混凝土运用到建筑上的国家之一，混凝土技术应用发展迅速。至1902年，混凝土的利用手法大约可以分为五类。在《混凝土》中，柯林斯将其总结为"常规的"（conventional）"未来主义的"（futuristic）"骨架的"（skeletal）"塑性的"（plastic）和"贴面的"（veneered）[100]。由此可见混凝土技艺在当时的成熟程度。

在该时期，法国涌现出多位善于利用钢筋混凝土材料的建筑师，其中最著名的是建筑师奥古斯都·佩雷（Auguste Perret）。1903年，佩雷和他两个兄弟一起建造的巴黎富兰克林25号公寓（图2-1），被公认为现代建筑历史上第一幢明确展现框架的钢筋混凝土建筑。公寓位于巴黎十六区，面向塞纳河、巴黎城区和艾菲尔铁塔，地处当时的高档时尚社区。公寓楼高9层，框架结构体系间填充墙板。外墙处理上，框架结构部分和填充墙贴以不同的瓷面砖，反映了当时精湛的工业化建造和构造技术工艺。

图 2-1　巴黎富兰克林 25 号公寓

图片来源：https：//stock.tuchong.com

佩雷是柯布西耶的老师。1908~1910年，柯布西耶在佩雷的事务所工作。这段学习经历影响了日后柯布西耶对钢筋混凝土的理解和运用[101]。

2.1.3　大量性与个性化：1940s~1960s

第二次世界大战之后，高层工业化住宅出现了两个发展方向：一类是为缓解房荒解决居住问题而规模化建造的公共性高层集合住宅，这些高层工业化住宅具有建设速度快、量大、造价低廉、材料单一等特性，并且大部分设计和建造都比较粗糙；另一类则与其他现代建筑一样，进行高层工业化住宅的技术与艺术相结合的探索。

（1）大量性建造的预制大板式高层工业化住宅

西方城市住宅短缺大致分为三个阶段：

第一个阶段，第一次工业革命之后到19世纪末。这个时期欧洲处于产业革命带来的城市化外延阶段，农村人口涌入城市造成城市住房紧张。

第二个阶段，20世纪初到第二次世界大战前。首先是家庭结构变化，规模变小，户数增加。其次是经济发展，富裕程度提高，居民的住宅需求标准提高，要求新式住宅，造成旧房废弃，新房不足。

第三个阶段，第二次世界大战对整个欧洲城市影响深远，战争的灾难性破坏以及战后无休止的重建，成为当时永恒的话题。战争破坏了大量房屋，造成各个国家史上最严重的房荒。德国有75%的城市住宅被毁坏；英国、法国也遭到了严重破坏；日本有232万套房屋被毁，到1945年有30%的人口无住房；苏联有一半房屋毁于战火，有2500万人无家可归[102]。因此，战后各国都面临房屋短缺的问题（表2-1）。

19世纪到20世纪初西方最大城市人口增长情况（单位：万人） 表2-1

年 城市	1800年	1850年	1900年	1920年
伦敦	86.5	236.3	453.6	448.3
巴黎	54.7	105.3	271.4	280.6
柏林	17.2	41.9	188.9	402.4
纽约	7.9	69.6	343.7	562.0
芝加哥	—	3.0	169.9	270.2

资料来源：吴焕加.20世纪西方建筑史［M］.郑州：河南科学技术出版社，1998：6.

第二次世界大战结束后，房荒引起的许多其他社会问题成了各国政府的巨大忧患，各国纷纷进入"大量性建设期"，采用工业化建造模式，大规模兴建以满足基本住房需求为目的的廉价住宅（表2-2）。

各国住房受损、紧缺情况及工业化住宅建设情况 表2-2

国别	战后房屋受损情况	居住情况	大规模工业化住宅建造时期	高层工业化住宅出现时期及结构形式	关键事件备注
法国	36万处建筑被毁，32万处局部被毁，1000万处房屋（1938年）破坏率达20%[101]	70万家庭无家可归	①1950年代末~1970年代末；②1972年建设55万户	1960~1975年，15~20层预制大板式高层集合住宅	优先市街化区域（ZUP）
苏联	1700个城市、7万个村庄受创，1亿m²住房被毁	2500万人无处栖身	①1950年代~1960年代；②1961~1968年，莫斯科兴建64000个单位（300万m²）[102]	①1960年代，9~12层，预制大板式"赫鲁晓夫楼"；②1960年代末，10~20层"勃列日涅夫楼"	学习法国
民主德国	房荒严重		三阶段：①1949~1956年，建房30万余套；②1957~1971年，建房113万余套；③1972年以后，每年建设11万~16万套	1960年代中期，11~20层预制大板住宅	开发区制度

国别	战后房屋受损情况	居住情况	大规模工业化住宅建造时期	高层工业化住宅出现时期及结构形式	关键事件备注
联邦德国	70%～80%房屋受损,海尔布隆、吕贝克和纽伦堡市中心被夷为平地,杜塞尔多夫98%的房屋被毁	男女比例100:170,缺房600万套	两阶段:①1949～1969年,建房1960万套;②1970年以后至1986年共建房332万余套	1960年代,高层预制大板新住区:慕尼黑,Neuperlach(计划居住80000人);纽伦堡,angwasser(36000人);柏林,Mlrkisches区(36000人);柏林 Gropiusstadt(34000人);法兰克福,西北小镇(23000人)[103]	卫星城和新住区
英国	房荒严重	军工厂转向民用建造大量临时性房屋	①1950年代;②1960年代	①1950年代,11层点式;②1960年代,出现31层,混凝土大板结构	新粗野主义罗南角公寓楼事件(1968)引发对高层预制体系住宅的怀疑
新加坡	房荒严重	100多万人口中84%居住困难,60多万人窝棚式居住	1960年,从一开始就实施高层高密度住宅策略	1960年代,10层预制大板式住宅	居者有其屋计划
日本	经济遭受重创,房荒严重	420万人无处居住	1949年	1960年代,住宅高层化;1973年,公有住宅建设量达到190万户[66];1965～1975年后半期,超过20层的集合住宅[70];钢结构、HPC结构	高层集合住宅

资料来源:作者自绘

　　在大量性建设的过程中,在确保可居住性的前提下,降低房屋造价的策略:一是设计的简化,通常建筑平面都以矩形为基准,因为这样可以在墙体结构最少的情况下最有效的提供使用空间的面积;二是在同一个空间中功能的叠加。因此,苏联、法国、民主德国、联邦德国等在后期采用工业化模式大量建设平面规整的高层住宅以求提高居住质量、进一步遏制房荒问题。

　　在这一时期,各国的高层住宅的工业化主要表现为预制装配式材料在集合住宅建设中的大量运用。住宅结构体系以预制混凝土大板为主,即由预制混凝土制成的墙板或楼板拼装成结构体的大型板式构法。这不仅使住宅的生产速度大大提高解决了住房问题,也在这一过程中建立了一系列完整的工业化住宅体系。其中,英、法等发达西欧资本主义国家主要发展的建筑体系为装配式大板建筑,并已采用专用体系;苏联和东欧社会主义国家则大面积建设住宅区,并建设了大量的预制工厂,发展的主要建筑体系也是装配式大板建筑体系,并且时至今日一仍在探索这些体系的发展。这个时期,住宅形式开始发生转变,出现多种类型的钢筋混凝土和预制装配工业化集合住宅。这一时期的典型事件是1957年举行的柏林国际住宅展,集中展示了第二次世界大战后集合住宅发展状况,各国将标准化、工业化作为解决住宅问题的技术策略。

并且，这个时期的高层住宅由于过于侧重于工业化工艺的研究和完善，从而忽略了建筑设计和规划设计的重要性。虽然从数量上满足了住宅需求，但却形成了功能单一的卧城，建筑形式千篇一律，为未来留下了隐患。

（2）个性化的高层工业化住宅

第二次世界大战之后，受国际化和现代建筑运动的影响，出现了一些运用预制构件、采用工业化技术建造的优秀住宅作品，这些住宅并不是或者并不仅仅是作为大量住宅的供给手段，而是作为新住宅类型的一种探索、一个方向，多以在衰退的市中心区域定居人口作为供给的目标，有的是为"上流社会"的生活方式设计的奢华高层住宅。在这些高层住宅中，建筑师自觉地运用预制构件，住宅大多具有强烈的工业化特色的外观，集艺术性、技术性于一身，成为高层工业化住宅发展史上具有特殊意义的事件。

1）现浇与预制的结合——马赛公寓

马赛公寓（图 2-2）是这个时期采用建筑工业化体系设计的最富代表性的作品，是第一个几乎全部以预制混凝土外墙板覆面的大型建筑物，也是柯布西耶最具代表性的作品之一。

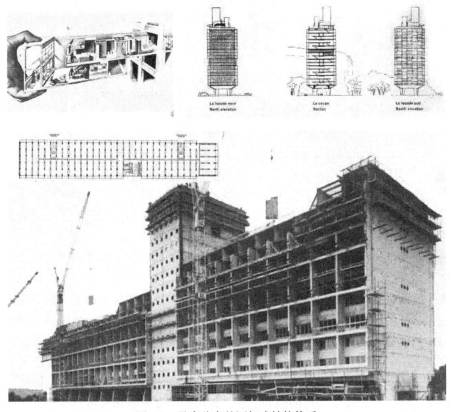

图 2-2 马赛公寓的酒架式结构体系

图片来源：https://www.sohu.com/a/76063594_243901

马赛公寓被柯布西耶称为"居住单元盒子"，酒架体系式结构，应用模数化理论，是以标准化、装配化为基础的居住单元系列。大楼建成于 1952 年，165m 长，56m 高，24m 宽，通过支柱层支撑在 3.5×2.47 英亩的花园中。公寓共 20 层，有 23 种套型，共 337 户，提高了居民选择的自由度，突破了承重结构的限制。

马赛公寓主体结构为现浇混凝土，采用格子板预制构件与实体墙的覆面板两种预制混凝土外墙板部件。预制件之间的组合清晰地表现建筑的构造和结构系统：水平向构件的端部均位于垂直构件的中心线位置，同时构件间预留较宽的接缝，增加建筑的材料和结构表现力。

马赛公寓的外形真实、朴素地表现了混凝土预制件的质感和构造逻辑，与当时传统的建筑外形和建造技术截然不同，显示了预制混凝土的经济价值和美学效果，一经建成便在欧洲被年轻的建筑师所仿效。

2）巧妙的预制大板接缝——哈艾特高层公寓（Hide Tower）

英国伦敦的哈艾特高层公寓，建于 1961 年，首次采用具有高经济性的大型预制外墙板。最大的预制板宽 12 英尺，高 10.3 英尺。预制大板简化了装配和连接，并以简洁、有效的接缝著称。墙板覆盖整个柱距，使得墙板之间的垂直缝紧贴柱面而起到了有效的防风、防水效果，同时也创造了另一种外墙板，是战后英国对预制混凝土技术的贡献，由于它的成功使预制外墙板在英国广为采用。

3）曲面模块的预制化——芝加哥马利纳城

马利纳城设计于 1959 年，建成于 1968 年，设计师贝特朗·戈德堡（Bertrand Goldberg）是密斯·凡·德罗的学生。楼高 65 层，高 177m，为两座并列多瓣圆形平面的公寓综合体，建筑内部拥有剧院、健身房、游泳池、溜冰场、保龄球馆、19 层室内停车场、零售商店、餐馆、码头以及洗衣房和顶部 360°观光阳台，其设计目标是要让过去十几年间搬到郊区的芝加哥人重新回到城里，是美国战后第一个高层住宅区（图 2-3）。

贝特朗在马利纳城的设计中强调了模块化、预制化以及曲线化概念，是美国第一栋采用塔式起重机建造的建筑，起重机也是美国的第一台塔式起重机。

图 2-3　建造中的马利纳城

4）盒子建筑——蒙特利尔 67 号住宅

1967 年，加拿大籍以色列裔建筑师摩西·萨夫迪（Moshe Safdie）设计了由 354 个完全预制的居住"盒子"组成（图 2-4）的蒙特利尔 67 号住宅，其中每个居住单元的平面尺寸为 38×17 平方英尺，厨房、卫生间也实现了模块化的预制。67 号住宅的创新之处在于将郊区花园式住宅与城市高层公寓的理念结合，建造方式在彼时被称为"三维模数建造系统"。

图 2-4　蒙特利尔 67 号住宅装配现场

图片 2-3、2-4 来源：https://www.sohu.com/a/76063594_243901

2.1.4　体系化、通用化与多样化：1970s～1990s

自 20 世纪 50 年代起，一直到 70 年代，世界各国都把重点放在解决住宅供应不足的问题上，高层工业化住宅的建设，关注量的复制胜于对质的追求。经过 30 年左右的努力，西方发达国家以及东欧、苏联等国基本上或大大缓解了住宅数量短缺的矛盾。

进入 70 年代以后，随着各国社会经济进入发展的稳定和反省阶段，人们的价值观开始发生了变化，对房荒时代建造的造型简单、功能单一、外形千篇一律、环境恶化的工业化住宅产生了厌恶心理。尤其是大量性建设的住宅，存在诸多设计缺陷：法国一幢建筑竟然长达 500m，被称为"塔吊轨道建筑"（图 2-5）；苏联 12 层高的"赫鲁晓夫楼"无电梯和垃圾通道（图 2-6）；民主德国许多 plattenbau 高层公寓建在远离城市的边缘地带；联邦德国的工业化住宅直接被讽为"草原上的仓库""混凝土沙漠"……加上这些住宅本身设施陈旧、施工粗糙，漏水透风、私密性差等一系列质量问题频发，人们纷纷逃离这种居住环境。处理大量性建设时期的工业化住宅，成为许多国家的社会问题、政府的"心头之患"。

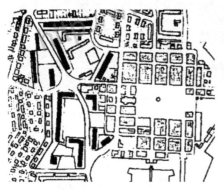

图 2-5　法国龙维市新区

图片来源：娄述渝，林夏．法国工业化住宅

设计与实践［M］．北京：中国建筑工业

出版社，1986：4.

图 2-6　苏联塔什干的高层板式住宅

图片来源：https://www.sohu.com

以法国、日本等国家为典型代表,一些国家成立专门机构,采取经济优惠、规模限制等一系列措施对原有工业化住宅进行改造、再生,让原有社区恢复活力。此外,这一时期各国住宅建设恢复理性,将高层工业化住宅由数量的补充向提高质量、追求多样化的方向转化(表 2-3)。

各国高层工业化住宅设计与建造的发展状况 表 2-3

国别	发展趋势	工业化举措	主要设计方法	主要建造方法
法国	①改造原有住宅;②工程规模趋向小型化和分散化;③体系多样化、通用化;④预制构件大尺寸化	①25 种新样板住宅,主体结构模板现浇(1968);②通用体系(1971);③"构件委员会"(ACC,1977);④"协调模数空间"概念(1978);⑤25 种高、多层共用体系,钢筋混凝土预制结构为主(1981)	模块化;标准化;轴线法和相切法定位	Acc 五规则:模数制;外墙方向水平协调;隔墙水平方向协调;轻质隔断水平方向协调;楼板的垂直方向协调
民主德国	淘汰小型预制构件,推广大型预制件	大力推行大型预制件的工业化	标准定型化设计	大板建造方式
瑞典	①改造原有住宅;②以通用体系化为工业化发展方向;③最大的轻钢结构制造国	①发展通用部件(1940 年代);②建筑部品规格化纳入瑞典工业标准(SIS)并出台成套标准(1960 年代~1970 年代)	标准化;通用化	预制装配单元式
日本	①整治住宅部件生产群;②发展长寿命产业化住宅	①举办设计竞赛征集高层工业化住宅方案(1980 年代);②工业化住宅性能认定制度(1990 年代)	①SPH(公团住宅的标准设计);②NPS(New Plan System)	预制化;机械化;装配化

资料来源:作者自绘

此外,新材料、新工业化技术发展迅速,具体表现在:各国出现了成熟的高层工业化住宅建筑体系(表 2-4),构件呈大尺度、多样化趋势,模数制得到进一步发展;预制技术水平大大提高,形状和材料对构件的制约性变小;工业化住宅产品化,可为客户实现多种形式的定制;复合墙体得到发展,例如当时被称为三明治外墙板(Sandwich Panels)的复合墙体,其具体构造是将保温隔热的轻质材料加入内部蜂巢结构腔中,以提高墙体的物理性能;除了注重墙体性能,混凝土外墙板造型的艺术性得到提高(图 2-7),"保温混凝土"在中欧被推广,装配式建筑的功能与结构开始追求一体性、经济性。

20 世纪 70 年代成熟的高层住宅工业化体系 表 2-4

国家	体系名称	层数	主要特征
英国	轴线网法体系(Integrid)	12	钢结构
	来因建筑体系(Laing)	15	盒子结构
	法拉姆预制施工体系(Fram)	17	墙板尺寸大(可跨 2 间)
	华滋建筑体系(Wates)	>25	现场预制
	突鲁斯科建筑体系(Truscon)	20	箱型预制构件
	特森建筑体系(Terson)	20	现场预制
	升板体系	>9	现浇混凝土
	顶升体系	17	施工不受气候影响

国家	体系名称	层数	主要特征
法国	哥维特建筑体系（Cauvet）	高层	中空预制外墙，无脚手架
	埃斯第奥建筑体系（Estiot）	高层	规格化全装配
	卡姆斯建筑体系（Camus）	高层	墙板带装饰
	特拉可巴建筑体系（Tracoba）	高层	现场预制
	科斯特玛格拿建筑体系（Costamagna）	高层	黏土空心砖＋混凝土一体预制大板
	里拉门自升体系（Prodes Lilas）	10～15 层板式	钢框架＋预制混凝土楼板
瑞典	奥尔生及司卡尼（Ohlsson & Skarna）	17	核心混凝土柱体＋滑动模板系统
	混凝土普罗米多（Concretor-Prometo）	13	滑升模板系统现浇
	公寓单元体系	>10	重型混凝土板式公寓
	波阿摩拉体系（Bollmora）	29	现场预制

资料来源：作者自绘，参考国家建委建筑科学研究院建筑情报所 . 国外建筑工业化体系［M］. 北京：中国建筑工业出版社，1978.

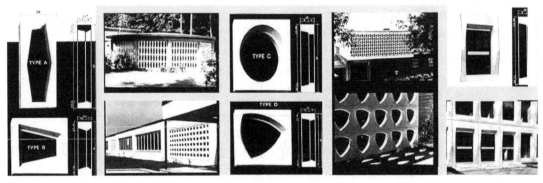

图 2-7　构件尺度大、多样化

图片来源：https：//www. sohu. com/a/76063594 _ 243901，作者整理

2.1.5　智能化与可持续：21 世纪

进入 20 世纪 90 年代，全球化、信息化促进了国际政治、经济、文化的交流与合作，使得国家之间的科学技术、知识和经验的交流和传播变得通畅无阻。经过近半个世纪的发展，发达国家的工业化住宅技术在世界范围内得到了广泛的借鉴、发展和应用，工业化住宅的发展进入绿色制造阶段，目标转向可持续发展：注重智能、节能、降低住宅的能耗和对环境的负荷，关注对资源的循环利用，倡导绿色、生态的居住建筑，追随功能、经济、社会文化和生态环境的可持续的目标。

发达国家的工业化住宅已经发展到了相对完善的阶段，住宅工业化技术在日本、美国、欧洲、新加坡等发达国家和地区已经相当成熟，得到了广泛的应用与实践：瑞典通用体系住宅占据住宅建设总量的 80％；美国的装配式住宅在 2001 年已达到当时美国住宅总量的 7％，并且美国住宅用构件和部品的标准化、系列化、专业化、商品化、社会化程度很高，几乎达到 100％[104]；英国和爱尔兰的新建住宅中 30％以上为工业化住宅。

高层工业化住宅的发展，以日本和新加坡具有代表性。由于日本的住宅产业链非常完善，因此对于高层工业化住宅的研究亦相当成熟，已形成主体工业化和内装工业化协调发展的完善体系：早在 20 世纪 90 年代，日本工业化住宅的建设比例已经超过了住宅建设总数的四分之一；日本的住宅种类较多，从结构形式上看，PC 结构、钢结构是日本高层工业化住宅的主要结构体系，钢结构占据 80％以上，其中钢结构住宅 60％以上实现了工业化生产[105]；从居住形式上看，有单户住宅、长屋住宅、集合住宅等。其中集合住宅在大都市占据比例较大，以东京为中心的关东大都市圈，集合住宅占 55％，包括中京和京阪神（京都、大阪、神户）的三大都市圈平均也超过了 50％[106]。随着经济的发展，集合住宅在都市中高层化比例愈来愈大，高层集合住宅建设中 85％使用工业化装配技术，占全日本所有住宅总量的一半以上。

近年来，新加坡全国住宅总数的 80％以上为 15～30 层的单元化装配式住宅，并且已实现部件和节点的标准化、设计和施工的工业化，装配率可达 70％。该国住宅的主要形式是公屋，目前有超过 85％的新加坡居民住在公屋中并达到了超过 95％的满意度，在国际上被视为解决当代住宅问题的成功典范[107]。

工业化住宅技术体系方面，各国均依据自己的国情发展了适宜本国经济、文化、地质条件和居住需求的工业化体系。例如，瑞典工业化住宅以大型混凝土预制板的技术体系为主；美国、加拿大，大城市住宅的结构体系以混凝土和钢体系为主，在小城镇多以轻钢、木结构住宅体系为主；英国的工业化住宅以钢结构体系为主；德国的工业化住宅以混凝土体系和钢木结构体系为主；日本的工业化住宅木结构体系占比超过 40％，多高层集合住宅主要为钢筋混凝土（PC）体系；法国工业化住宅以预制装配式混凝土结构为主，钢结构、木结构体系为辅。

同时，各国将焦点纷纷集中在技术上的可持续和艺术上的个性化探索阶段。转向定制、关注高效、集成、节能、新型材料和新技术，高层住宅的立面设计更加个性化、风格化。比较有代表性的有：含 500 个曲边结构混凝土预制阳台板的 35 层澳大利亚波浪住宅大厦（2006），精装修盒子结构的纽约迷你公寓（2015），融合天然材料和高科技的斯科特街公寓等（图 2-8）。

图 2-8 波浪住宅大厦、纽约迷你公寓、斯科特街公寓（从左至右）

图片来源：http://www.precast.com.cn/index.php/subject_detail-id-160-page-1.html

2.2 我国高层工业化住宅设计—建造的演变与发展研究

2.2.1 历史与社会背景

20世纪30年代以后，上海作为远东最繁华的城市之一，率先在黄浦江和苏州河兴建了最早的一批高层公寓式住宅（图2-9）。但由于历史和经济的原因，高层住宅的建设没能继续发展。

20世纪70年代，我国的住宅建设由停滞状态进入恢复和发展期。这个时期，城市人口增长引致城市扩张，同时农业从落后状态开始发展需要大量耕地，国家开始对城市用地实行控制，提倡建设高层住宅，节约土地以保障基本的农业生产。

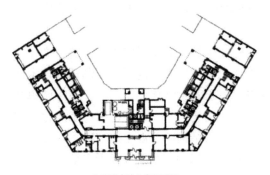

上海毕卡迪公寓平面图   建筑外观设计图

图2-9　上海毕卡迪公寓（1934年）

图片来源：吕俊华，彼得·罗，张杰. 中国现代城市住宅：1840-2000 [M].

北京：清华大学出版社，2003：91.

80年代，随着国民经济的恢复与发展，快速提高的城市化水平和骤增的城市人口加剧了城市建设用地的紧张程度。住宅建设的主要目的是如何在有限的土地中解决更多人口的居住问题，因此高层住宅的建设得到进一步的推动。70年代末，北京高层住宅进入大发展时期；到1981年底，全国建成高层住宅416栋，其中四分之三建在北京[108]。

此后，随着我国的经济的发展、城市化水平的提高，城市中的住宅用地愈加紧张，高层住宅建筑在节约用地、提高开发效益上有着无可替代的独特优势；另外，我国消防技术、设备技术、维护水平、建筑材料、建筑技术、建筑设计及施工技术水平的飞速发展，让高层住宅的环境质量、户型的舒适度和居民的居住满意度不断提高，高层住宅的舒适性、健康性和文化性已广为大众所接受，因此发展十分迅速。仅以北京市为例，住宅建设中高层的比例在20世纪80年代初为10%，至1987年提高到45%。直至目前，高层住宅已成为我国城市居民主要的居住形式。

2.2.2 高层住宅工业化技术的起步：1950s～1970s

（1）社会背景

① 来自多层工业化住宅设计与建造经验的积累

20世纪50年代属于我国建筑工业化的起始时期，当时的工业化技术主要应用于工业建筑。第一个五年计划（1953～1957 年）期间，苏联采用预制装配技术援建的新中国 156 项工业项目，奠定了新中国的工业基础；同时，这些工业建筑工业化的设计与建造经验为我国工业化住宅发展提供了难得的经验和技术。

60 年代初期，我国为快速解决城市人口居住问题，以大量性的住宅项目进行了砌块结构、砖混结构体系和大板体系等多层工业化住宅技术的研发与大量建造实践，创立了住宅结构体系和标准设计技术，积累了工业化住宅设计、建造和施工管理、构造处理等各方面的经验。

② 住宅高层化的政策引导和技术支持

70 年代，我国人口迅速增长。为了缓解人口和耕地的矛盾问题，控制城市规模，节约土地，在"保护耕地、城市建设向空中发展"方针的号召下，国家开始在大城市中鼓励提高居住区建筑密度、建设高层住宅。于是，京、沪等地开始建设高层住宅。在 60 年代多层工业化住宅发展的基础上，高层住宅开始大量采用现浇工业化施工方法，例如上海普遍采用的滑升模板技术[109]。由于传统的承重墙结构不能满足底层商业要求的大空间，所以在一些高层住宅中开始采用框架结构形式。

③ 电梯的国产化

住宅高层化首先需要便捷的垂直交通体系的支撑——电梯的发展。我国电梯事业发展的历史较短，直到新中国成立以后，1952～1954 年才实现电梯的国产化，但生产能力有限。至 1972 年，全国共有 8 家电梯定点生产厂家，总年产量近 2000 台。电梯制造业的发展加快了电梯在国内的普及，为高层住宅的发展提供了条件。

④ 大城市的"房荒"和资源紧张

我国的高层工业化住宅首先在北京、上海等大城市出现。以京、沪为代表的中国大城市在 70 年代面临较为严重的"房荒"问题，尤其是上海，作为全国人口密度最高的城市，70 年代末，市区 141km²，常住人口 584 万人（不包括流动在沪 20 万人），每平方千米 41000 人，每人仅 24m²，即使按上海近期规划到 1990 年，市区扩大到 210km²，相应人口为 650 万人，每人也仅 32m²，比国家暂行规定指标城市生活用地下限值 40m²/人还少 25%[110]。土地紧张一直影响到上海的住宅建设。

此外，上海资源缺乏，建筑材料靠外地运入，尤其是墙体材料。六七十年代，墙体材料以黏土砖为主，上海土源不足，黏土砖主要靠外运，而黏土砖的季节性，经常使得上海的项目在冬春季节因供砖不足而停工。工业化装配式的住宅，墙体材料用混凝土预制或者利用本地工业废料，可以产生一举两得的效果。

⑤ 西方的工业化技术经验的引进

同时期的发达国家处于工业化住宅由"量"到"质"的转换期，积累了大量的技术、实践经验和成就，成为我国学者研究与借鉴的对象，国外的"建筑体系"概念也被引进国内。例如，第二次世界大战以后，苏联的各大城市，首先是莫斯科，建造了许多宏伟的高层建筑物，其中就有 16～26 层的住宅。早在 20 世纪 50 年代，苏联建筑实践中已经积累了丰富实践经验的多户式高层住宅便被介绍到我国[111]；东欧的预制混凝土技术传至我国，北京市引进了预应力空心楼板制造机（民主德国）。此外，法国、日本、联邦德国和美国等国家的建筑工业化发展及特点被系统研究并出版，如《国外建筑工业化的历史经验综合研究报告》，日本、法国、苏联等国家建筑工业研究报告，《大模板施工技术译文集》等。

国外工业化技术经验的系统引进，对我国构件预制化技术的研究和高层住宅工业化试验项目的建设工作起到了关键的推动作用。

（2）构件工厂化生产技术的发展

这个时期，许多大城市开始建设构件生产厂，如北京第一构件厂和第二构件厂（即后来的北京榆构有限公司），它们的生产线是在车间用机组流水法以钢模在震动台上成型，蒸汽养护后运送至堆场，这两个工厂一度成为全国构件生产厂的典范。此后，全国各地纷纷建设构件厂，为工业化住宅的发展奠定了基础。

这一时期的重点是进行了墙体的工业化发展。比较有代表性的有北京的震动砖墙板、粉煤灰矿渣混凝土内外墙板、大板和红砖结合的内板外砖体系，上海的硅酸盐密实中型砌块和哈尔滨的泡沫混凝土轻质墙板[112]。

（3）施工机械化水平的提高

我国施工机械水平一直较低。20 世纪 50 年代初，建筑项目施工现场运输是靠人力借助简单工具搬运。50 年代末到 70 年代初，采用手推车、井架卷扬机等机械水平较低的工具施工，即使是作为首都的北京也只有十几台塔吊；从 70 年代初期开始由工地自制小型"翻斗车"逐步代替了手推车，70 年代中期开始，塔式起重机等大型现场水平运输机械得以普遍推广[113]，为住宅的高层化、工业化提供了条件。

（4）高层工业化住宅结构体系多样化

20 世纪 70 年代由于墙体改革和建造技术的发展，建筑体系由原先的多层现砌砖墙混合结构体系发展为大板、大模、框架等高层建筑结构体系。

首都北京，作为我国的技术和文化核心城市，尤其是在计划经济时期一直是我国工业化住宅技术的前沿城市，它的技术体系发展过程可以说就是我国工业化住宅技术发展的代表：1973 年北京市建工局初步规划 5 层以下住宅采用砌块；10～12 层高层住宅可试用装配式大板；16～20 层高层建筑进行现浇滑升模板和快速脱模大板的试点，16 层建筑采用装配整体框架和升板结构扩大试点。

（5）典型建造实践

1974～1975 年，北京开始试验和试点框架—剪力墙、滑动模板、大模板、装配式大板四类普通高层住宅体系，探讨北京大量性住宅建造的发展途径。1978 年以后，北京市开始大量住房建设。上述四类住宅体系的推行和成街成片建设的相继启动，使北京高层住宅的建造量迅速增长，1972～1976 年北京共建成 10 层以上住宅 8 万 m²，1977～1980 年每年建成 25 万～30 万 m²[114]，其中有若干组试点建造的高层住宅成为高层工业化住宅发展中的里程碑。

上海市工业化住宅体系的发展，也经历了由多层建筑逐步推广到高层建筑应用，从公共建筑到居住建筑的过程。到 1979 年，上海市区建成 22 幢高层工业化住宅，并陆续交付使用（表 2-5，图 2-10）。

（6）北京 80·81 系列住宅的成绩

1978 年，国家开始要求改进住宅设计，为了在住宅标准化的基础上力求多样化，北京市编制了 21 类 89 套组合体的系列住宅通用图和试用图，被称为"北京 80·81 系列住宅通用设计"。由于大模板住宅体系（内模外板、内模外砌）抗震性能优越、施工工艺设备简单、技术便于掌握和推广，又具有良好的经济性等特点，因此在北京得到大面积推广。

起步期典型建造实践及其技术体系

表 2-5

城市	建筑名称 建造时间	建筑规模	技术体系	平面形式	工业化技术亮点	历史意义
北京	外交公寓（1973 年，朝阳区建国门外大街北侧，图 2-11）	16 层，两栋	高层装配整体式双向框架体系	塔式住宅，交叠的双矩形平面	①板、梁、柱及抗震墙等结构构件预制，接头处现浇成为整体[115]；②预制墙板系平模生产，门窗及饰面工厂化内完成；③"一间房，一块板"双向预应力大型井字梁式楼板	①我国第一栋高层工业化住宅；②北京第一栋 10 层以上的高层住宅
	天坛职工住宅(1974 年北京天坛)	11 层，两栋（北京市建筑设计院、北京第四建筑工程公司、第三构件厂）	装配式大板体系	矩形规整平面，短内廊与短外廊结合	①减少平面凹凸；简化结构，电梯通至 10 层；②减少开间尺寸种类、设备及预埋件统一规格	高层装配式大板体系的第一次试点建造
	前三门大街住宅复兴工程（1975 年，前三门大街）	9～16 层，34 栋；板式 21 栋，9～13 层；塔式 13 栋，11～16 层	大模板现浇、大板结构、内浇外板结构技术体系	板式、塔式平面；户型模块按交通组织和单元组织方式，板式住宅组合为四种形式，塔式住宅组合为三种形式[116]	标准化设计；"内浇外板"的大模板体系；现浇与预制结合的技术体系；反打外墙板和外用乳胶漆饰面做法的第一次实验；澎珠陶粒混凝土墙板、普通混凝土与加气混凝土复合板	①我国第一个高层工业化建筑群；②第一次工业化技术体系化(图 2-10)
上海	上海康乐路 1 号住宅楼（1974）	12 层，1 栋	低层现浇框架结构，二层以上现浇板墙承重	板式内廊平面	滑模技术现浇休系，多孔楼板，外加整浇层	标志着上海地区高层工业化住宅建造的开始[117]（图 2-10)
	上海陆家嘴住宅(1976)	13 层，39 栋	现浇剪力墙结构	板式内外廊结合平面	"一模三板"：大模板现浇混凝土内墙，预制外墙挂板，预制内隔断板和预制楼板	上海试点建造工业化体系住宅，体现体系的优越性(图 2-10)
	华盛路高层住宅（1976 年）	14 层，1 栋	现浇混凝土柱，部分现浇剪力墙体系	板式外廊平面	①现浇柱、预制梁板、预制外墙板体系；②山墙现浇混凝土板；③轻质内墙隔板；④多孔楼板，外加整浇层	框剪体系的工业化建造实践

资料来源：作者自绘

图 2-10　北京前三门大街住宅、上海康乐路 1 号住宅楼、上海陆家嘴住宅（从左到右）

图片来源：张敬淦，任朝钧 . 前三门住宅工程的规划与建设 [J]. 建筑学报，1979（05）：16.

徐绳墨，沈传扬 . 关于上海高层住宅工业化体系的调查 [J]. 建筑施工，1981（03）：45.

第六个五年计划期间"80 · 81 系列住宅通用设计"被采用，多层砖混住宅和高层大模板住宅共建成 500 多万 m^2。

2.2.3　预制装配体系的没落和现浇体系的兴起：1980s～1990s 中期

（1）80 年代——高层工业化住宅的发展期

1978 年十一届三中全会的召开是我国经济发生翻天覆地变化的起点，也是建筑业迅速发展的开始。在总结前 20 年建筑工业化发展的基础上，提出了"四化、三改、两加强"，即房屋建造体系化、制品生产工厂化、施工操作机械化、组织管理科学化；改革建筑结构、改革地基基础、改革建筑设备；加强建筑材料生产、加强建筑机具生产。

20 世纪 80 年代，是中国高层建筑在设计与施工技术等方面的迅猛发展期，我国的工业化住宅加速发展，标准化体系快速建立，在许多省市建立了多种形式的工业化住宅生产链，各省市的工业化水平、建筑材料、预制板拼缝及各种构造节点做法上虽小有区别，但总体来看产品之间的差异较小。北京、上海、天津、四川、湖南、浙江、河北、沈阳、南宁等地市的产品各成体系，分别建设了一定规模的高层居住小区。

以北京为例，北京的高层工业化住宅在该时期迅猛发展，10 层以上住宅从 1972 年开始兴建，到 1995 年底，共建成约 2675 万 m^2，占 1949～1995 年竣工住宅总面积的 21%；均为单元式住宅，住宅最高为 30 层、105m，均为钢筋混凝土结构；其中现浇大模板剪力墙约占 83%，现浇滑模剪力墙约占 9%，装配式大板约占 4%，框架—剪力墙和框架—筒体约占 4%；施工方法由预制装配逐步发展到全现浇，单栋工期最短 5 个月[114]。其中，1981～1983 年的高层住宅竣工面积由每年 34 万 m^2 增至 83 万 m^2，1984 年以后每年均建成 100 万 m^2 以上。80 年代，普通高层住宅层高由 2.9m 逐步降低至 2.8m 和 2.7m，平均每户建筑面积由 55m^2 左右增加到 64m^2 左右，建筑层数向 18 层以上发展，大开间住宅和商住楼逐步增多。

图 2-11　建国门外外交公寓

图片来源：北京市地方志编纂委员会．北京志·建筑卷·建筑志［M］．北京：北京出版社，2003：305.

在这个时间段内，虽然我国住宅建设迎来了快速发展，但是这种发展以资金和土地的大量投入为基础，结构体系以现浇为主，工业化建筑技术进步缓慢。

1）施工机械化水平的提高

80 年代初，北京建筑施工现场最早实现了水平运输的机械化，其他地区的这一进程晚了 5～10 年。几乎与此同时，土方工程施工的主要形式由人工开挖逐步发展为机械化。至 80 年代末，大板构件的产能急剧提高，其中南宁、北京、兰州、湖南等地均大量建设大板住宅。

2）现浇混凝土技术体系的引入催生新的结构体系

20 世纪 60 年代，日本、联邦德国先后发明了外加剂和混凝土运输、泵送设备，意味着混凝土现浇技术的发展取得了革命性的成果。减水剂可大幅降低水灰比、提高强度，并在水和水泥比例不变的情况下提高新拌混凝土的流动性，极大地降低了混凝土的拌制、运送、泵送、浇注和成型等工艺过程的难度，改善了混凝土的性能。

20 世纪 80 年代，北京首先学习和引进国外先进的混凝土技术，实现了混凝土的流动性转化，发展现浇混凝土的应用。由于现浇混凝土体系在结构强度上的优越性，很快在全国推广，大模板现浇配筋混凝土内墙应运而生，同时催生了内浇外砌和外浇内砌、楼板现浇的框架结构等多种体系。由于现浇体系解决了高层框架结构建筑梁柱与填充墙的抗震设计问题，大大增加了抗剪体系的刚度，提高了结构的最大允许高度。此外，该结构体系的外墙常采用装配式预制外挂墙板，这种建筑结构体系高效结合了泵送混凝土的机械化和外挂预制构件的装配化，因而迅速得到推广。

以上海为例，80 年代后，随着现浇钢筋混凝土在住宅施工中的普遍运用，混凝土集中拌合站、混凝土运输车、高压浇灌车等设备和组合钢模板、大模板、滑模、降模、爬模等一系列先进混凝土支模技术得到广泛应用。至 90 年代末，上海每年人均商品混凝土用量已达 0.85m³，达到了发达国家水平[118]。

3）构件工厂化生产技术的发展

80 年代，构件生产技术得到进一步发展。首先是墙体材料的多样化，预制混凝土外墙板由单一且保温性能欠佳的轻骨料混凝土升级为复合墙板，该墙板由高效保温材料与平模反打工艺结合而成，可承受 20％～30％的地震水平荷载。

至 1987 年，全国每年大板构件的产能达 50 万 m²（可建约 3 万套住宅）。其中南宁大板建筑曾占全市住宅总建造量的 56％，北京、兰州的这一比例也分别达到 30％和 15％，湖南共施工大板住宅 70 万 m²[119]。

4）产业链的初步建立

20 世纪 80 年代，北京市政府成立了北京市住宅建设总公司，将策划—设计—科研—构件制造—运输—安装—施工—装修—运营直至搬家入住等工作进行系列化承包运作，至此标志着我国确立了较为完整的工业化住宅产业链。此外，该公司下属的第三构件厂，产能和技术代表了当时我国的先进水平，一度被称为"亚洲最先进"企业。其所承建的住宅由多层向 10～12 层甚至 15～18 层的高层住宅发展，在团结湖、牛王庙、天坛等地块大面积推广。

5）举办与高层工业化住宅相关的住宅方案设计竞赛

由国家组织举办全国规模的住宅设计竞赛，并将竞赛成果运用到实际居住建筑项目中，是新中国成立以来到社会主义市场经济基本建立期间一直采用的一项举措。

从 20 世纪 50 年代开始，举办全国城市住宅设计竞赛是我国住宅建设发展过程中颇具影响力的事件：从全国各省市进行设计方案的广泛征集，将评选结果发表于权威期刊或结集正式出版，或将其纳入标准图集，作为当时住宅建设的范本。此类全国范围内的住宅设计竞赛是当时国家住房政策、建设实际、设计观念、居住意向等的集中展现，能直接反映当时住宅建设的关注热点。

80 年代，国内举办的住宅设计竞赛中，设计内容和方案要求对高层工业化住宅均有侧重。

① 北京地区全装配大板住宅设计方案竞赛

1986 年底，由全国城市住宅设计研究网、北京市住宅建设总公司联合发出《举办北京地区全装配大板住宅设计方案竞赛》通知，这是首次在全国范围内开展以"全装配大板体系住宅设计"为题的竞赛。

竞赛对高层塔式、高层板式住宅面积标准提出了要求，并提出"一律采用 3MO""层高参数采用 2.7m""装配大板构件最大重量应不大于 5.5t"等详细的参数要求。至次年 4月，收到全国各地设计院所报送的建筑方案 249 个，其中高层住宅方案 113 个[120]。这次竞赛的组织，对于推动北京市城市住宅建设的发展，以及繁荣全国高层工业化住宅的建筑设计创作，起到了积极作用；同时，这也是高层工业化住宅发展程度的表征，足见当时高层工业化住宅在全国的普及程度。

② 中国"七五"城镇住宅设计方案竞赛

1987 年，联合国规定本年为"国际住房年"，要求各国在该年内制定解决各自住房问题的具体政策和措施。

在响应联合国号召的前提下，我国举办了"七五"城镇住宅设计方案竞赛，将其作为住房年活动的一部分。竞赛由建设部统一布置，中国建筑标准设计研究所承担具体的组织工作。虽然结构体系和工业化不是本次竞赛的重点，但是设计要求和试点建造要求中仍体现了工业化建造的要素。例如，在设计要求中，强调"因地制宜开展各种工业化结构体系的研究和设计，重点进行大开间住宅试验工作（墙体设计、墙造型等），推广叠合板或小梁填充砖楼板"；在试点基本要求中，强调"采用通用住宅构配件，扩大建筑构配件和制品的社会化、商品化程度，各地应统一编制配套构配件产品目录。现浇工艺应采用定型化模板[121]。"这次竞赛，在国家级竞赛获奖方案中首次出现高层方案，并被一致认定为高档住宅形式（图2-12）[122]。

图2-12　1987年"七五"住宅设计竞赛"全向阳高层住宅"平面

图片来源：何涛波. 由城市住宅设计竞赛看住宅设计变迁（1950s～1990s）[D]. 东南大学，2016.

6）北京86～90系列住宅通用设计

为避免出现西方大量性标准化住宅很快被民众淘汰的状况，80年代我国在面对大规模建设住宅的局面时，住宅通用设计开始寻找经济性、可变性的途径，为住户在经济和需求有变化的将来改造住宅提供可能。

北京市组织技术人员，在"80·81系列住宅通用设计"的基础上，改进性地编制了"86～89系列住宅通用设计"，以适应第七个五年计划期间北京市一般职工住宅的建设"新形势、新政策、新要求"以及一系列新的规范和标准，充实了原"80·81系列住宅"构配件图集，使多种构配件易于互相代换，可实现同一套通用设计建造的住宅的功能与形象的多变性。

通用图的结构形式主要有适用于多层住宅的砖混结构、适用于高层住宅的预制大楼板及内浇外挂结构和适用于一般超高层住宅及大开间高层住宅的全现浇结构。住宅体型通常有"塔式楼"及"板式楼"，以及适用于东西向布置的锯齿形住宅楼，有部分设计作了顶层退台的处理以求体型略有变化。对高层住宅的功能进行了优化，譬如将高层板式住宅走廊通道板标高降低，使走廊上的行人看不到户内活动而提高居住的私密性；为高层住宅设计了入口与各户间的呼叫系统等。

（2）80年代末～90年代中期——高层工业化住宅发展低谷期

80年代末至90年代中期，高层工业化住宅的发展出现迟缓甚至停滞状态，全国工业化住宅的进程骤然减缓，部分地区甚至止步，多数生产线被悄然拆除，究其原因，主要有以下方面：

1）体制和需求的因素

我国经济发展模式的变革，引起住宅制度和居住需求的转变，市场对户型的多样化、大户型的需求日益提高，与现浇住宅相比，装配式住宅平面的自由度以及居住区住宅套型的可变度还是要低许多；同时，之前我国迫于解决房荒而对住宅工业化要求过急，提倡新体系、新材料，企图完全抛弃现有的传统现浇技术；住宅建设体制中的土地开发、规划设计、施工建造、市政工程等环节相互独立，造成装配式住宅造价持续上升，建设投资的效果不佳。另一方面，我国工业化住宅技术上拿来主义的内容居多，过多追求住宅的量而忽略将技术本土化的问题，忽略工业化住宅全生命周期内的节点构造、预制件的维护维修和更换等技术问题，加上运输过程中缺乏规范化和保护措施，在高层住宅的抗震性能问题上也没有明显的进步，使装配式住宅不太适应当时的国情发展，引发了业内外人士对工业化住宅的质疑。

2）唐山大地震引发对工业化住宅的质疑

1976 年 7 月 28 日，唐山市发生了里氏 7.8 级地震，整个唐山市变成了一片废墟，68.2 万间民用建筑有 65.6 万间倒塌或受到严重破坏[123]，人员伤亡惨重（图 2-13）。

图 2-13　唐山大地震中的装配大板住宅

图片来源：http://www.precast.com.cn/index.php/subject_detail-id-5905.html

20 世纪 70 年代，中国城市的居住建筑以多层无筋砖混结构居多，楼板多采用预制空心楼板，由于当时的技术不够完善，建筑体系存在诸如缺乏构造柱、板间拉结等结构缺陷。并且我国在 50～70 年代大量性建设的住宅建筑学习了苏联模式，以今天的眼光看，当年苏联装配式建筑本身在抗震构造节点上不够重视。然而，大地震后人们的第一反应是严重质疑预制楼板的安全性，甚至直接称其为"棺材板""要命板"，业界急于声讨预制构件，却没有从技术的角度进行更深刻的反思。虽然此后我国及时颁布了建筑抗震设计规范，并修订了相关结构体系和施工规范（例如：要求高烈度抗震地区采用现浇楼板，废除预制板；低烈度地区在预制板周围设置现浇圈梁，灌实板间缝隙并添加拉筋等。），但是由于当时社会背景下人们的思维定式和相信直观感受的习惯，使得人们对预制装配的建筑产生畏惧心理。1980 年 6 月，国家批准了《全国基本建设工作会议汇报提纲》，正式宣布将实行住宅商品化政策。住宅商品化，广大住户成为住宅的投资者，他们对住房的质量要求越来越高，对预制装配建筑的误解影响了之后住宅建筑体系的选择。上述种种原因，导致全国数千个预制构件厂倒闭或转产，严重影响了工业化住宅的发展，对高层工业化住宅体系的影响尤甚。

3）已建工业化住宅出现质量问题

早期已投入使用的高层、多层工业化住宅，由于设计水平、建筑技术和施工管理水平尚不成熟，缺乏驾驭新技术、新工艺、新材料的经验，因此产生了很多质量问题。

首先是墙体和楼地面裂缝较多，这些裂缝的产生，引起厨卫地面漏水渗水、墙面渗水、进风等问题，降低了建筑物的耐久性和整体性，给住户带来一系列的困扰和烦恼，严重影响到人们的生活、学习和工作[124]。

其次，预制楼板和预制内墙的隔音很差，住户间串声问题严重，相互干扰，居住私密性差。

再次，原有工业化住宅围护结构保温性能差，加上接缝处有冷热桥、透风透水，室内夏热冬冷，居住体验差。

又次，70 年代所建高层工业化住宅，为节约造价，多为一梯 6～8 户，如北京前三门大街高层住宅群。在前三门高层住宅设计中，普遍追求电梯服务户数高指标，并以此作为决定住宅平面的主要因素。本建筑群共有板式楼 22 栋，平均高 10.64 层，电梯服务户数平均为 110 户，个别楼栋高达 140 户。电梯在每层的服务户数常大于 10 户，由此导致设计了大量采用北向布置通长走廊的平面形式，造成平面关系不合理、利用系数低以及交通干扰大等一系列弊病[125]。随着改革开放的推进，国家经济水平和人民生活水平有了提高，这种一梯八户或是更多住户的住宅，电梯配置严重不足，致使同一栋建筑内竖向交通拥堵：上下班高峰期等电梯要很长时间，老人在上下班高峰时间根本不敢外出，如遇急病或其他紧急情况，上下楼耗时太久后果将不堪设想。此外，这些住宅楼多无备用电梯，如遇电梯检修或者故障，对居民生活有较大影响，甚至会影响生命安全。

最后，由于当时的设计经验不足，施工粗糙，相关管理不配套，居民随意自封阳台、自设防盗栏杆、安装空调室外机、随意堵补板缝渗漏，导致建筑立面凌乱，高层工业化住宅在人们眼里已失去了往日的艺术价值。在北京，甚至有些人曾提议拆除前三门大街的高层住宅。

除上述问题之外，还有诸如设备老化、配套陈旧等其他问题，工业化住宅的质量引起了社会的广泛质疑。

4）原有定型产品规格不能满足日益多样化的需求

70 年代建设的高层工业化住宅，为节约造价、减少预制件规格，将户型定型在少数几种。随着生活水平的提高，人们对于居住质量有更高的要求，原有户型已不能满足最新居住要求。尤其是住宅商品化以后，有条件的家庭逐步迁出，老旧高层房屋则向低收入家庭转移或租给外地打工者，居住人员变动大，致使高层住宅的居住人员复杂化、流动化、不便管理，致使整个居住小区呈现低端化的趋势。

5）大量农民工入城为城市建筑业提供廉价劳动力

早在改革开放以前的 20 世纪 70 年代，便出现农村劳动力向城市和非农部门的转移，以农村集体组织、"农村副业队"等为形式的外出务工来增加集体收入，不过人员流动量并不大。

改革开放后，家庭联产承包责任制使得农村产生大量的剩余劳动力。在20世纪80年代初期，国家采取鼓励"离土不离乡"的农村剩余劳动力转移模式，以及选择性准入政策，目的是满足当时城市大量待业青年的就业需要。80年代末开始，沿海地区外向型经济的发展和大城市的迅速扩张需要大量的劳动力，建筑业作为劳动密集型产业，随着基本建设的加快，出现了劳动力严重不足的现象。

1984年9月，国务院颁发《关于改革建筑业和基本建设管理体制若干问题的暂行规定》，提出改革建筑安装企业用工制度的决定，明确指出："国有建筑安装企业，要逐渐减少固定工的比例。今后，除必需的技术骨干外，原则上不再招收固定工，积极推行劳动合同制，增加合同工的比重。"这一规定成为建筑行业内包工制被大规模推行的政策基础。包工制的实行，为低门槛的建筑业吸收了大量的廉价劳动力，成为降低现浇混凝土结构住宅造价的主要原因之一。

6）现浇混凝土的发展和商品混凝土的兴起

预拌混凝土作为散装水泥发展的高级阶段，是社会进步的标志，也是建筑业工业文明的一种体现。中国预拌混凝土行业起始于20世纪70年代末期，随着现浇体系在我国的发展，80年代处于兴起阶段，90年代开始迅速发展。为了避免与50年代冶金系统企业内部曾使用的集中搅拌混凝土混淆，强调其商品属性，将其命名为"商品混凝土"。

商品混凝土因其具有计量准确、质量稳定、减少现场污染利于环保、节省施工用地等特点，从而可以缩短建设周期、提高工程质量、改进施工组织，最终可降低综合造价。90年代已基本形成了混凝土在专门的商品混凝土站预拌生产，搅拌运输车运送，施工现场泵送的工艺流程，这一系列机械化的"就地上楼"、浇注入模成型的施工技术，具有便捷性、整体性和抗震性，同时又有一定的先进性、经济性和较高的质量可靠度，充分发挥材料的独特优势，满足了高层建筑迅速发展的需要，因此很快被推广利用到住宅建筑上来，提高了现浇混凝土建筑的性能。

综上所述，建筑材料和施工技术的进步，商品混凝土、钢模板、钢支架等以及施工机具的发展，机械化的现浇体系产生了多数技术含量低的工种，适合雇用廉价的农民工劳动力，使得现浇混凝土体系造价优势明显。因此，各地的建筑工程中越来越多采用现浇钢筋混凝土结构，逐步代替了各类预制构件，导致我国住宅工业化的进程骤缓，并使大多数生产线被拆除。

（3）典型建造实践

1）复杂形体的滑模、部分工业化住宅

1980～1983年，北京市西便门西里20层"Y"形滑模建造的住宅3栋，采用大开间（5.4m和5.7m净模）、大进深（9m净模），首次取消内纵墙，层高2.8m；内外承重墙均用陶粒混凝土，楼板用普通现浇混凝土；每层9户，都有较好的朝向和通风；户内分室隔墙用珍珠岩空心条板，有一定灵活性；结构施工每层3天，墙体和楼板每层连续施工（图2-14）。1981～1983年，在北京市蒲黄榆路西侧先后建成3栋15层"十"字形内天井大开间住宅，每层10户；采用滑模法现浇墙体、预制梁、短向空心预制楼板等技术。

图 2-14 西便门西里住宅、南三环住宅、亚运村住宅群（由左到右）

图片来源：北京市地方志编纂委员会. 北京志·建筑卷·建筑志［M］. 北京：北京出版社，2003：554-555.

2）底层大空间、上层鱼骨式大开间大模板、部分工业化商住楼

1984～1987 年，在北京市南三环中路煤炭总公司、北礼士路新华印刷厂和复兴路电子器件总公司三处住宅进行试点，建造底层大空间、上层鱼骨式大开间大模板商住楼。

住宅高 12～18 层，建筑面积共 43334m² （图 2-13）。开间以 6.6m 为主，进深以 10.2m（5.1m＋5.1m）为主，住宅层高 2.7m；内承重墙为现浇混凝土，大模板施工；外墙围护结构分别采用条板、拼装大板和整间复合岩棉板等多种做法，仅承自重；楼板有预应力薄板与现浇叠合板和全现浇板两种做法；底层大空间采用了框架—剪力墙，作为商业服务用房。该项成果先后获 1987 年度北京市科技进步一等奖和 1988 年度国家科技进步二等奖。

3）北京亚运村高层工业化住宅建筑群

1987～1990 年，为迎接第 11 届亚运会在北京召开，在北郊亚运村和东侧的安慧南里、安苑北里集中建造了 64 栋、97 万 m² 高层住宅群。住宅群由北京市住宅建筑设计院和北京市建筑设计研究院设计，采用四种工业化体系：装配式大板塔式住宅、内浇外板塔式住宅、全现浇滑模法塔式住宅、全现浇大模板塔式和板式住宅。

在安慧南里的北小条建成 4 栋 13 层装配式大板塔式住宅，单栋工期最快 5 个月；在安苑北里南小区建成 3 栋 18 层内浇外板塔式住宅。这两处均采用小开间标准图，每层 8 户。在安慧南里建成 18 栋 25 层全现浇滑模塔式住宅，在安慧南里和安苑北里建成 25 栋 18～25 层全现浇大模板塔式和板式住宅，在亚运村建成 14 栋 13～25 层全现浇大模板的汇园公寓（图 2-13）。这三处均以大开间为主，有 39 栋 60 多万 m² 高层住宅采用双钢筋薄板叠合楼板。层高除公寓为 2.75m 和 2.8m 外，其他普通住宅均为 2.7m。

2.2.4 预制装配整体式工业化住宅的复兴：1990s 末期～2010s

（1）发展背景

1）工业化住宅的发展进入新时期的标志性事件

1999 年，国务院办公厅发布《关于推进住宅产业现代化 提高住宅质量的若干意见》（国办发〔1999〕72 号文），加上国家住宅产业化促进中心的建立，我国工业化住宅的发展进入了新的时期。

2）现浇体系占据全国高层住宅市场

现浇体系从 20 世纪 90 年代初开始蓬勃发展，尤其是 2002 年，国家颁布行业标准《高层建筑混凝土结构技术规程》（JGJ 3-2002），预制构件的应用受到许多制约。以北京市为例，按照 8 度设防要求，装配式建筑高度不能超过 50m。住宅层高按照 2.8m 估算，

50m 高度住宅可建层数极限在 18 层左右。一线城市用地紧张，高层住宅建设量越来越大。例如，1996~2000 年北京市 10 层以上住宅竣工面积逐年递增，2000 年竣工 788 万 m²，占当年住宅竣工总面积的 52.5%。北京、上海、深圳等大城市住宅的高度不断提高，18 层以上住宅的建设需求越来越多。由于预制构件节点处理较为复杂，加上随着商品混凝土、泵送混凝土以及工具式模板的技术日益成熟和广泛应用，现浇钢筋混凝土结构的整体性能和构造处理的优势更为明显。因此，现浇钢筋混凝土结构体系的住宅在很长一段时间内几乎占据了全国的高层住宅市场。

3）完全湿作业施工模式的不足日益明显

随着湿作业的施工模式席卷全国建筑市场，现浇混凝土的缺点也日益明显：现场施工的工序繁多、手工作业过多导致影响建筑质量的纰漏多；现场养护耗时长、环境差，尤其在大体积混凝土养护欠佳的情况下，易引致大面积开裂而影响建筑质量；施工工期长，经济效益及环境效益差；传统人工支模一方面耗费巨大的劳动量，另一方面又耗费大量模板，浇筑定型的精准度差；市场竞争引发商品混凝土质量存在问题；现场施工带来的空气污染、噪声污染问题等。

4）建筑业劳动力市场紧张

随着中国城市化的加速和人口红利的逐渐减少，导致从事体力劳动的人力资源变得紧张。2004 年春季，沿海地区许多企业频繁出现"招工难"的现象[126]，现今"民工荒"波及建筑业、制造业等劳动密集型行业，且已呈常态化。这意味着长期以来传统建筑以现场手工作业为主的方式不能再继续下去，高层住宅作为我国房屋建筑量中比重最大建筑种类，工业化住宅的发展必须重新引起重视。

5）住宅装修引发社会问题

20 世纪 80 年代，住房商品化、多样化后，"毛坯房"成为交房标准，本意是想迎合用户装修多样化的需求，并且当时多采用单位建房的形式，毛坯房交付可降低造价、降低单位建房的成本压力。近年来，住宅装修引起对房屋结构的破坏问题、二次装修、重复装修造成的资源浪费问题、"精装房"引发的矛盾问题、装修本身造成的环境污染等问题，迫使人们开始探求绿色的居住与建造模式。

6）居住的可持续性需求

随着经济和生活水平的提高，人们在关注居住质量的同时，更关注可持续性的问题。生态、经济和社会的可持续性共同决定了人类社会的持续性，居住建筑也不例外，在解决了居住需求和供应之间的矛盾之后，开始追求更高品质的居住质量和综合效益。然而，当下我国因建筑活动造成的污染约占污染总量的比重很大，每年产生高达数亿吨的建筑垃圾，国内建筑能耗在全社会终端能耗中所占比率逐年增长。建筑活动造成的噪声、灰尘和光污染等也成为威胁人类健康的主要因素。

2005 年我国发布国标《住宅性能评定技术标准》GB/T 50362-2005，根据"2000 年小康型城乡住宅科技产业工程"科研成果，将住宅性能概括为适用、环境、经济、安全、耐久五个方面，在全国范围内开展对住宅性能的综合评定工作。这是目前我国唯一的关于住宅性能的评定技术标准，适合所有城镇新改建住宅；反映住宅的综合性能情况，倡导装修一体化；提高工程质量，引导住宅开发和住房理性消费；正确处理住宅与城镇规划、环境保护和人身健康的关系；推广节能、节水、节地、节材且能防治污染的新技术、新材料；

鼓励开发商提高住宅性能，土建以可持续为原则，实现经济、社会和环境等综合效益的统一。

（2）康居工程与部品技术体系的推行

在这一时期，国家全面实施康居工程，初步建立了部品认证制度。1999 年，建设部开始国家康居住宅示范工程的建设，并以其为载体贯彻《国务院关于促进房地产市场持续健康发展的通知》（国发〔2003〕18 号）和国务院办公厅《关于推进住宅产业现代化　提高住宅质量的若干意见》（国办发〔1999〕72 号）等文件精神，将推进住宅产业现代化作为总体目标，通过示范工程引路，提高住宅产业现代化和住宅建设的总体水平[127]。2002年，建设部发布《国家康居住宅示范工程选用部品与产品认定暂行办法》，将建筑部品分为四类：支撑与围护部品（件）、内装部品（件）、设备部品（件）和小区配套部品（件）。同时，积极推进住宅装修工业化，为将住宅工业化和住宅全装修融为一体打下基础。

（3）新的高层工业化体系——装配整体式结构体系的兴起与发展

在新的形势下，比较传统建造方式而言，工业化建造方式在实现设计标准化、构配件工厂化、施工机械化和管理科学化等方面更具优势。但是，"装配式结构体系整体性差，不能抗震"在普通群众的固有认识中大量存在，为了有别于 20 世纪 50 年代的大板建筑，强调现有装配式建筑的结构整体性和抗震性，出现了一个新的体系，在 2008 年前后将其命名为"装配整体式结构体系"，主要针对钢筋混凝土建筑。

2009 年，深圳市住房和建设局发布深圳市技术规范《预制装配整体式钢筋混凝土结构技术规范》（SJG 18-2009），这是最早表述该体系的法规文件。2010 年，上海市发布由万科和同济大学、上海建科院等单位联合编制的《装配整体式混凝土住宅体系设计规程》（DG/TJ 08-2071-2010），为装配整体式混凝土结构做出准确的定义："借助钢筋、连接件或施加预应力等技术手段将预制混凝土构件或部件进行连接并现场浇筑混凝土而形成整体的结构。"此后几年，装配整体式结构体系的高层住宅在我国开始大量建造。

（4）国家住宅产业化基地的建立

由住房和城乡建设部批准建立的"国家住宅产业化基地"从 2001 年开始试行，2006年 6 月，随着《国家住宅产业化基地试行办法》（建住房〔2006〕150 号）文件的发布，正式开始住宅产业化基地的建设工作。

2002 年，我国第一个国家住宅产业化基地在天津成立，核心技术为钢筋混凝土组合结构工业化住宅体系，这是我国工业化住宅进入实验性建设期的标志。实施 7 项关键技术：新型工业化住宅建筑结构体系、符合墙改政策要求的新型墙体材料和成套技术、满足节能要求的住宅部品和成套技术、符合新能源利用的住宅部品和成套技术、有利于水资源利用的节水部品和成套技术、有利于城市减污和环境保护的成套技术和符合工厂化、标准化、通用化的住宅装修部品和成套技术。

此后，国家相继批复 50 多个住宅产业化基地，万科、长沙远大住工、青岛海尔、北新集团、南通华新、山东万斯达以及深圳华阳等企业进行了多次成功的高层工业化住宅建造实践，多个企业掌握了完善的工业化住宅技术体系，分别在行业和地方起到了良好的示范带头作用。

（5）国家住宅产业化综合试点城市的发展

在建立国家住宅产业化基地的同时，我国又设立了深圳、上海、南通、沈阳、济南、北京等多个住宅产业化综合试点城市。在住房和城乡建设部的大力支持下，各个试点城市从政策引导、技术先行、产业培育、示范带动等多个方面，大力推动住宅产业现代化的工作，以保障性住房作为住宅工业化实践的开始，推进住宅产业化建设，取得了积极的成效，为全国住宅工业化、产业化起到了积极的引导和示范作用。

（6）百年住居理念和普适型工业化 LC 住宅体系

2006 年，中国建筑设计研究院"十一五"国家科技支撑计划课题组负责的《绿色建筑全生命周期设计关键技术研究》提出了基于绿色建筑全生命周期理念的"百年住居 LC 体系（Lifecycle Housing System）"，并建立了成套的新型工业化集合住宅体系与应用集成技术，包括规划设计、施工建造、维护使用、再生改建等。百年住居建设理念的住宅体系从住宅全生命周期的角度考虑住宅的质量性能，注重"百年住居"理念下的整体设计方法和住宅体系与技术的集成，充分考虑技术的集成性、居住的适应性和建筑的长效性，以保证居住品质、提高住宅全生命周期的综合价值，实现节省资源消耗的可持续居住环境[128]。

2008 年，第八届中国国际住宅博览会推出了代表时代住宅建造最新理念的概念示范屋——"明日之家"，倡导满足"建筑长效、空间适应、生产集成"三项原则和"百年住居"理念的可持续居住环境，将百年住居理念诠释为面向未来的住宅发展趋势。这一阶段的建筑实践体现了新技术、新体系的运用（表 2-6）。

1990s～2010s 典型建造实践   表 2-6

建筑名称，时间	建筑规模	技术体系	工业化技术亮点	历史意义
北京峰尚国际公寓(2003)	18 层，4 栋；9 层，2 栋	现浇剪力墙	干挂饰面砖幕墙聚苯复合外墙外保温系统、置换式新风系统、中央吸尘系统、食物垃圾处理系统以及其他被动式节能技术体系	①国内高层住宅首次使用的技术；②内充惰性气体的 Low-E 中空玻璃断桥铝合金节能外窗体系；③铝合金外遮阳卷帘；④高适应性的复合式外保温隔热系统；⑤亚洲首次在高层住宅上采用顶棚低温辐射采暖制冷系统
上海浦东万科"新里程"20♯、21♯楼(2007)	20♯楼 14 层；21♯楼 11 层	框剪结构；结构体系现浇，外墙板预制	①20 号楼为"构件与结构同步连接安装设计"；②21 号楼是"先结构，后构件安装设计"；③不设脚手架，采用新型插销式移动围栏这一外墙安全围挡体系	①国内首个将工业化预制装配式技术应用到商品住宅的项目[129]；②上海"十一五"住宅产业化建筑施工科技创新示范工程；③指导行业规范的编制
北京雅世合金公寓(2010)	8 栋，9 层住宅	现场干法施工装配	墙体与管线分离设计及其部品技术、日常检修维护设计与部品技术、轻质隔墙系统设计与部品技术、厨房横排烟设计与部品技术、内保温设计与部品技术、干式地暖设计与部品技术、整体卫浴设计与部品技术、整体厨房设计与部品技术、满足老龄化需求设计及其技术	①百年住居理念的 LC 住宅体系实施的建设实践；②"十一五"国家科技支撑计划课题试点工程；③日本 SI 住宅技术体系在我国的首次落地

资料来源：作者自绘

2.2.5　科学工业化模式的探索：2010s 至今

（1）保障性住房大规模建设时代——高层工业化住宅发展的基础积累

《国民经济和社会发展第十二个五年规划纲要》提出"十二五"时期全国城镇保障性安居工程建设任务 3600 万套，标志着我国进入保障性住房大规模建设时代。保障性住房以政府为主导，具备标准化、同质化的特点，因此为推进高层工业化住宅提供了历史性的发展机遇。在此背景下，国家和地方政府分别出台了一系列建筑产业化、工业化以及装配式建筑的政策文件，为工业化住宅的发展营造良好氛围。同时，各地方政府从本地经济发展情况出发，陆续成立专职推进机构，出台地方标准，推进保障性住房试点项目建设，探索出"面积奖励""成本列支""土地供给倾斜""资金引导"等一系列卓有成效的政策措施，取得了积极的工作成效，完善了工业化住宅建筑部品和结构体系，住宅科技含量和质量性能都有了飞跃性的提高。

（2）《公共租赁住房优秀设计方案汇编》发布——促进高层工业化住宅升级转型

2011 年 11 月，住房和城乡建设部、中国建筑标准设计研究院一起，组织全国 26 家设计单位共同选编《公共租赁住房优秀设计方案汇编》（简称《汇编》）以供全国各地参考。《汇编》旨在通过标准化设计、采用技术集成体系、实现公共租赁住房的可持续建造，并充分满足面积集约、功能齐全、设施完备、空间灵活、质量安全的要求。

这种住房以政府为主导，面积小、套型规模化，有利于实施工业化建造的标准化设计、标准化部品。而采取工业化的方式建造和设计，更有利于提高住宅质量和性能，减少资源浪费，保证"住有所居"的同时保证了品质。同时，通过公共租赁住房的工业化建造，引导人们提高对可持续居住和工业化住宅的认识，指导、促进我国高层工业化住宅产业现代化的升级转型。

（3）中央城市工作会议与新建筑方针——顶层政策制度体系已建立

2015 年 12 月 20 日，中央城市工作会议提出大力推动建造方式创新，推广装配式建筑，促进建筑产业转型升级的思路。此后，我国发布了《中共中央关于进一步加强城市规划建设管理工作的意见》（中发〔2016〕6 号）《关于大力发展装配式建筑的指导意见》（国办发〔2016〕71 号）等一系列文件，顶层政策措施开始实施，我国工业化建筑进入全面发展期。

（4）三大技术标准的颁布——标准规范体系已形成

2017 年 1 月，住房和城乡建设部发布了《装配式混凝土建筑技术标准》《装配式钢结构建筑技术标准》和《装配式木结构建筑技术标准》三大技术标准，自 2017 年 6 月 1 日起实施。2018 年 1 月，《装配式建筑评价标准》GB/T 51129-2017 发布，自 2018 年 2 月 1 日起实施。尤其是三大技术标准按照适用、经济、安全、绿色、美观的要求，为全面提高工业化建筑的环境效益、社会效益和经济效益，使工业化建筑规范化，制定了结构系统、设备与管线系统设计、内装系统设计、生产运输、施工安装和质量验收标准。这些标准的出台，标志着我国工业化建筑的标准体系已基本建立，工业化建筑的发展已具备了较为完善的技术保障。

（5）部分高层工业化住宅结构体系趋向成熟

"十二五"期间，国家科技支撑项目开始工业化建筑技术研发，展开"新型预制装配式混凝土建筑技术研究与示范""保障性住房工业化设计建造关键技术研究与示范""保障性住房新型工业化建筑体系与关键技术标准研究"等项目的研发工作。"十三五"国家重点研发并支持"绿色建筑与建筑工业化"这一重点专项，2016 年已批复了 21 个项目，开展了近 200 项课题研究，这些项目的研发为工业化建筑的发展提供了重要的技术支撑，促使高层工业化住宅结构体系日益成熟。

目前，高层工业化住宅的装配式钢结构、装配式混凝土结构（PC）体系的各种结构形式之适应性、经济性，以及结构体系的关键技术都已具备较为成熟的处理措施和技术标准，高层工业化住宅的体系已趋向成熟。

（6）示范城市和产业基地带动工业化建筑的发展

2017 年 11 月，住房和城乡建设部认定 30 个城市和 195 家企业作为第一批装配式建筑示范城市和产业基地。示范城市覆盖面较广，各个城市装配式建筑发展各具特色；产业基地跨越 27 个省、市、区和部分央企，产业类型涵盖设计—生产—施工—装备制造—运行维护全产业链，以试点示范引领带动装配式建筑的全面推进。

（7）各地的积极推进促使工业化住宅建设规模化

全国各地均在积极推进装配式建筑，不断壮大装配式建筑规模。据统计，2012 年以前全国工业化建筑累计开工 3000 多万 m²，2013 年约 1500 万 m²，2014 年约 3500 万 m²[112]，2015 年全国新建装配式建筑面积为 7260 万 m²，占城镇新建建筑面积的比例为 2.7%。2016 年全国新建装配式建筑面积为 1.14 亿 m²，占城镇新建建筑面积的比例为 4.9%，同比增长 57%。2017 年 1~10 月，全国已落实新建装配式建筑项目约 1.27 亿 m²[130]。

各地区计划开工或已建的工业化住宅规模也大幅增加：仅 2016 年，北京市新开工装配式建筑面积约 500 万 m²，占新开工建筑总面积的 16.73%；上海市新开工建设的工业化建筑面积达 2228 万 m²，占新开工建筑总面积的 30.3%；深圳市新开工装配式建筑面积达 430 万 m²，占新开工建筑总面积的 15.92%；其他地区开工建筑面积也出现规模化现象，如浙江省 1659 万 m²，山东省 936 万 m²，安徽省 860 万 m²，江苏省 581 万 m²[112]。

（8）典型建造实践（表 2-7）

2010s 典型建造实践　　　　　　　　　　　　　　　　　　表 2-7

建筑名称（时间）	建筑规模	技术体系	工业化技术亮点	历史意义
南京万科上坊保障房项目 6-05 栋（2013）	15 层，10380.59m²	全预制装配整体式钢筋混凝土框架—钢支撑结构	采用建筑标准化、模块化设计应用；预制装配结构体系；预制构件连接节点；预制装配技术与绿色建筑技术集成；BIM 设计流程及模式；主体结构预制率达到 65.44%；整体预制率达到 81.31%；竖向柱钢筋套筒连接灌浆；预制构件支撑精确定位技术；盘销承插工具式选调三脚架	目前国内全预制装配结构高度最高、预制整体式技术集成度最高的工业化住宅
武汉世纪家园小区（2009）	22-24 层，11 栋	钢管混凝土框架—混凝土核心筒体系	CCA 板（压蒸无石棉纤维素纤维水泥平板）整体灌浆外墙、冷弯高频焊接矩形钢管混凝土柱和高频焊接 H 型钢梁楼板采用的"钢筋桁架楼承板系统"	21 世纪之初已交付使用的规模最大的钢结构住宅群

资料来源：作者自绘

2.2.6 香港与台湾地区高层工业化住宅设计—建造的演变与发展

（1）香港地区

中国香港特别行政区总面积约 1108km²，人口约 710 万，是一个地少人多、寸土寸金的典型地区，高层、高密度是香港地区解决居住问题的主要方式。香港的居住建筑分为两种类型：商品房和政府兴建或资助的公共房屋；公共房屋又分为两种：用于出售的居屋（Home Ownership Scheme）和用于出租的公屋（Public Housing）。香港政府成立房屋委员会（Hong Kong Housing Authority）来专门负责兴建和管理公屋。据统计，香港目前拥有居屋约 42 万套，公屋约 76 万套，为超过 50% 的香港居民解决居住问题，尤其公屋为逾全港总人口的三成提供居所[131]。迄今为止，公屋经历了从外观到体系逐渐升级的演变过程（表 2-8）。

香港公屋从形式到技术的演进 表 2-8

时期	1950s		1960s			1970s		1980s	1990s		2010s
类型	H 型	日型	L 型	E 型	条型	T 型	双塔型	Y 型	和谐式	康和式	因地制宜
层数	6～7		7～10	13～20		8～16	20～27	34	≥40		
人均面积	2.23m²		3.5m²			4.25m²		5.5m²	7.0m²		
特点	设备简单 厕浴公用 走廊煮食		设备改善 单元露台厕浴 电梯每两层达			电梯单层达 住区具备基本设施			机械化建造		工业化、个性化 规模化、标准化 因地制宜
预制情况	无		预制洗手盆、灶台			预制正面墙、半预制楼板和预制楼梯占 20%			建设量达到高峰		结构横墙和墙板、楼梯预制

资料来源：作者整理自冯宜萱. 从规模化生产到个性化制造 [J]. 动感（生态城市与绿色建筑）. 2010（02）：5.

1）公屋的起源：1950s

20 世纪 50 年代初，大量难民涌入香港，导致寮屋数量激增。这些拥挤简陋的住所环境恶劣，火警频生。1953 年 12 月，石硖尾寮屋区的火灾导致 5 万居民无房可住。港英政府在原地即时兴建临时安置屋以安置灾民，并成立专门机构兴建廉租房，为低收入家庭提供基本设备齐全的房屋居住，香港的公共房屋制度由此诞生。

2）高层公屋和预制件的出现：1960s

1963 年，香港推出了"廉租房计划"。起初的公屋为形式简单、配套设施简易的多层建筑。随着香港经济的发展，居住需求的加大和居住水平的提高，从 60 年代开始出现平面形式多样、配备电梯、设施趋向完善的高层公屋。在这一时期，开始试验性地采用预制方法建造徙置大厦，最先从实现洗手盆和厨房灶台的预制化开始。1973 年，成立香港房屋委员会（简称"房委会"），以推动香港政府的公屋计划。共建公共住宅 22 万套，以较低的价格出售或出租给上百万人。70 年代及之前建造的公屋，均采用传统湿作业方式建造，现场拼装木模板、扎筋、浇灌混凝土、现场做饰面等。现场操作受工人技术、场地环境及气候影响大，因此难以保证建筑质量。尤其是香港属于亚热带潮湿天气，混凝土外保护层施工质量不佳的部位极易引起钢筋锈蚀。此外，窗口、外廊及厨卫水管接驳位的漏水加剧了楼宇结构的损坏。多年来，房委会不断组织维修，处理混凝土面层剥落、补浇混凝土，或进行大型的加固工程，耗费经费越来越多。80 年代以前的住宅楼宇的生命周期仅为四五十年，且维修开支不断增加，房委会不得不进行整体重建计划，将大量旧式公屋分阶段拆除重建。与可持续理念背离的旧式公屋引起了人们对传统建造模式下公屋的反思和探讨。

3）高层工业化公屋的起步与发展：1980s

20 世纪 80 年代开始，香港购房需求越来越多，促成了 1978 年"居者有其屋（居屋）"制度的制定。此后，香港陆续推出了不同计划，完善公共房屋发展战略。这一时期香港公屋的品质不断提升，人均居住面积已达 7.5m²。将增加公屋建造速度、降低成本、实现公屋品质的可操控性作为基本目的，香港房屋署逐步推进户型标准化。为保证施工质量、实现建筑环保，在推进高层住宅机械化和采用钢模的同时，房委会率先在香港高层住宅大楼采用预制建筑技术，拉开了香港公屋高层工业化的序幕。

这个时期的预制件包括预制正面墙、半预制楼板和预制楼梯，数量约占楼宇总混凝土量的 20%。当时采用的"后装"工法是从法国、日本等国家引进的，是在现场先将主体浇注完后，再将外墙预制构件运至现场进行吊装。当时预制构件采用手工制作，难以解决预制构件的精确化问题，因此质量可靠度低，后装工法形成诸多构造弱点而引发渗漏问题。经过反复实践和研究，结合香港的实际，香港房委会研发出"先装"工法，即先安装预制外墙，后进行内部主体现浇。所有预制构件通过预留钢筋与现浇混凝土主体结构相连，再浇筑混凝土形成结构整体。相形之下，先装工法可降低对预制构件尺寸精度的要求，从而减小了构件生产难度，并且每一次浇筑混凝土都可以消除部分误差，可有效提高成品房屋的质量，也提高了防水、隔音等相关物理性能。

随后，香港逐步实现构件预制工厂化。在外墙构件预制成功后，香港房委会进一步推动预制装配式的工业化施工方法，实现楼梯、内隔墙板、整体厨卫等构件的工厂化预制，并且在公屋建造中强制推行使用，使得公屋的最高预制比例达到 40%。

4）高层工业化公屋的规模化时期：1990s

1987 年之后，香港政府制订 1987～2001 年房屋政策纲领，相继推出了和谐式、康和式标准设计，运用了构件组合、模块、尺寸配合等系列新概念进行规划设计，部分主要建筑构件，诸如半预制楼板、预制楼梯、连系梁、间隔墙以及立体预制浴室和厨房等均实现标准化，并在工厂批量化生产，促使质量改进取得较好成果。从此，香港实现了公屋工厂化生产、标准化设计、装配化施工，推动了香港建筑工业化的发展。

从 90 年代初开始，由于采用了标准构件与尺寸相互配合的方法，标准构件涵盖结构、单位跨度、层高、主要部品尺寸等，香港建屋量于 90 年代末期达到高峰，由平均每年

15000 个单位左右增至 89000 多个单位，进入空前的规模化建造时期。

5）个性化、适居化、可持续化阶段：21 世纪以来

香港的工业化公屋在发展过程中同样存在标准化和多样化的矛盾问题。在 20 世纪 90 年代，为满足高速增长的公屋需求，香港房屋署通过标准化设计、规模化建设在各区复制性地大量兴建，使得所有公屋小区的空间布置几乎一样，招致各种非议和批判。于是，从 2000 年开始，房委会逐步采用"因地制宜"的设计概念，制作组件式标准单位设计图集，根据公屋建筑的地理环境、区位特色和居住需求等具体情况将标准户型进行模块化的组合，实现多样化需求。

2001 年，为达到提高质量和减少建筑废物的目的，香港提出推广预制部件。同时，房屋署通过《联合作业备考第 1 号》《联合作业备考第 2 号》，发布激励措施（采用预制外墙的建筑给予容积率奖励），鼓励绿色建造技术和预制部件的应用[132]。此外，公屋建设实行小区参与的环节，以实现以人为本，探求适居化的居住空间。注重健康和环保，从 2004 年起，公屋进入绿色建筑设计和建造阶段，主张运用天然采光和自然通风等被动式节能的设计方法。

21 世纪初，香港房委会成立专门项目组，与相关学术机构、顾问工程公司、预制组件供货商以及承建商等各公屋参与方展开合作，研发"新型预制件组合建筑法"。该建筑法包含两项创新技术：一是从预制次要结构构件发展为实现主体结构构件的预制，如预制结构剪力墙；二是从传统的预制二维构件发展为进行大型立体组件的预制。2008 年 3 月，采用新的预制组件的葵涌工厂大厦重建项目完成，该项目 41 层，每幢大厦预制组件所用的混凝土量从 20% 增加至 60%，预制构件数量达 1000 余件，实现了面墙和楼板、结构横墙和立体浴室等组件的预制。

（2）台湾地区

台湾地区建筑工业化的发展，以企业自主研发为主，地区政府并没有明确的鼓励政策。20 世纪 70 年代，台湾地区政府曾推动居住建筑工业化，引进日本技术，在集合住宅建设中大量使用预制工法。然而，由于早期技术不成熟，致使施工质量不良，市场需求快速萎缩。近年来，预制混凝土技术快速发展，民间建筑预制工艺亦渐渐推进。

台湾地区的高层住宅多采用钢结构与装饰一体化的 PC 外墙板的组合，比较典型的案例，如"台湾最高的预制住宅" 38 层的蓝海楼、台湾地区十大豪宅之一的"宏盛帝宝"。此外，台湾地区地震频发，因此高层建筑以钢结构体系为主；其他工厂化构件外挂墙板、阳台较多。台湾地区楼板以钢筋桁架楼承板为主，在国内其他地区较为盛行的叠合楼板较为少见。

由于台湾地区政府对于建筑工业化没有特殊的扶持，预制装配建筑在台湾均为商业发展：企业根据市场需求及自身技术特点来推进各种工作。由于台湾工业化住宅市场较小，台湾地区的预制构件厂大多规模较小，生产品种单一固定。并且由于台湾地区没有专门的预制构件协会，政府也没有组织相关部门进行规范管理和数据统计工作，建筑工业化是自发的市场化运作，因此，对于工业化建筑所占建设量的比率，并没有宏观的数据统计。由于是市场运作，一个项目的预制比率、结构形式、建筑工期等均根据业主的要求来定工期、价格等，所以也没有预制率、装配率等统计数据。

2.3 高层工业化住宅设计—建造相关理论研究

2.3.1 工业化建造方式的相关理论

1900 年，美国研制出一套能够生产大型钢筋混凝土空心预制楼板的机器，并用其生产的墙板、屋面板等构件组装成了房屋。1935 年，在苏联莫斯科建成了第一幢用预制件装配方式建成的住宅——这意味着工业化建造的萌芽。工业化体系的建造方式开始于大量性建造学校、住宅、厂房等公共建筑和工业建筑。到 20 世纪 60 年代，出现了以工具式模板现场浇注为主的施工方法，开拓了工业化建造的新领域。

可见，工业化建造方式的主要元素是标准化的构件、通用化的大型工具（如定型钢板）。依据构件生产地点的不同，工业化建造方式可分为现场建造方式、工厂化建造方式两种，也有人将现场—工厂化建造方式结合作为第三种建造方式。其中工厂化建造又被称为"非现场建造"。

（1）现场建造方式

现场建造方式属于工业化住宅的一种建造方式，是工具式模板现场浇筑为主的一种施工方法。这种建造方式的构件生产地点是现场，可同时进行生产与装配，整个过程中仍采用工厂内通用的大型工具（如钢模板）和生产管理标准。现场建造方式有两个突出的优点，一是比"非现场建造"方式的适应性大，一次性投资少并且节约运输费用；另一个优点是结构整体性、安全可靠性强，刚度大、变形小。但现场用工量大，所用模板比预制的多，施工上容易受到季节时令的影响。因此，现浇建造方式的发展，需要从技术构成的角度出发，采取有效措施将工序向定型化和工业化发展，以提高其经济技术效果，使其走向绿色建造的理想（详见第四章）。

（2）非现场建造方式

非现场建造，也叫"工厂化建造"，丁成章《工厂化制造住宅与住宅产业化》一书中，认为"非现场制造的住宅几乎全部在工厂里加工制造，到达工地就已经完成了 30%～90%。70%～90% 的工作都是在环境受到控制和保护的工厂里完成[133]"。这种建造方式在我国被称为"预制装配式"，是指在最终安装位置以外的地点对建筑构件进行规划、设计、制造和装配，以支持永久性建筑的快速和有效建造。这些建筑构件可在不同的位置预制并运输到现场，或在建筑工地上预制，然后运输到它们的最终位置[134]。

在我国，按照装配化程度，预制装配式分为全装配式住宅和半装配式住宅。半装配式体系多数为结构承重部分采用工具模板现浇，而一些非承重构件仍采取工厂化预制的模式。这种预制与现浇结合的体系优点是所需生产基地一次投资比全预制装配少、适应性强、节省运输费用，在一定条件下可以缩短工期，实现大面积流水施工，可以取得较好的经济效果。从严格意义来看，从 20 世纪 70 年代开始，我国大量的高层工业化住宅多数属于半装配式建筑。

1）大型砌块建筑体系

砌块的原材料品种众多、来源广泛，同时又具有取材方便、造价低等优点。国外采用混凝土砌块做承重墙的砌块建筑最高达 18 层。

中国作为砌块建筑发展较早的国家之一，20世纪30年代，上海便已采用小型空心砌块建设了住宅小区。20世纪50年代以来，美、日和欧洲一些工业发达国家（地区）将砌块作为主要墙体材料来取代砖和建筑石材，它们对砌块的原材料、生产工艺、运输安装等展开了一系列的研究，大大推动了砌块技术的发展。

砌块按体型尺寸大小可分为大型、中型、小型三种；按生产材料可分为水泥砂浆、混凝土、加气混凝土、煤矸石、人工陶粒、粉煤灰硅酸盐以及其他矿渣废料等种类；按其内部构造可分为空心、密实两大类，其中空心砌块依照孔洞方式可分为圆孔、方孔、椭圆孔、单排孔、多排孔等空心砌块。由于其性能优异，无论密实或空心均可用于承重墙和隔断墙。

由于砌块建筑在降低造价、减轻建筑物自重、提高劳动生产率、减轻工人劳动强度等方面有明显的优点，因此不少国家将砌块建筑体系作为装配式建筑体系之一，认为这是实现建筑工业化的一种过渡体系（图2-15）。

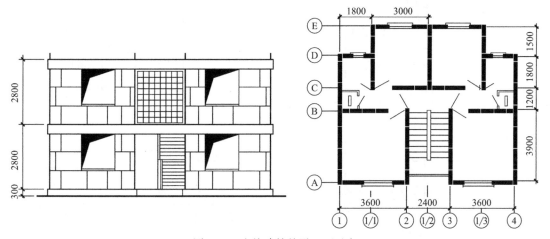

图2-15　砌块建筑的平立面示意

图片来源：北京建筑工程学院建筑技术教研组.装配式建筑设计［M］.北京：中国建筑工业出版社，1983：19.

2）装配式大板体系

装配式大板建筑也叫装配式壁板建筑，其单个外墙板一般覆盖整个开间或者层高属于全装配式建筑。这种建筑除基础外，其内外墙板、楼板、楼梯及其他结构主体部分均为预制构件，一般由构件加工厂生产，施工现场吊装组接建成。该体系一般用于单元式多层住宅，用于塔式和板式高层住宅时，平面宜方正，高度一般控制在50m以下并以电梯为中心布置平面。

大板建筑体系是工业化住宅发展史上一个重要的建筑体系，东欧、苏联、民主德国等国家在工业化住宅发展初期均侧重发展了该体系，每年建造比例占据当年住宅建设总量的50%以上。我国对于装配式大板住宅的研究从20世纪50年代开始，之后的二三十年间建造面积达数百万平方米，已形成较为成套的标准化设计体系。

大板建筑体系的墙板按构造分为单一材料板和复合板，复合板一般做外墙板，分为承重层、保温层和面层；大板建筑中的墙板材料众多，我国以振动砖板、粉煤灰矿渣墙板、加气混凝土复合外墙板和钢筋混凝土墙板等种类较多。

　　装配式大板建筑建造速度比较快，房型标准、规整，但是也存在难以多样化等不足。尤其是我国住房市场化以后，大板建筑的户型通常难以满足不同层次和需求。此外，我国当年在引进大板技术时，缺乏对技术的进一步研究，导致在实际工程当中出现拼接缝渗漏等质量问题。此外，80年代我国改革开放以后，大量农民工涌入城市，为建筑行业提供了充足的劳动力，现浇建造的成本得以大幅降低，致使现浇方式因便捷、劳动力充裕的优势而迅速达到替代大板建筑的境地。

　　但是，大板建筑体系的一些复合外墙板、外墙构造节点等技术依然值得当今高层工业化住宅学习和吸收（图2-16）。

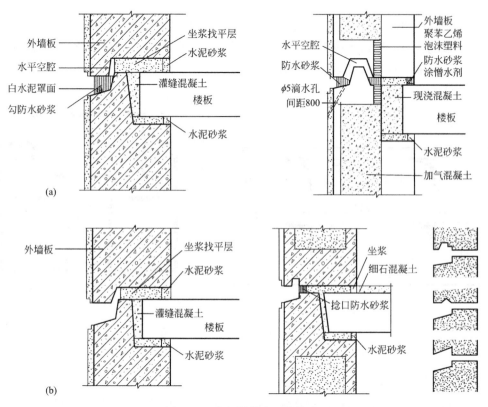

图 2-16　大板结构水平缝构造

图片来源：北京建筑工程学院建筑技术教研组．装配式建筑设计［M］．

北京：中国建筑工业出版社，1983：66-67．

3）骨架板材体系

　　该体系由预制的骨架和板材组成。骨架板材体系的承重结构有两种形式：一种是柱、梁承重，楼板和内外墙板不承重的架结构体系；另一种是柱与楼板承重的板柱结构体系，内外墙板不承重。骨架常为钢筋混凝土结构，轻型装配式建筑中也用钢、木骨架和板材组合。骨架板材建筑自重轻，可灵活分隔内空间，适用于多层和高层的建筑。

　　钢筋混凝土框架结构体系的骨架板材建筑形式有两种：全装配式和装配整体式。为了保证结构构件连接的整体性和刚度，柱与基础、梁以及梁与梁、板等的节点连接应通过计算进行设计和选择。

4）盒式建筑体系

西方也称之"模块化"建筑。20世纪50年代，在瑞士发展成为盒式结构体系。1973年，在匈牙利举行了盒式建筑主题的国际讨论会。时至今日，盒式建筑体系在内装和整体性技术上均有了较大的发展，前文所述的蒙特利尔67号住宅（图2-4）、纽约迷你公寓（图2-8）均是本建筑体系的典型案例。

该体系整个建筑都是由盒子构件组成，是工业化建筑中装配化程度最高的建筑形式之一，预制装配程度可达90％。盒式构件的大小以房间为单位，盒子内部水、电、暖、卫设备及内部装修在工厂内完成，现场工作只剩平整场地、建造基础及施工吊装等，因而受气候影响小，利于工业化、规模化生产，每平方米用工比传统建筑节约三分之二以上，施工工期较其他施工方法缩短约二分之一。

盒子按大小可分为以基本房间为单位的单间盒子和以住宅为单位的单元盒子。盒子长度为进深方向，宽度为面宽方向，高度为一层。单间盒子长一般为4～6m，宽一般为2.4～3.6m；单元盒子长度一般为9～12m，即2～3个房间进深，宽一般为3～6m，即1～2个开间。

依据盒子的围合程度，可分为管式、杯式、卧杯式、罩式、台式等五种类型[35]（图2-17）。盒子组合的形式不同，可组合出全盒子建筑、骨架盒子式建筑和板材盒子式建筑等多种建筑形式（图2-17）。盒子与其他结构形式组合，可形成更丰富的建筑体系，如盒子上下重叠、盒子交错叠置、盒子与预制板材组装、盒子与框架结构组装、盒子与筒体结构进行组装等。

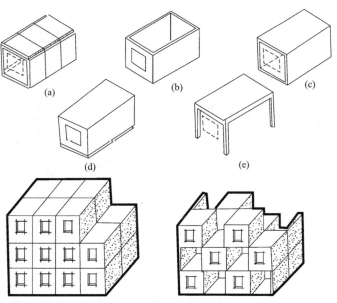

图2-17 盒子结构的形式及组合方式示意

图片来源：北京建筑工程学院建筑技术教研组. 装配式建筑设计［M］.

北京：中国建筑工业出版社，1983：86-87. 作者整理

盒式结构属于一种薄壁空间结构，可以用各种材料，如钢铁、钢筋混凝土、木材和塑料等。钢盒子、钢筋混凝土盒子可以用于高层建筑，主要材料耗用量和现浇大模板建筑相

仿或稍低。目前，世界上研究和试建盒子建筑的国家有 30 余个，有上百种体系和建造方法。许多国家的盒子体系建筑达 15 层或 20 层以上。加拿大有规模庞大的盒式构件综合体，苏联甚至出现了盒式构件建筑小区，并逐渐由城市推广到了农村。

盒式建筑体系具有如下优点：施工速度快，同大板建筑相比可缩短施工周期 50%～70%；装配化程度高；由于是一种空间薄壁结构，自重较轻，与砖混建筑相比，可减轻结构自重一半以上。当然，建造盒式构件的预制工厂投资太大，运输、安装需要大型设备。

5）装配整体式建筑体系

装配整体式建筑体系不同于传统的非现场建造模式的建筑，该体系的显著特征是在高层建筑体系的建造中采用叠合式构件（图 2-18）。叠合构件（superposed member）指由预制混凝土构件（或既有混凝土结构构件）和后浇混凝土组成，以两阶段成型的整体受力结构构件[135]。叠合构件的使用可以减轻装配构件的重量，以更便于吊装。同时，通过钢筋、连接件或施加预应力加以连接并现场浇混凝土的构造方式，改变了原有装配体系将已经硬化成型的预制构件之间"硬碰硬"连接的做法，使得装配整体式混凝土体系的建筑在结构形式上"等同于现浇"，增强了结构的整体性。

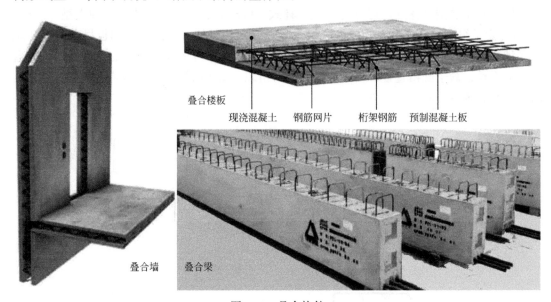

图 2-18　叠合构件

图片来源：http://www.precast.com.cn/index.php/subject_detail-id-5905.html

装配整体式建筑体系中的主要构件采用工厂化预制的方法，为保证其具有足够的刚度和整体性，各预制构件和现浇部分的节点连接尤为重要。与全装配式建筑相比，它具有较好的整体性，但却增加了大量的湿作业[136]。

此外，装配整体式建筑与全装配式建筑一样，靠长距离运输来实现预制构件的供应问题，因为构件需要"叠合"的部位均裸露钢筋，所以给运输造成了一定的难度，影响到了运输效率。

目前，装配整体式建筑体系有四种类型：装配整体式混凝土框架结构、装配整体式混凝土剪力墙结构、装配整体式混凝土框架—现浇剪力墙结构、装配整体式混凝土部分框支—现浇剪力墙结构。我国实际采用的装配整体式建筑体系是前两种。

2.3.2　高层工业化住宅结构体系的材料分类

从结构材料的角度看，高层工业化住宅的结构形式可分为混凝土结构、钢结构、木结构和混合结构。其中，混凝土结构是当前国内外高层工业化住宅的主要结构体系。细究混凝土体系在高层工业化住宅中被广泛运用的原因，主要有以下几条：

首先，钢筋混凝土材料本身具有的较多优点，除了能优化结合钢筋和混凝土材料的力学特性、有较好的整体性、耐久性、耐火性之外，钢筋混凝土材料可模性好，在满足结构性能的前提下便于各种形状的制造；钢筋混凝土结构所用比重较大的砂、石材料易于就地取材，且可利用矿渣、粉煤灰等工业废渣，利于绿色环保。因此相对于其他结构材料来说，尤其在高层工业化建筑的发展中，钢筋混凝土有较为明显的优势。

其次，对于我国来说，国情决定城市居住建筑的主要发展方向需向高空发展，而木结构和轻钢结构住宅的高度与钢筋混凝土比，受到材料的制约较大，更适合低层、多层住宅。

再次，我国的木材资源相对匮乏，无价格优势，且木材的防火、防虫、防腐等技术处理难度较大。

最后，轻钢结构虽然可以建高层建筑，但是随着高度的增加，其成本、防火等方面不具备优势。

2.3.3　高层工业化住宅的结构体系

高层工业化住宅常用的结构体系有五种：框架结构、剪力墙结构、框架剪力墙结构、框架筒体结构和筒体结构。前三种结构形式在住宅中较为常用，后两种结构形式常用于超高层住宅的结构体系。

住宅在建设之前，应根据项目地质情况、地震烈度以及建筑的层数、造价、施工等来进行结构选型。结构体系不同，住宅的耐久性、抗震性、安全性和空间使用性能也不同。对于高层工业化住宅来说，结构形式的不同，决定其结构构件的设计、模块化、标准化的模式不同，其工业化设计和建造的模式也会有很大区别，本文将在第三章详细阐述。

2.3.4　体系的专用与通用理论

让建筑成为工业化的生产体系是实现建筑工业化的必由之路。也就是说，由于建筑具有产品定型难、施工工艺复杂且分散、组织工业化生产的难度大等特点，将定型产品的模式运用到建筑上，按工业化生产的要求，通盘安排建筑设计、建筑材料的生产供应、部构件的制作、现场施工安装及组织管理等各个环节，综合研究和运用新技术，以追求综合技术经济效果最优化。基于此目的，在工业化建筑领域，将整个建筑体系称为总体系，局部体系称为子体系，将子体系组成的系统依照开放的程度，也就是子体系是否具备互换性，将其分为"专用体系"和"通用体系"。

在发达国家推行工业化的几十年历史中，20世纪50年代至70年代，主要发展"专用体系"工业化，有的国家把它称为"第一代工业化"；70年代起，一些工业化发达的国家开始探索"通用体系"工业化，即"第二代建筑工业化"。

（1）专用体系

专用体系是指子体系的专用化，即为特定建筑的建造而生产的子体系。对于住宅来说，即为了一定的使用目的，在设计与建造时，使用建筑专属的建筑构配件或生产方式。专用体系通常具有设计专用性和技术的先进性，但缺乏与其他体系之间的通用和互换性。

专用体系构件规格少，便于快速进行批量生产。专用体系通常是各国在建筑工业化初期所采用的体系。以法国为例，20世纪50年代～60年代，法国一些大中型建筑企业建立了自己的专用体系，如瓜涅大板体系、卡缪大板体系、盒子体系等。专用体系在建筑多样化上有较大的局限性，常在工业化发展起来之后便不能满足产业化要求，因此一些工业化发展较快的国家都在研究向通用体系发展的策略。

早在1978年，法国住房部便颁布了发展构造体系的政策。构造体系作为一种非定型化设计的专用体系，由一系列可相互拼装的构件组成，形成该体系的构建目录。该体系要求必须符合尺寸协调原则以便可以向通用体系过渡。我国当前世构体系（预应力装配式框架结构，南京大地）、润泰体系（非预应力装配式框架结构，上海城建）等均属于探索体系通用化的专用体系。

（2）通用体系

互换性是通用体系的典型特征，是使建筑的各种构件、相关配套制品以及构造节点连接实现标准化、通用化，实现构配件和节点构造可互换通用的商品化建筑体系。通用体系是相对于专用体系而言的，也可以说，面向的对象不是某一栋或某一类特定的建筑，而是所有建筑的子体系。由这种通用化子体系集成所构成的总体系称为通用体系。

通用体系的对象是所有的建筑，住宅作为建筑中建设量最大的建筑类型，其体系的通用化尤为重要。对于工业化住宅来说，通用体系是指构配件的通用，并进行多样化组合的一种体系，它能够实现工业化住宅的低造价和多样化（图2-18）。

从理论上而言，体系完全通用和完全开放式的工业化一样，都属于理想的、完美的工业化建造方式。但是，体系趋向于通用是实现工业化住宅产品化、产业化的必由之路。这是由于通用体系具有如下优越性：

一是有利于实现标准化和系列化。通用体系使构配件的生产不再受建筑规模和形式的限制，无论成片住区还是单栋住宅，无论单元式还是板式建筑，无论新工程还是旧建筑，都可以使用。这促进了住宅构配件的批量化生产，可使住宅构配件产品形成丰富的系列。技术人员可以从大量的产品目录中进行选择和组合，设计多样化且不失个性化的建筑，从而把构件生产标准化、批量化与建筑多样化结合起来。

二是有利于实现生产的专业化。通用体系有利于实行专业化分工，从而便于进行高度机械化和自动化生产，可提高生产率，降低造价。

三是使建造过程合理化。对设计人员来讲，通用体系将住宅的设计模式赋予制造业的产品特征，从某种意义上讲，住宅的设计变成评选和搭配市场上商品化住宅的构配件，设计人员的主要工作内容不再是构配件和构造节点的设计，而是分析用户要求，比较和推敲方案的合理性，以最佳设计形式实现甲方的需求。

四是有利于实现包括住宅主体工程在内的设备、装修等全部住宅建筑构配件、住宅全生命周期的工业化。

基于上述优点，有人把开放式的建筑工业化称为"第二代建筑工业化"，是对"建筑技术及经济所进行的一场真正的革命"。

20世纪60年代，欧洲住宅以建筑设计标准化模式，建造了一批系列化、标准化的建

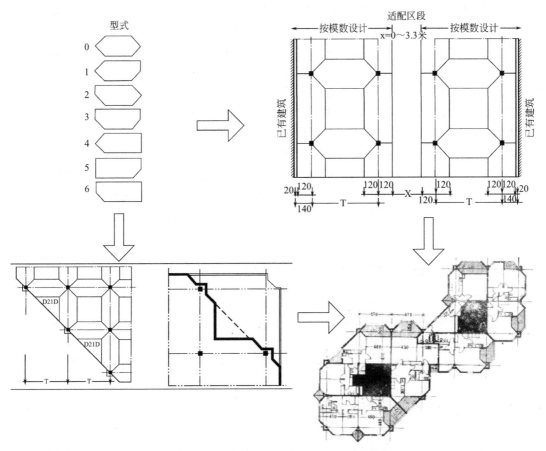

图 2-19　法国通用梭形板体系的建筑生成

图片来源：娄述渝，林夏. 法国工业化住宅设计与实践［M］. 北京：中国建筑工业出版社，1986：45-46.

筑住宅体系；瑞典 80％的工业化住宅采用基于标准化通用部件的住宅通用体系；法国 80
年代编制了《构件逻辑系统》，90 年代又编制了住宅通用软件 G5 软件系统促进住宅体系
的通用化（图 2-19）；丹麦是世界上第一个实现模数法制化的国家，以"产品目录设计"
的发展作为推动体系通用化的力量；荷兰作为 SAR 理论的创建地，一直采取标准化的支
撑体来形成住宅结构主体并实现住宅多样化；美国工业化住宅几乎完全实现构件和部品的
标准化、系列化及专业化、商品化、社会化；我国自 50 年代以来编制了许多种建筑标准
设计图集，制定了一些技术标准推行建筑设计标准化，同时也进行了 WHOS、CSI 等专用
体系通用化的探索。

2.4　对我国高层工业化住宅技术策略的启示

2.4.1　总结与评述

通过前文的梳理可见，历史背景的差异化造成了各国高层住宅工业化发展道路不同的
特点，但又具有共性，经历了简单追求建设量——注重品质——可持续发展历程；其间，

建筑构件和设备的重要性日益增加；逐渐显现了模数制和通用化的必要性；工业化住宅建筑体系的发展呈现明显的地域性特征，符合当地居民生活习惯和经济发展状况。

我国的高层工业化住宅虽然启程较晚，由于发展初期主要技术来源是苏联，和当时的国际水平差距并不大。后期发展快、任务重，虽然取得一定的进步，但是以国际视野进行横向比较，我国高层住宅的工业化水平与欧美等发达国家的差距仍十分明显。在政策引导、规范制定、技术体系完善以及设计与建造技术体系等方面仍存在较为明显的差距。

但是，通过梳理可以看到，在全世界范围内的高层工业化住宅的发展过程中，各国设计与建造均经历了一个由技术、功能、形式上的同质化到追求个性、探索适应性的过程。不同的国家、同一个国家的不同地区均有自己独特的历史背景和居住文化，住宅作为一种与人的生活密切关联的特殊民用建筑，更应以尊重居住者的心理感受为原则，进行适合本国、本地区的住宅工业化探索。设计与建造，作为住宅功能、形式的决定性因素，其技术策略更应强调对本地区文化的适应性。

2.4.2　对我国高层工业化住宅技术策略的启示

综上所述可见，我国当前的建筑业劳动力成本在总成本中的占比还不够高，劳动力紧缺问题还未完全突显；施工技术水平还处于积累阶段，相应的管理水平也落后；政府与公众的环保意识还较差；我国特有的土地制度，通常会为重点项目、形象工程开路，通常高层住宅的建造空间不成问题。因此，需要以理性、科学的态度来对待我国的工业化住宅的发展。

我国高层工业化住宅设计建造技术与西方发达国家的差距，不能简单地用"先进或落后"来描述。从技术应用的层面来看，我国是与世界同步甚至很多方面是超前的：我国住宅的地下工程施工，早就在采用先进的大型工程机械进行"两通一平"式的工业化，地面以上高层工业化住宅的很多施工技术拥有先进的现代化技术和设备，我国和西方工业化住宅的主要差别在于建筑设计、建造体系和建造方法。

从国际建筑工业化的发展历程来看，我国高层住宅工业化的发展需要调整当前的技术策略，将建筑理论和设计实践相契合，以设计理念的变革、建造技术的创新为基础，在大量建造实践的过程中优化建筑业的工业化生产方式和产业结构；尤其是高层住宅作为我国建设量最大的建筑类型，其工业化的发展需要以建筑通用体系为目标，结合我国实际情况对设计与建造模式进行科学的探索。

第三章　基于构件体系的高层工业化住宅设计模式

3.1　建筑构件体系

现阶段世界范围内进行工业化住宅设计，主要面临的阻力在于怎样提高设计精度，减少误差造成的不良影响，对作品完成度进行良好的把控，提高建造效率等。事实上，以飞机、汽车、轮船为代表的制造业，从单件铆接式到模块集成演变的建造模式给了建筑清晰的示范（图3-1）。此类将建筑构件进行集成化的建筑思想，能够通过并行作业与系统化作业，使得一些较为复杂的工序与环节分割成单一工作上相对简单的部分，这样就使构件在作业上工作难度大大降低，质量与技术控制更容易，设计工作整体质量得到有效改善与提高。在现实当中，此类技术在很多领域的应用已经充分证明了其价值与可操作性，这对于建筑领域的发展具有不可忽视的推动作用。

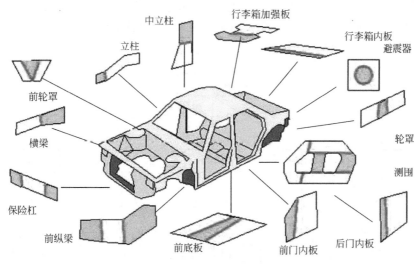

图 3-1　制造业单件铆接到模块集成

图片来源：http://www.norinco-sea.com/Products/qcnsjxb.html

3.1.1　建筑构件体系的定义

（1）建筑构件的定义

建筑构件，通常指构成建筑物的各个要素，如楼（屋）面、墙体、柱子、基础等。就工业化建筑而言，构件指的是建筑主体构成里面具有一定独立功能的组成部分，包括材料、产品、构件等内容，属于建筑主体的整体构成进行基于技术或功能性给予分割的微观工序与单元，兼有产品和商品两种属性，是工业化建筑产品当中的组件或零件。

（2）体系的基本定义

从词义上讲，"体系"（system）是一个科学术语，泛指一定范围内或同一类型的事物按一定的秩序或某种特定联系组合而成的整体，也可理解为是由不同系统组成的系统，体系是构成系统不可或缺的一个构成部分。系统可以定义为一个整体，其中包含了各个承担不同工序与任务的微观模块或组成部分，以特定的组织方式进行组合，共同构成系统要素。而在系统要素的配置与结构方面，不同要素相互之间存在一定的影响，各自具有互为依存的系统作用，这就是系统结构，结构能够使得系统在组织构成方面不同的要素各自承担其特定功能而构成系统整体。保障系统功能的全面性是系统结构需要承担的关键性作用。如果依据系统功能进行划分，不同的系统结构中每一个微观层面的构成部分都在功能方面承担一定的任务，此类对系统功能的承担需要微观的组成部分达到一定的基础性要求才可以实现，保障此类基础性要求而成立的最小单元就是系统构件依据功能划分的最小单位。对于任何系统来说，其在层次结构方面都是由微观层面的最小单元构成基础性结构，进而由基础性结构构成高层系统，因而要对系统的性质与功能进行把握，就需要在基础性结构上保障其功能性的完整，将其依据结构中单元的组合而将其分配在更小的微观单元层面。这是系统跟功能结构及其组成构件之间的关系。对于系统而言，其结构跟功能之间所具有的关系也许并不是单一的线性对应，而存在一种结构对应多项功能的结构形式，而一种功能也能够对应不同的多个形式的结构，这就为建筑领域的功能设计与结构调整或优化提供了基础，在保障建筑功能基础上，理论上能够进行建筑结构的优化与改动[137]。因此可以说，组成体系的元素、元素之间组合的秩序或逻辑两者是构成体系的关键因素，体系与建筑的架构间存在清晰的同构关系（图3-2）。

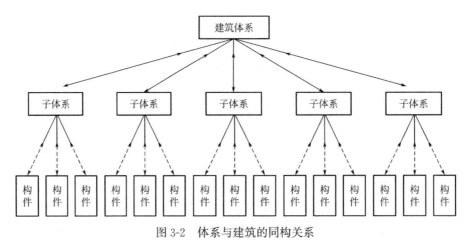

图3-2　体系与建筑的同构关系
图片来源：作者自绘

纵观国内外的建筑文献资料，关于建筑体系的解释尚无定论。日本建筑领域著名研究学者泽田诚二提出："建筑体系指的是在功能性确定的基础上，对建筑进行计划任务、作业技术、材料工序的配置定义，使得建筑能够达到设计目的的方法。"美国建筑领域著名的理论著作《建筑体系设计手册》也就建筑体系的概念定义进行了阐述，将其描述为：

"建筑体系指的是建筑任务实施过程中应用的系统性的方法措施，通过此类方法措施的应用，能够将建筑的设计目标、功能、计划等组成完整的任务实施过程。"内田祥哉则认为："所谓建筑体系，是把从原材料开始的整个生产过程与建筑物成品需要者连接成流水线的一种组织体制。也就是说，以各种原材料为起点的生产流程，从支流汇集到主流，然后分散流入各成品需要者手中。反之，当建筑物的成品需要者想获取成品时，以极为简便的手续就能获得合格的内容。"[138]

（3）建筑构件体系

在高层工业化住宅领域中，建造整个建筑物的体系为总体系，而构成建筑物某一部分的构件、构件组合而成的系统则为子体系。倘使组成总体系所需的子体系均齐备，汇集这些子体系便构成了建筑物的整个系统。因此，工业化住宅由这些具有各种功能属性、尺度和层级的构件子体系组成。构件子体系、构件与构件体系之间组合的原理或秩序构成了建筑构件体系，建立明确清晰的建筑构件体系是进行工业化建筑设计的基础。

3.1.2 建立建筑构件体系的重要性

建筑工业化的显著特征便是建筑构件替代传统的建筑材料现场砌筑方式，所以构件的出现是建筑领域工业化水平得以提高的重要推动力，通过以构件组成建筑主体，能够实现标准化的建筑工序生产与加工，使得建筑项目的建设更加高效、高质量，分工更加专业，工程的整体效率得到更大提高。从另一角度观察，建筑构件这一技术措施在工业化建筑领域的应用，使得建筑工作中的标准化、技术化与集成化程度大大提高了。而通过控制建筑构件的质量能够使建筑整体的质量得到有效保障与提高，从而让建筑在微观层面实现质量的标准化管理与控制，大大加快了建筑领域工业化发展的步伐。

在工业化建筑建设中，传统意义上的"设计"与"建造"已发生了诸多根本性的转变。如前文所述，传统的"设计"在设计公司进行，传统的"建造"由专业施工队伍围绕"工地"展开。工业化建筑的"设计"除了建筑整体的设计，还包括对建筑构件进行工业化生产制造和装配设计；工业化建筑的设计与建造模式中，除了"工地"上的工作，还具有"制造"的内涵：在"工地"之外，设计的"工厂阶段"需要针对建筑构件进行生产制造，然后在"转运阶段"对建筑构件展开物流转运，最终在"现场阶段"完成建筑构件的装配。在试用阶段还需对建筑构件进行运营维护。由此可见，建筑构件是工业化住宅设计—建造—运营全过程的核心对象（图3-3），构件是工业化建筑的微观层面组成部分与承载技术与质量的系统最小单元。

对于建筑领域的系统工程而言，构件的生产、装配关系到多种技术的应用与工

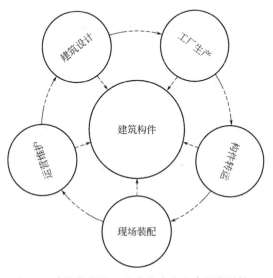

图 3-3 建筑构件是工业化住宅全生命周期的核心

图片来源：作者自绘

序组合，一方面要考虑到技术与材料应用对建筑整体功能与质量的影响，考虑不同材料在功能与成本方面对建筑整体成本的影响，另一方面还需要考虑产业链跟建筑经济在宏观发展方面对建筑整体的影响，将构件进行大批量规模化生产需要应用的技术或设备能否达到基本的工业化生产所需的可操作性、经济性和效益要求。

所以，工业化住宅的设计首先应遵循"基于构件"的基本理念，考虑从工厂制造、转运到现场装配等建造全过程的具体环节，厘清建筑构件体系。在明确建筑构件组合、成型、定位、连接的逻辑关系基础上，建立相应的工业化建筑构件体系，形成清晰的构件分级、分类，确定建筑构件的相关技术属性，开展以建筑构件为核心的建筑设计。

3.1.3 信息技术对建筑构件体系的影响

相对于传统的建筑设计方式来说，信息技术的应用能够使工业化建筑设计在效率质量上获得很大提高，而对于建筑构件体系的发展也具有多方面的积极影响。

信息技术作为一种科技化技术措施在建筑领域的应用，它可以使建筑构件在一些生产工序上实现由定性到定量的精确控制，从而保证建筑构件的精确性，通过虚拟的环境将建筑构件的形式、构造、参数信息直观地呈现在设计者、生产者和施工者面前，可以实现更好地模拟建筑构件的材料选择以及构造形式等，从而有效提高建筑构件的制造精确度与质量效率。

在作业控制上，应用信息技术还能够实现对各个工序微观环节的精确控制。在实际应用中，根据设备算量的需求，可进行设备、管线的材料分类定义、归集统计等工作，可以添加支吊架的建模等，满足管线综合精细化的需求。

因此，对于建筑构件体系而言，信息技术的应用能够有效提高构件生产与制造的系统化水平，通过信息化科技平台集中控制以功能性为核心的建筑构件体系，本文将在第五章展开详细的阐述。

3.2 构件体系的分类原则

3.2.1 科学性和体系化原则

构件体系的分类应当遵循构件的性能来进行。所谓构件的性能，包含构件的承重性能、材质与使用年限情况，以及其在建筑中的部位、所起的作用及工厂化生产的条件。划分体系时，应以构件最稳定的本质属性或特征作为分类的依据和基础，将选定的构件的特征按体系化顺序排列，形成科学合理的分类体系，以便于设计、生产、运输和装配。

3.2.2 唯一性原则

构件体系的分类，还应按照构件的同质性原则划分构件的类别，即在同一个类别内，构件具有相同的属性，如物理、化学、工艺、技术等方面的属性。不同的构件在性能与作用上各有不同的要求，因而在材料与技术使用上也需要各自达到一定的属性。如承重构件需要其达到一定的力学性能要求，而墙体构件要具有一定的隔音与绝缘、防火要求，照明构件需要达到一定的透光度要求，等等。

分类时除了要注意构件各种状态特点的属性外，还应当保证每一个类别在增加新的构件时，不打乱原有的分类体系的顺序及内容，同时还应为下一层级的子体系在本分类体系的基础上进行拓展和细化创造条件。

3.2.3　等寿命周期的原则

依照寿命周期进行分类，意味着构件分类不仅是考虑构件的功能和结构，还要从构件的设计、生产、销售、运行、使用、维修保养直到回收及处置的全生命周期进行考量。构件是由各种单一或者复合建筑材料组成的，因此构件寿命取决于其组成材料及其组合方式的寿命周期；而构件体系、建筑体系的寿命周期又取决于构件，由此可见，建筑材料的寿命周期是构件体系分类时需要关注的重要因素。

常用建筑材料，如木材、石材、钢材、金属材料、树脂、塑料、玻璃、水泥、地砖、涂料、塑料等，它们本身的自然寿命不同，加之在建筑上的应用部位不同、加工成复合材料时所用的复合手段不同，使得即使是同种材料在不同部位的耐久性也产生差异，具有不同的使用寿命（表3-1）。此外，由于所用部位不同，人们对材料的关注点也不尽相同，例如：用于结构的材料注重其安全、耐久性能，用于围护的材料注重其防火、外观性能，用于装饰的材料注重其防火、环保、外观性能，可见对材料差异化使用也会影响材料的寿命。同时，建筑材料存在两种老化：一种是自然因素或者人为因素导致的材料本身的物质性老化，另一种是由于整体上社会生产力水平的发展，造成人们在生活方式、消费观念、价值诉求上出现变化，从而对建筑材料产生不同的功能与性能上的要求。

构件常用材料耐久性影响因素和评价指标　　　　　　　　表3-1

建筑材料	耐久性破坏因素	破坏原因	评价指标
水泥混凝土	压力水	渗透	抗渗等级
	水	冻融	抗冻等级
	酸、碱、盐	水泥石化学腐蚀	—
	CO_2、H_2O	碳化	碳化深度
	碱—集料反应	水、过量碱、活性 SiO_2	膨胀率
建筑钢材	O_2、H_2O、Cl^-	电化学腐蚀	电位锈蚀率
建筑石材	机械力、流水、泥沙	磨损	磨耗值、磨光值
防水卷材	压力水	渗透	渗透系数

资料来源：作者自绘

因此，构件体系的划分应以尽量参照建筑材料寿命来进行，将寿命周期相当的构件组成可变体系或固定体系，以延长构件的使用寿命，减少同种体系内材料寿命周期严重不均衡造成的构件体系性能损失，以实现工业化住宅全生命周期的可持续发展。

3.2.4　建造流程为准的原则

建造流程影响构件之间连接界面的构造方式，如即使看起来较为简单的设备组合构件，流程不同，连接方式也有很大差异：当设备组件与混凝土构件一起用起重机吊装进建

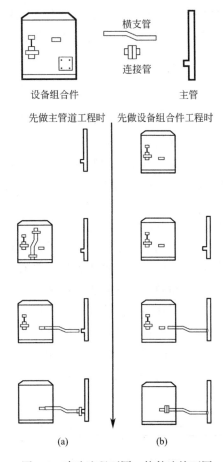

设备组合件　　　　主管

先做主管道工程时　先做设备组合件工程时

(a)　　　　　　　(b)

图 3-4　建造流程不同，构件连接不同
图片来源：（日）内田祥哉. 建筑工业化
通用体系 [M]. 姚国华，吴家骕，译.
上海：上海科学技术出版社，1983：98.

筑内时，建筑物中的主管道工作是在它们的后面，设备组合件的配管连接工作与建筑物内的主管道工作以一起进行为宜；反之，当建筑物的主管道工程完成后才吊进设备组合件时，则需要由设备组合件的安装人员来进行配管连接。也就是说，构件连接的内容就是建筑内的主管道与设备组合件的管道的连接。但如果建筑物主管道与设备组合件安装位置之间有一些距离时，需要装上横支管，如此一来，安装横支管的工作也包括在连接工作里面，其结果会对施工的接缝带来较为复杂的问题（图 3-4）。

工业化建筑的设计是以实现标准化生产和工业化建造为目的，因此，合理的体系划分必然以符合建造流程为原则，做到同种体系在建造流程上的相对独立，避免建造流程过程中体系之间产生交叉和错序。同时，符合建造流程的体系更利于实现子体系间的通用性，即实现构件子体系间的互换，从而走向建筑构件体系的开放化。

3.2.5　重连接逻辑的原则

构件体系分类应遵循构件的连接逻辑。构件的连接逻辑，包含构件间的连接顺序、连接关系以及节点构造等内容。与现浇结构相比，工业化建筑设计在常规施工图设计的基础上，还包含构件间的连接设计。一直以来，节点连接问题是制约预制装配式结构发展的关键因素之——[139]。良好的构件连接，关系到工业化建筑的整体性和施工便利性，对建筑质量和建造效率意义重大。而优秀的构件体系分类，往往是遵循构件的连接逻辑，将连接关系中的主动构件与被动构件、硬构件与软构件的体系厘清，有利于连接节点的精细化设计，使得节点区分开不同性质的构件，同时又有利于归纳构件之间的连接的客观规律，从而有助于实现全过程信息化、生产精细化、建造高效率，并且利于降低工程造价，提升工程质量。

3.3　构件体系的分类方法与步骤

3.3.1　分类方法

建立合理的建筑构件体系是工业化建筑设计的基础。工业化建筑是一个复杂的总体系，建筑全生命周期内包含众多建筑构件的设计活动，需要运用适当的体系分类方法以厘清建筑构件体系内部的逻辑关系，并且构件体系的合理化分类有助于实现设计—生产—运输—装配—维护等全过程高效化。构件体系的分类方法应适应建筑构件的工业化生产和施工，符合设计标准化、构件部品化、施工机械化等工业化建筑的要求，从而实现建筑产业的可持续发展。

（1）层级分解法

由前文对于体系的定义可见，体系之间互相关联、互相作用、互相影响，大体系里含有无数下一层级的小体系，小体系里又含有许许多多可以无穷深入的更小层级的体系。众多的小体系，构成了上一层级大体系，以此类推，若干层级大体系最终组成总体系（图3-5）。概言之，总则为一，化则无穷，反之亦然，这就是所有体系的典型特征。

因此，依据体系的层级性以及可分解、可组合的特征，进行构件体系的合理分类是实现工业化建筑总体系功能的关键。在工业化建筑中，由于总体系的复杂性，一级子体系很难作为终端系统，需要分解成下一级，如此级级相叠，直到达到便于操作、设计、生产、运输和建造的构件单体为止（图3-6），将设计、建造的对象由建筑整个体系分解为不同的建筑功能构件系统，并最终转化为具体的独立构件。

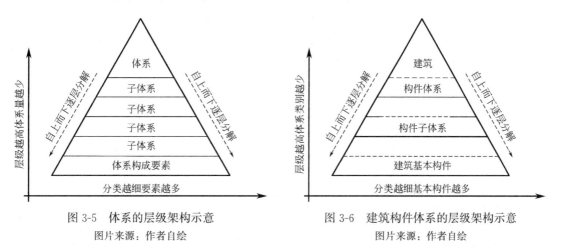

图3-5　体系的层级架构示意　　　　　　图3-6　建筑构件体系的层级架构示意
　　　图片来源：作者自绘　　　　　　　　　　图片来源：作者自绘

利用分解和层级概念建立工业化建筑构件体系，可明确工业化建筑设计工作的具体构件对象、工作范围及内容，同时为实现构件的工厂化生产、现场化装配以及后期的维护更新提供了必要条件。构件体系的分类保证了工业化建筑构件体系的完整性与系统性，使工业化建筑构件体系的结构更加清晰且富有逻辑，有利于工业化建筑建设全过程的一体化，同时为工业化建筑的信息化建设和管理提供基础支持，为实现建筑产业现代化目标提供有力的保障措施。

（2）分类归纳法

"归纳"一词的字面含义是指"归拢并使有条理"。"分类归纳"亦即归类，是分别依照研究对象的异同点，将对象按类别进行区分的方法。通过归类，可将杂乱无章的现象赋予条理化，将事实材料系统化。归类方法的基础是比较。通过比较，发现事物间的相同与差异之处，然后将其按照是否具有相同点将事实材料归为不同的集合。

对于建筑构件体系来说，分类归纳就是把同一类型的构件或同一类型的模具一例一例地收集在一起，进行分析和归纳，便于生产流线的组织和浇筑模具的设计，有利于加强构件生产的管理和提高设计效率。归纳的范围主要是将建筑构件从形状、材料、功能、边界条件方面进行归纳统一。

依据构件的形状进行归类，主要可以分为规则形状、不规则形状。以墙体构件为例，不规则形状又可以分为具体的"L"形构件、"T"形构件、"十"形构件等。此外，还可以依据构件形状的尺寸分类，比如"L"形构件、"T"形构件、"十"形构件，继续归纳可以根据三种墙肢的尺寸，又可以归纳出同类长度，有利于安排模具的生产。依据形状还可以分为板类、方柱体类、带窗洞板类、无窗洞板类等。

依据构件的材料归类，可以分为钢构件、钢筋网构件、混凝土构件、木构件、玻璃构件、铝合金构件等。

依据功能归类，可以分为结构性构件、非结构性构件。然后继续归纳，结构性构件可以归类为水平受力构件、垂直受力构件；非结构性构件可以归类为围护构件、分隔构件、装饰构件、设备构件等。

依据边界条件归类，可以分为卡扣式连接构件、焊接式连接构件、浇筑式连接构件、套筒式连接构件、拼缝连接。拼缝连接又可分为平缝拼接构件、滴水缝拼接构件、企口缝连接构件、高低缝连接构件、暗槽缝连接构件等。

分类归纳法，常常可跨越结构体系、建筑类型，有利于实现构件分类的细致性和科学性，浅言之可实现构件的体系化，便于组织生产和运输；深究之则便于实现构件间的互换性，最终实现构件体系的开放性、通用性（图 3-7）。

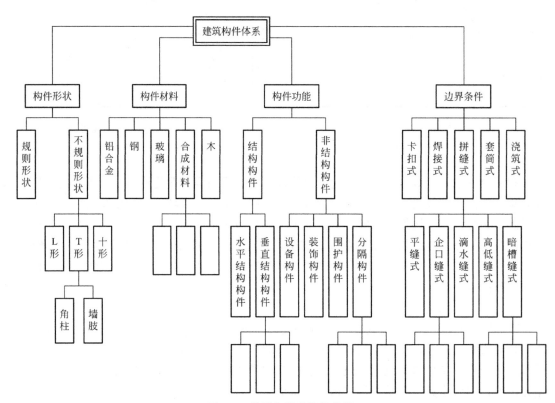

图 3-7 分类归纳法构件分类

图片来源：作者自绘

3.3.2　分类步骤

层级式分解法、归纳法建立工业化建筑构件体系主要有下列步骤：

第一步：确立工业化建筑功能构件第一层级体系。对工业化建筑进行整体分析，按照各个部位和功能要求，结合工厂化生产制造和安装可行性，将建筑分为多个不同功能和性能属性的一级构件体系，实现第一层级的构件体系分化。

第二步：建立多层级构件子体系。在第一层级的基础上，以构件的具体材料构成、所处位置、功能等为划分依据，将各功能构件子体系进一步分解为多层级主项构件子体系。

第三步：确定体系末端——基本构件。依据实际建造逻辑，结合工厂化生产、组装及运输的便利性，将主项构件子体系进行若干次分解，以相对独立或不可再分解的构件模块及基本构件单元为体系末端和工厂化生产的前端，采用形状、材料、功能等归纳统一分类的方法，形成材料构成、构造形式、性能数据各异却门类清晰的建筑构件（图3-8）。

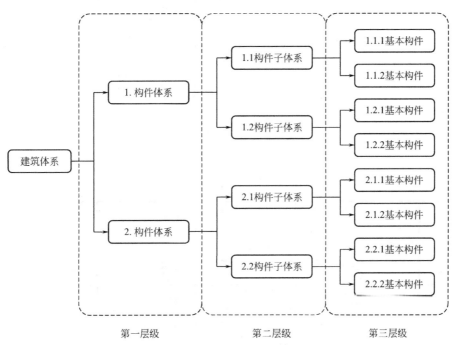

图3-8　层级分解与归纳法结合的建筑构件体系分类

图片来源：作者自绘

3.4　高层工业化住宅构件体系的分类

依据前文所述的构件体系分类方法，结合构件的性能和其在建筑中的使用寿命周期情况，将高层工业化住宅构件体系分解为三个层级的体系和子体系直至建筑构件单体。

第一层级由结构、外围护、内分隔、装修、管线设备等5个功能属性各异的构件体系组成；由结构构件体系形成建筑结构主体，组成工业化住宅的承重骨架；外围护构件体系在结构构件体系的基础上添加外围护功能，形成住宅的气候界面与城市空间界面；内分隔构件体系在结构构件体系和外围护构件体系所限定的室内空间，通过竖向构件实现建筑内部空间的分隔；内装修构件体系是指在结构体系、外围护体系、内分隔体系所限定的空间内，实现使用空间的可居性的、以装饰性构件为主的体系；设备构件体系是通过各种性能设备、管线的设置，实现工业化住宅的不同使用要求（图3-9、图3-10）。第二层级，是在5个第一层级构件体系的基础上，建立各个构件体系的第二层级子体系类别。第三层级，是建筑构件体系的最后层级，是体系分解的末端，也是需要进行工业化和工厂化生产的产品。

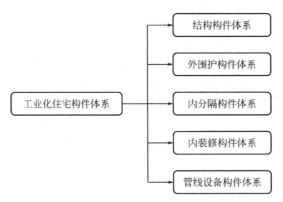

图 3-9 高层工业化住宅构件体系分类

图片来源：作者自绘

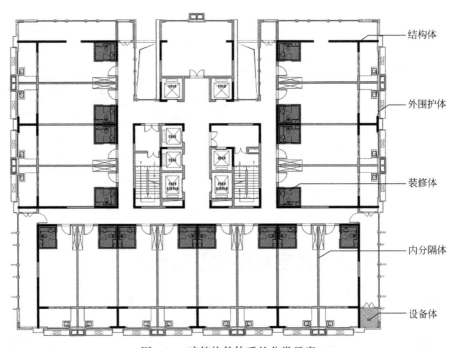

图 3-10 建筑构件体系的分类示意

图片来源：东南大学建筑学院正工作室提供

3.4.1 结构体系

（1）主体结构的分类

结构构件体系是指在建筑结构中承担承重作用的构件体系，因此建筑的主体结构形式决定了结构构件体系所用材料的不同以及构件体系的组合形式、受力特点的不同。高层工业化住宅的结构形式可以依据所用材料和受力形式进行分类（图 3-11）。

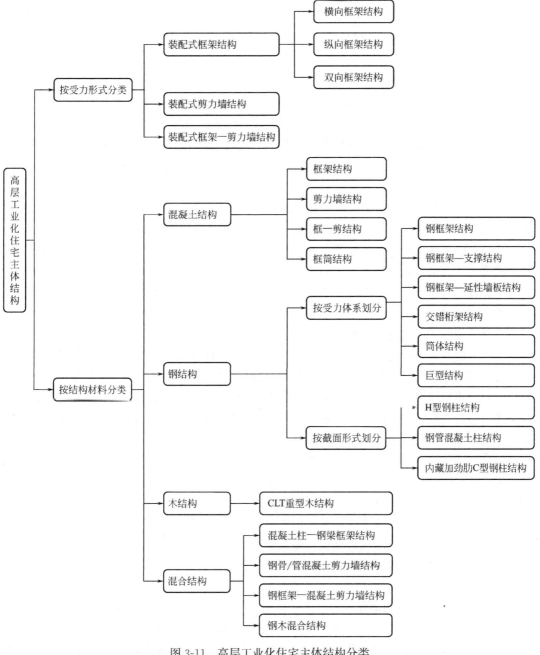

图 3-11 高层工业化住宅主体结构分类

图片来源：作者自绘

1）按照受力形式分类

① 装配式框架结构

框架结构工业化体系用于高层住宅，主要有钢结构和钢筋混凝土结构两种材料，目前以钢筋混凝土材料的应用居多。框架建筑的承重体系是由柱、梁、板组成的承重骨架，围护结构属于非承重结构，所以框架建筑的基本特点是承重结构与围护结构分开考虑，分别设计，不存在合一的问题。

依据受力要求的差异性，装配式框架结构在其承重框架方面可分成横向框架、纵向框架、双向框架三类。横向框架承重主梁为横向梁，纵梁仅起到联系、支撑作用；纵向框架的承重主梁为纵向梁，横梁仅起联系、支撑作用；双向框架纵横梁均起到联系、支撑和承重作用。

框架结构的主要优点：空间分隔灵活，自重轻，节省材料；平面布置可以灵活多变，利于形成自由的居住空间；结构的梁、柱构件易于标准化、定型化，便于采用工业化设计及建造模式，以缩短整个工期；主体框架现浇时，结构的整体性、刚度较好，合理设计也能达到较好的抗震效果，而且梁柱所需的截面形状较为自由。另外，装配式建筑框架结构体系较轻，所以构件运输的难度较小。因此，与工业化的剪力墙结构相比，装配式框架结构更容易得到广泛应用。

当然，框架结构也有不足之处，例如钢材和水泥用量较大，构件总数量多，导致吊装次数多、接头工作量大、工序多，因而耗工较多，并且施工受季节、环境影响较大。

此外，由于其结构特性，建筑如果太高会造成截面过大，需要的配筋量会大大提高，使得建筑施工带来一定的技术性压力，同时在成本上也会更高，影响建筑的经济性目标的实现，故装配式框架结构一般适用于建造 50m（抗震设防烈度 7 度）[140] 以下的高层房屋。

② 装配式剪力墙结构

剪力墙又称"结构墙"，剪力墙结构的显著特点是用钢筋混凝土墙板来承受竖向力和水平力，主要受力构件是剪力墙、梁、板。也可以理解成用钢筋混凝土墙板来代替框架结构中的梁柱。该结构能承担各类荷载引起的内力，并能有效控制结构的水平力。由于剪力墙结构的建筑整体性好，并且该结构的室内没有梁、柱等外露与凸出，便于房间内部的家具布置，符合人的居住体验，因此近年来得到广泛应用，成为当前我国推广实施工业化混凝土建筑最多的结构体系。

但是，该结构也有不足之处，例如：不能提供大空间的房屋，当建筑的地下室或下部楼层为大空间功能时，会形成部分框支剪力墙结构。在框架—剪力墙结构和剪力墙结构两种不同结构的过渡层必须设置结构转换的过渡层，即转换层。

此外，对于工业化建筑来说，预制构件之间的边界条件一直是容易形成结构本身的弱点部位和施工建造上的技术难点部位。跟装配式结构相比，预制装配式剪力墙结构具有更多接缝，存在更多的连接问题，因此该结构对工业化建筑设计—建造的全过程有更高的技术要求。

③ 装配式框架—剪力墙结构

装配式框架—剪力墙结构简称"框剪结构"，是框架结构和剪力墙结构两种结构体系的优化组合：既有框架结构体系为建筑功能布置提供大空间的特点，又具有剪力墙结构体系良好的抗侧力性能。在框剪结构体系中，剪力墙可以单独布置，又可以结合垂直交通筒和管井等墙体进行设置，巧妙结合功能空间。因此，该结构体系在高层建筑中被广泛应用。

装配式框剪结构在预制率方面较高，其梁、柱构件都属于线性单元，能够实现标准化安装[141]。与此同时，其还具有使用空间大、空间安排灵活性强、内部空间比较规整、侧向力学承重性能好等突出优势，因而在现实中得到了较为广泛的推广与应用。

2）按照主要承重构件材料分类

① 混凝土结构

自从 19 世纪中叶混凝土技术被发明后，首先在法国得到发展。1891 年，法国巴黎 Ed. Coigent 公司首次在建筑中使用预制混凝土梁。第二次世界大战结束后，预制混凝土技术在西欧开始发展起来，之后推广至美国、加拿大、日本等国。目前，PC 体系工业化住宅在诸多国家都成为工业化住宅的主要结构形式之一：在日本，（预制）钢筋混凝土（含钢骨、钢筋混凝土）结构的工业化住宅占所有住宅的三分之一左右；在新加坡，高层工业化组屋几乎全部采用 PC 体系的技术；我国香港所建设的公屋绝大多数为 PC 结构体系；我国内陆地区早在 20 世纪五六十年代及七八十年代均大批运用过 PC 建筑技术，近几年来预制混凝土结构体系（含预制和现浇结合的混凝土结构体系）一直是我国大力推广的高层工业化住宅的最主要形式，其占比远大于其他结构材料的住宅。

装配式混凝土最具代表性的结构体系为框架结构、剪力墙结构、框架—剪力墙结构、框架—核心筒结构四种。其中，框架—核心筒结构也可以看作框架—剪力墙结构的一种特殊形式。

② 钢结构

装配式钢结构建筑是指建筑的结构系统由钢（构）件构成。国外在 20 世纪 50 年代后期便开始出现装配式钢结构建筑，已经形成较为成熟的工业化生产和建造机制：70 年代，法国住房建设部正式在建筑领域制定了钢结构住宅体系的有关标准与行业规定，并成为这一领域具有影响力的行业标准，影响了欧洲多个国家的钢结构住宅建设的行业技术发展[142]。我国从民国时期就开始引进钢结构建筑技术，不过由于长时期技术进步较为缓慢，直到改革开放以后，装配式钢结构建筑才开始在我国的很多现代建筑中得到大范围的推广。

相对于装配式混凝土建筑而言，装配式钢结构有较多的优点：钢结构的材料特性决定材料连接无需现浇节点，因此安装速度快，施工质量更容易得到保证；由于钢材是一种延性材料，因此钢结构的抗震性能优越；钢结构自重更轻，有利于节约基础造价；钢材可回收，是一种绿色环保的材料；梁柱截面更小，可节约建筑空间，同样的建筑平面往往钢结构的建筑使用系数更高。当然，钢结构的防火、防腐性能，以及与外围护结构的连接难点等问题与钢筋混凝土相比处于劣势，这也是钢结构的高层住宅工业化进程中的技术难点。

目前，按受力体系划分，具有代表性的钢结构形式包括：钢框架结构、筒体结构、巨型结构、钢管混凝土柱结构等[143]。

③ 木结构

由于木材本身的材料性能所限，单纯木材更适合作为多层或底层独立式的工业化住宅承重结构。因此多年以来，即使有将单纯木材作为高层住宅承重结构使用的案例，但也只是作为非承重的围护体系材料或者与钢材、钢筋混凝土材料混合使用。直到正交结合木

（cross-laminatied timber，CLT）为代表的新一代重型木结构形式出现，解决了传统木结构的层高限制，使得木材成为高层住宅和公共建筑的结构支撑材料。

CLT重型木结构是以厚度为15—45mm的层板相互叠层正交组坯后胶合而成的木制品[144]。以锯材为基本单元，采用三层或更多的结构复合板材通过组合黏接压制构成（图3-12）。20世纪90年代，由奥地利和德国建造了全球第一栋使用CLT预制构件建造的新一代重型木结构建筑。此后，CLT及其重型木结构在欧美地区得到迅速发展，意大利、英国、加拿大和澳大利亚等国纷纷兴建了大量8～10层的CLT木质结构建筑（图3-13），世界著名的建筑工程公司ARUP和SOM等均致力于该领域发展。

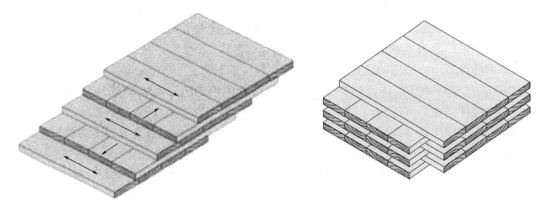

图3-12　CLT板制作原理示意

图片来源：尹婷婷. CLT板及CLT木结构体系的研究［J］. 建筑施工，2015（6）：758-760.

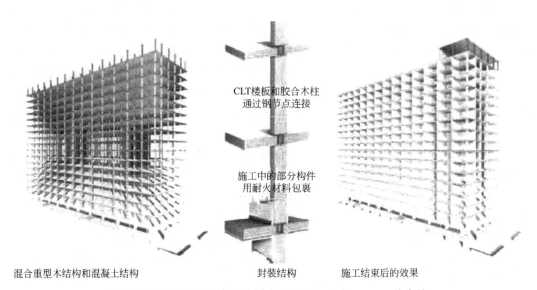

混合重型木结构和混凝土结构　　　　封装结构　　　施工结束后的效果

图3-13　温哥华UBC大学校园内18层Brock Commons公寓楼

图片来源：王韵璐，曹瑜，王正，等. 国内外新一代重型CLT木结构建筑研究进展［J］.

西北林学院学报，2017，2（32）：286-293.

我国对于木材CLT的研究尚处于起步阶段：目前仅有北京科技大学、长安大学、南京林业大学等科研院校针对木桥用CLT和建筑用CLT进行了初步的实验室研究。国内对于 CLT 的应用也仅体现在桥梁上，且仅有铜川市耀州区绣房沟薛家寨景观桥（图 3-14）等极少的案例。宁波中加低碳新技术研究院研发出适合中国国情的第一条具有独立知识产权的木材 CLT 预制板中试生产线，并已建成我国第一座 CLT 示范房[145]。

图 3-14　薛家寨 CLT 景观桥及其踏步台阶 CLT 板细部

图片来源：张志伟 . CLT 板工作性能与应用研究［D］. 长安大学，2015：7.

与钢筋混凝土和钢材的结构相比，CLT 重型木结构在同等荷载条件下具有尺寸稳定性好、便于模块化、标准化生产、可高预制率建造且建造速度快、隔音、保温性能好、低碳、固碳、环保等优点，是符合人类建筑可持续发展目标的新型结构材料（图 3-15）。

图 3-15　日本高层住宅钢—钢筋混凝土混合结构

图片来源：作者自摄

④ 混合结构

对于混合结构的定义，国际上理论领域对其并未给出权威性的解释，通常建筑理论领域中将广义上的混合结构（Mixed or Hybrid structures）解释为由不同的材料一起组合而构成的建筑结构，此类由多种材料组成的结构当中，构件或材料的种类至少要两种以上，而不同的构件各自承担不同的功能，通过混合而构成建筑结构或功能的主体[146]。

用于高层住宅的混合结构中，较为常用的是钢结构与混凝土结构的混合，钢结构、混凝土结构与木结构的混合建设量较少。近几年来，前种类型的混合结构在日本（图 3-15）、新加坡以及我国香港地区的高层工业化住宅中得到广泛应用，被认为是一种有效综合工期、效率、安全、环境、成本因素的建筑形式。在我国，钢筋混凝土与钢结构的混合结构在高层和超高层公共建筑中应用较多，如上海金茂大厦、陕西信息大厦等，随着混合结构技术的日益成熟，其在高层工业化住宅领域中的推广有较为值得期待的前景。

与单纯的混凝土结构相比，混合结构在降低结构自重、减小结构断面尺寸、改善结构受力性能、加快施工进度等方面有较为明显的优势；与纯钢结构比，混合结构又具有防火性能佳、综合用钢量小、风荷载作用下弹性形变量小的优势。一般来说常见的混合结构形式包含了混凝土柱—钢梁框架结构、钢木混合结构、混凝土钢木混合结构等多种类型。

（2）结构体系的构成

由前文可见，高层工业化住宅的结构构件体系依据所用材料的不同可以分为混凝土结构构件体系、钢结构构件体系、木结构构件体系以及复合结构构件体系四类；依照在建筑中所承荷载的方向以及在建筑构件中轴线与地面的方向不同，上述三种材料的结构构件体系又分为承受水平荷载及地震水平作用的竖向结构构件子体系和传递水平荷载、承受竖向荷载的横向结构构件子体系。

综合前文所述，在混凝土工业化结构中，各种结构形式的竖向结构构件子体系可归纳为剪力墙、隔墙和柱等子体系，各种结构形式的横向结构构件子体系可归纳为楼板、楼梯板和梁子体系；其中剪力墙子体系分为预制剪力墙内墙板、预制剪力墙外墙板、预制外墙夹心板（常被称为"三明治"）、预制双层叠合剪力墙板等子体系种类；预制梁子体系分为全预制梁、预制叠合梁等子体系种类。预制板子体系又包含预制叠合楼板、预制密肋空腔楼板、预制阳台板、预制空调板子体系等。

同理，钢结构构件体系的竖向构件子体系包括：钢柱、钢管混凝土柱、钢板剪力墙、钢支撑、轻钢密柱板墙等子体系种类。横向构件子体系包括：钢梁、压型钢板、钢筋桁架楼承板、钢筋桁架叠合板、钢楼梯、预制混凝土楼梯等子体系种类。

工业化木结构构件体系的竖向构件子体系包括：木柱、木支撑、木质承重墙、正交胶合木墙体等子体系。横向构件子体系包括：木梁、木楼面、木屋面、蒸压轻质加气混凝土楼板、木楼梯等子体系种类（图 3-16）。

3.4.2 外围护体系

外围护构件体系既是建筑室内与外界气候的分隔，又是建筑与城市空间之间的界面和建筑形象的重要载体，因此决定了外围护构件体系不仅需要具备采光、通风、保温、隔热、隔音、防水防潮、耐火、耐久等功能属性，还需具备肌理、构图、色彩等艺术属性。由于高层工业化住宅的外围护构件体系多数不参与结构主体的承重，因此外围护构件体系的承重功能不在本文讨论范畴。

根据外围护构件体系所用主材的不同，可将其分为混凝土、木、玻璃、砖、石材、金属、复合材料等种类的构件子体系。依据建造和构造方式，上述材料的外围护构件体系可以分为两种：一种是直接转力给梁、柱和楼板的砌筑类（砖、石、混凝土）重型围护体系，以预制钢筋混凝土外围护体系为代表；另一种是通过支撑结构悬挂于主体结构之外的幕墙类（玻璃、木、金属、复合材料等）轻质围护体系。同时，依据在建筑中的位置不同，

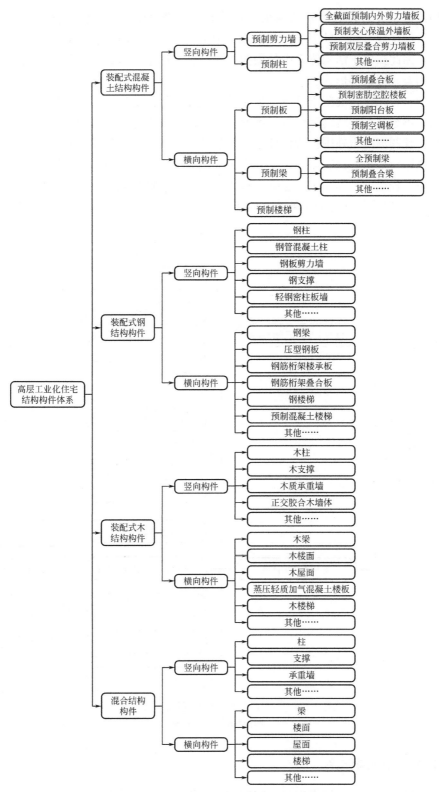

图 3-16　高层工业化住宅结构构件体系构成

图片来源：作者自绘

外围护构件体系又可以分为外墙墙板、女儿墙板、带窗墙板、阳台栏杆/栏板等子体系。建筑屋面虽然常规上属于外围护体系，现实中由于屋面对于防水、保温隔热以及排水等有特殊要求，因此归属于结构体系中的横向结构构件子体系，多数情况下采用现浇方式，也有少数采用叠合楼板等形式。

　　与其他材料相比，混凝土外围护体系具有整体性好、稳定性好、强度高、耐疲劳、耐冲击振动、不容易产生裂缝等优点，因此截至目前是国内外高层工业化住宅采用最多的外围护体系。预制混凝土外围护构件体系通常包括：预制混凝土外挂墙板、预制混凝土带窗墙板、预制阳台栏板、预制阳台隔板、预制楼梯间隔板（无保温）、预制女儿墙、预制挑檐等子体系。轻质围护体系主要包括：单元式幕墙（玻璃幕墙、石材幕墙、铝板幕墙、陶板幕墙）、蒸压轻质加气混凝土外墙、GRC墙板、阳台栏杆等子体系（图 3-17）。

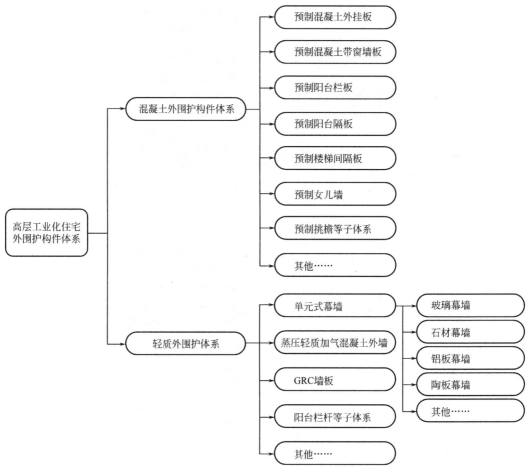

图 3-17　高层工业化住宅外围护构件体系构成
图片来源：作者自绘

3.4.3　内分隔体系

　　内分隔体系是指在建筑中起分隔室内空间作用的部分，通常是在由外围护构件体系所限定的建筑内部空间基础之上的竖向分隔。对于高层住宅来说，外围护体系和内分隔体系的关系有相邻、分离、包含等三种形式，这主要是由居住功能模块与住宅公共功能模块之间的联系、二者与外界气候的关系以及居住建筑对保温性能的特殊需求三个条件共同决定的。

多数情况下，内分隔构件位于建筑室内，几乎不直接与外界气候接触，或者参与围合交通空间无需增设保温隔热性能，因此相对于外围护结构体系来说，内分隔构件的性能要求相对较低，以隔音、防火、隔视线等功能属性为主，所用材料与节点的做法也更趋向于多样化。由于在住宅中所处的位置不同，内分隔构件的寿命周期要求和功能属性要求又存在一定的差异。内分隔构件体系分为两个子体系：住户外部空间的分隔体构件子体系和住户内部空间的分隔构件子体系。前者如住宅与公共空间的界面、住户间的界面构件体系、管道井等，对隔音、防火等要求较高，使用年限较长，尤其是公共空间的分隔构件，甚至可能与建筑同寿命周期；后者为住户内诸如起居室（厅）、卧室、厨房、卫生间、餐室、过厅、过道、储藏室等功能空间的分隔，人们对居住空间多样化、个性化的特殊需求决定了户内分隔构件体系既需要满足住宅全生命周期内的空间可变性、可持续性，又需要满足居住者的审美情趣和舒适感，因此对内分隔构件体系的材料多样性、安全性、时代性、连接构造的多样复杂与可靠性均有较高的要求，这些要求赋予内分隔构件体系以轻质、高效等鲜明的特征，对新技术、新材料有更高的需求。

常用的内分隔构件有：预制钢筋混凝土墙板、内门、玻璃隔断、木隔断墙、轻钢龙骨石膏板隔墙、蒸压轻质加气混凝土墙板、钢筋陶粒混凝土轻质墙板等（图 3-18）。

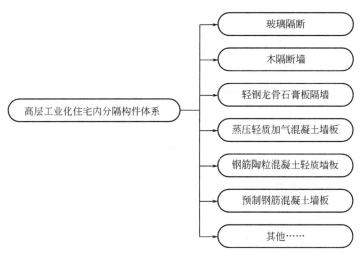

图 3-18　高层工业化内分隔构件体系构成
图片来源：作者自绘

3.4.4　内装修体系

内装修构件体系，是指在结构构件体系、外围护构件体系和内分隔构件体系所限定的功能空间内，起到保护主体，延长其使用寿命的作用，并且和围护体系一起增强和改善建筑物的保温、隔热、防潮、隔音、美化等性能，从而将建筑内部空间进一步优化为宜居空间的各种构件，主要包括给排水、暖通和电气设施以及地面、吊顶等。

虽然从严格意义上来说，无论是集成化、模块化或者是现场化的建造模式，装修构件体系的生产和建造顺序均在前文所述三大体系之后，但是装修体系的设计应早期介入，实现与三大体系生产和设计环节的无缝对接和与各专业间的协同，使得管线的预设、预埋在工厂内一次性完成，避免户内二次装修的环节，最大限度地减少现场的工作量。此外，装修构件体系的设置应坚持独立性、可变性原则，避免与结构构件体系的交叉，以实现居住空间的可持续目的。

内装修构件体系包括：装配式吊顶、装配式楼地面铺装、隔断、整体厨房、整体卫生间以及相关集成式构件子体系。常见形式有：轻钢龙骨吊顶、架空地面系统、集成吊顶、踢脚线等（图 3-19）。

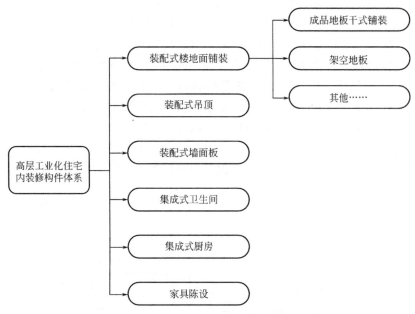

图 3-19 高层工业化住宅内装修构件体系构成
图片来源：作者自绘

3.4.5 管线设备体系

管线设备构件体系通常包括给排水设备、供电设备、性能调节设备等子体系，其中供电设备体系又分为强电子体系和弱电子体系；性能调节设备体系又分为空调子体系和暖通子体系。管线设备构件可进一步分为三个层级的构件子体系：一级构件子体系位于住宅外部空间；二级构件子体系位于住宅公共空间；三级构件子体系位于住宅户内空间（图 3-20）。由于管线设备体系的专业化、集成化程度较高，设计与建造时有较高的协同要求。此外，与其他四个构件体系相比，在整个设计—建造流程中，该体系需要更加充分的前置，方能真正使管线设备体系的安装、使用、维修、更换和拆除等流程通畅进行。

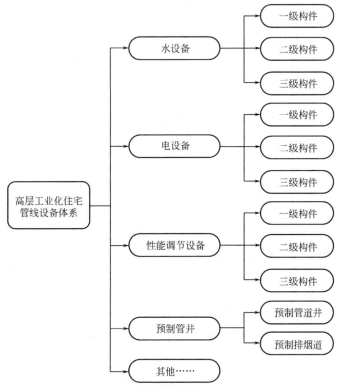

图 3-20 高层工业化住宅管线设备体系构成

图片来源：作者自绘

3.5 基于构件体系的高层工业化住宅设计模式

3.5.1 面向工业化建造的产品设计模式

建造是人类最原初的行为之一，它先于建筑学学科出现，是建筑学的一个基本问题。纵观人类建筑发展的历史，在建造模式从手工砌筑发展为机械化现浇建造的过程中，建筑设计也发生了从匠人的口传身授模式到专业建筑设计院所的作品式表达模式的转变。建造与设计，一直带着深刻的时代技术烙印，建造模式一直影响甚至决定着建筑的设计模式。

虽然传统的建筑设计最终目的也是将建筑物建造出来，但由于它本身存在专业间串行合作、流程错序、设计远离建造以及二维图纸难以科学表达三维建筑等问题，加之其所对应的建造模式为手工与机械化相结合的、分散的、低效率且粗放型的现场湿作业浇筑，因此面对需要高精度设计、工厂化生产、高效率运转、多专业参与、高度协同的工业化建筑时，传统的建筑设计模式失去了有效的控制和表达效力。

工业化建筑的设计需要同时满足工业化生产和建筑多样化的要求，将有限的定型构件多样化组合为多种形式的建筑方案。与传统的建筑设计作品模式不同，工业化建筑设计模式意味着工厂化作业成为建筑业的生产主流，是面向工厂化制造、工业化建造和工业化生产的产品模式。

传统的作品设计模式只需要向建造阶段提供形态指导，对于建造的细节问题则完全推给了建造者。而产品模式对建筑设计和建筑生产要求更高，因为该种模式下，所有的建造和构造细节问题均需充分的前置，无疑大大增加了设计的精度和难度。面对工业化建造的产品设计模式，需要在设计阶段为生产—运输—建造—使用—维护提供完整的指导信息，因此在设计阶段的工作量大幅增加，设计者要有多专业的知识储备。

3.5.2 基于构件体系的高层工业化住宅设计原则

（1）构件集成化原则

集成是指按照一定的技术原理或功能目的，将两项以上的技术或材料复合为具有统一整体功能的新技术的创造方法，集成后往往可以达到单个技术难以实现的技术目的。

构件集成化，包含两个层次的意义：技术的集成化和构件体系的集成化。

技术的集成化，意味着将除了边界条件以外的绝大多数技术工作集中于工厂生产线，以构件的高度集成保证工业化建筑的高品质，例如集成厨卫、集成吊顶、集成墙板、集成窗套等，这些产品全部是以工厂标准化生产模式制造，增加了复杂设备体的精致美观度、功能性和细节处理的精准度。

构件体系的集成化，是指将若干个相对独立又相互关联的住宅构件或构件子体系优化、复合为具有一定规模和功能的大体系。所得到的大体系并不是简单的构件叠加，而是指借助自动化系统、综合布线等系统技术将现有分散的设备、功能、信息集成到一个体系之中，做到构件子体系的高技术集成，以求充分挖掘技术潜力，使构件在同样边界条件下发挥更大的作用。

构件的集成化，不仅可以通过敏捷制造、精益建造提高住宅的性能，还能有效减少构件的数量和种类，减少现场对构件边界条件的湿作业量，从而有效降低运输、生产、安装等相关成本，提高工业化住宅的综合经济效益。

（2）独立构件原则

在建筑设计中，建筑的结构体系、外围护体系、内分隔体系、装修体系和管线设备体系等各个子体系应尽量保持独立，避免构件之间的穿插。构件的相对独立，不仅是实现高效的工厂化生产、工业化建造的保证，更是日后通过替换相关构件提供高适应性、高可变性的居住空间的先决条件。事实上，我国古代木构建筑"墙倒屋不倒"、木构件可替换与装配式建筑的独立构件原则完全契合。

结构构件体系的独立：结构形式的力学特征决定了结构体系本身具备较高的独立性和逻辑性，例如承水平荷载的竖向构件、承垂直荷载的横向构件等。因此对于结构体系本身来说，技术焦点是如何将独立的构件连接成为整体。此外，应减少结构构件体系与其他构件体系之间的穿插，尤其应避免与装修构件体系之间的穿插。最大限度减少对结构体的剔凿、挖孔、穿洞。保持结构体系独立于其他构件之外，有利于保证结构体系的安全性；保持结构体系构件自身的独立性，有利于保证工业化施工的质量和效率。

外围护构件体系的独立：外围护体系是工业化住宅的重要组成部分，也是技术难度最大的构件体系之一，因为它既需要与结构体系紧密联系，又必须满足建筑围护对热工、防水、防火、美观等方面的需求。制造和建造时还需要与阳台、遮阳板、空调搁板等构件的配合，界面构造复杂、施工安装的难度大。宜采用预制大板的建造模式，保证其作为建筑界面的整体性和连续性，既不应被结构体打断，也要避免与结构构件体系产生过多穿插，尽量保证其对建筑的全包裹状态。

其他构件体系的独立：建筑结构的使用年限在 70 年以上，而内分隔体系、装修体系和管线设备体系的使用寿命多在 10～20 年。这意味着在住宅的使用寿命期内，上述三个体系至少要经历 2～3 次以上改装、替换或者移动。因此，为保证替换和改造的可能性和便利性，避免对建筑结构安全的损害，避免替换更新时的高噪声和大量垃圾，体系的独立是重要先决条件：三个体系除了应尽量避免与结构体系穿插或硬性连接外，对于装修体系来说，还应实现分户、分层独立，便于日常的维护；对于设备体系来说，应尽量选择管线分离，将设备露明，避免管线设备体系暗装于其他构件体系之内，避免检修时对其他体系造成破坏，方便维护与更换。

（3）构件轻量化原则

构件工厂化预制生产，通过一定距离的运输至现场再进行装配化施工是建筑工业化的主要特征之一。工业化住宅的成本增量，主要表现在工艺成本和物流成本两部分，其中构件的运输效率是物流成本的一个重要因素，如表 3-2 给出了某项目运输效率与成本增量的关系，图 3-21 给出了行程利用率、吨位利用率在周转量计算中所占比重。因此，单个构件过重过大，不仅影响生产的便利性、可行性以及成品保护的安全性，还会因为增加构件脱模及吊装用的预埋吊点的数量、增大运输和吊装的难度，也增加了现场施工的精度控制难度，最终影响建筑质量，抬高工业化建造的经济成本。而构件轻量化，可提高构件在生产、运输、建造、替换等环节的操控性，缓解前文所述的由构件过重过大所带来的技术难

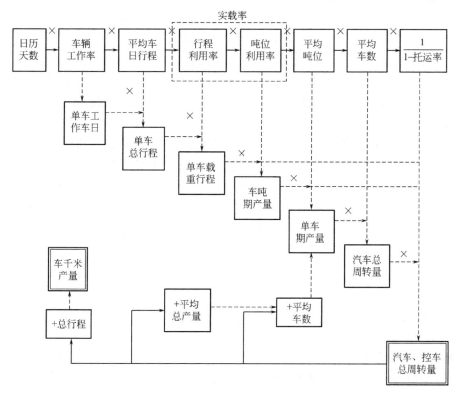

图 3-21　行程利用率、吨位利用率在周转量计算中所占比重

图片来源：https://baike.baidu.com/item/汽车运输生产率

度，降低生产、运输、吊装等成本，从而提高工业化住宅的综合经济效益。对于结构构件体系来说，构件轻量化有两种途径：一种是在同种结构形式下，在满足承载要求的基础上科学合理地控制构件尺寸；另一种途径是采用高性能混凝土、复合结构等新的结构形式或新材料、新技术，在同等荷载条件下尽量减小构件截面面积。

某标准楼型测算的运输费用增量表 表 3-2

距离 （当天往返）	台班费用 （元/台班）	运输效率 50%	运输效率 60%	运输效率 65%	运输效率 70%
≤50km	1500	231	192	178	115
70km	2000	308	256	237	154
100km	2500	385	321	296	192
150km	3200	492	410	379	246

资料来源：陈振基. 我国建筑工业化时间与经验文集［M］. 北京：中国建筑工业出版社，2016：112.

对于其他体系来说，构件轻量化需要在满足抗震、保温、隔热、隔音等性能的前提下，选用自重轻、易于安装的构件，使住户可根据自身需求灵活分隔使用空间。

3.5.3 基于构件体系的高层工业化住宅标准化设计方法

标准化设计是住宅工业化的主要内容。工业化住宅的建筑设计是工厂生产与现场装配施工的上游环节，对于建造成本、建筑质量、建造难度、建造效率起着决定性的作用。然而在我国当前的工业化住宅设计中，仍然延续着传统的建筑设计方法：独立于建造之外，按照一定的模数设计建筑，在完成施工图后，交由第三方从事建筑的拆解和生产。由此可见，这是一个由整到分的逆向设计过程。工业化建筑的设计，理应是一个由构件到建筑整体的正向设计，以减少流程反复、提高设计的精度和生产效率。这便要求建筑师在构件体系的基础上，遵循一定的设计方法。

基于构件体系的工业化住宅标准化设计，是指在一定时期内，以通用建筑产品为主要目的，依据构件的共性条件，制定统一的模式和标准，开展能广泛用于工业化住宅的设计方式。该设计方法以经济上合理、技术上成熟、市场容量充裕的建筑产品设计为目标，其核心是在设计前期阶段就根据装配式住宅构件体系分类原则对构成住宅的各类构件加以明确分解，面向构件生产、转运、现场装配、后期运维等全过程对构件自身各方面性能以及由构件围合形成的空间展开设计，最终形成种类最少化、重复数量最大化、体现工业化规模效益的工业化住宅体系。因此，基于构件的模数化、通用化、模块化、系列化是工业化住宅标准化设计的基本方法。

（1）标准化设计的基本方法

① 模数化设计

模数化是工业化住宅标准化设计的前提。

模数是工业化建筑的一个基本单位尺寸，模数化即模数协调，是指一组有规律的数列之间的配合与协调。构件的模数化设计是通过统一建筑模数、模数协调的原理和方法，简化构件之间的连接关系，并为设计组合创造更多方式，从而使得工业化建筑及其建筑制品通过有规律的数列尺寸协调与配合，形成标准化尺寸体系，以规范工业化住宅生产和建造等各环节的行为。

建筑的基本模数的数值规定为100mm，表示符号为M，即1M等于100mm，整个建筑体系的模数化尺寸均应是基本模数的倍数。我国早在20世纪60年代初就拟定了"建筑统一模数制"并在全国房屋建筑中推广，一度推动了我国工业与民用建筑的标准化与工业化进程。然而，传统的住宅建筑模数协调原则的应用和实践，局限于房屋建筑的结构构件及其配件的预制与安装，对住宅的产品、设备和设施的开发、生产、安装缺少模数化的指导，传统的模数化往往没有考虑内装修体系、设备管线体系等的模数化和标准化，造成了空间的浪费和布局的不合理。

住宅是功能性较强的建筑，因此，基于构件体系的模数化设计方法，不仅需要保证结构构件体系之间合作的模数化，更重要的是为结构构件体系所限定的容积内提供模数化空间，实现结构、外围护、内分隔、装修、管线设备等系列建筑构件体系（包括装饰面砖）的模数化，实现构件组合的标准定型化。

设计时，首先确立平面模数和立面模数，随后生成三维立体模数网格体系，作为新型工业化建筑模数协调体系的第一层级——结构体系空间网格（图3-22）。层高模数以1M（模数）进级，开间和进深以扩大模数6M和3M进级。将模数化的结构体构件放置在空间网格内，依照前文所述的层高模数、开间模数和进深模数构建出三维模数化的内部空间，构件之间的连接方式可采用预制装配或现浇。构件的模数因为构件的不同而有所区别，例如，梁、柱的长度方向和板的长度、宽度适合用1M、3M或6M进级，梁与柱的截面大小和板厚适合以1M、1/2M或1/5M进级。构件间的连接部件的三维参数适合分别以1/2M、1/5M、1/10M进级。一层的构件体系在三维网格中定位完毕后，上移或下移一个层高模数，进行上层或这层的构件体系设计。

工业化的建筑和传统的建筑相比，前者的构件体系种类更多，构造也更加复杂，因此，高层工业化住宅的模数协调应通过"体系"的建立，在结构体系空间网格的基础上，实现结构体系和其他构件体系之间的层级式模数协调，最终实现模数的细化，有利于构件体系的精益建造。同时，对于工业化住宅构件的尺寸参数应进行充分的优化选择，在保证住宅以人为本的性能前提下，尽可能减少构件的数量和种类。此外，构件经过尺寸参数优选之后，还需形成具有互换性的一系列优先尺寸，以满足住宅的多样化需求。

② 通用化设计

"通用"理念在制造业中已经得到广泛的推广，并且通用化水平的高低已成为衡量制造业先进性的主要标杆之一。对于工业化建筑来说，构件通用化，就是按照一定的标准，将构件的种类、规格精简统一，使之能在工业化建筑中通用互换的技术措施。构件之间实现互换是通用化的前提。构件的互换有两种含义：一种是尺寸的互换性，另一种是功能的互换性。实现功能的互换性，是构件高水平通用化的标志。

从建筑产品的角度看，建筑构件的通用性越强，意味着构件的销售范围越大，构件生产厂家的生产机动性越大，市场适应能力越强。此外，构件厂的合理运输半径是影响构件成本的主要因素之一，因此，构件通用化的实现，可实现构件厂的集约化建设，减少经济和资源的浪费，同时也有利于构件厂家之间的良性竞争和合作，从而有利于建筑产品质量的进一步提高。

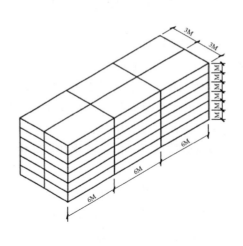

(a) 确立平面模数与立面模数

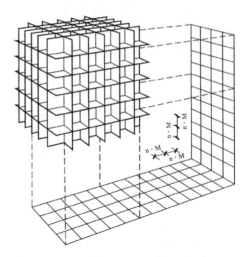

(b) 建立三维模数网格

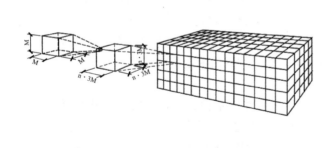

(c) 实现空间在模数体系中的定位

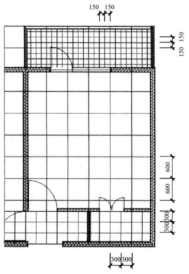

(d) 平面模数的细化

图 3-22　三维模数在构件设计中的运用

图片来源：图 a：中华人民共和国住房和城乡建设部 . 建筑模数协调标准 GB/T 50002-2013 ［S］. 北京：中国建筑工业
出版社，2013：32.

图 b：《建筑设计资料集》编委会 . 建筑设计资料集（第二版）第 1 集 ［M］. 北京：中国建筑工业出版社，
1994：13.

图 c：《建筑设计资料集》编委会 . 建筑设计资料集（第二版）第 1 集 ［M］. 北京：中国建筑工业出版社，
1994：11.

图 d：东南大学建筑学院正工作室

通用化的建筑构件应具备四大特征：第一个特征是尺寸上具备互换性；第二个特征是功能上具备一致性；第三个特征是使用上具备重复性；第四个特征是结构上具备先进性。由此可见，通用化设计的前提是标准化，应使标准构件符合国家或行业标准，以避免进行专门设计，从而提高设计和建造效率。同时，尽可能扩大同一构件对象使用范围、提高重复使用率，尽量使同类构件的不同规格，或者不同类构件产品的部分构件的尺寸、功能相同，将其进行简化统一，使其具有功能和尺寸互换性，以减少其数量，使之可以在工厂大批量的规格化、定型化生产，使通用构件的设计以及模具设计、模具生产与工厂制造的工作量都得到节约，以降低生产成本，获得稳定的产品质量，同时起到简化管理、缩短设计试制周期的作用。如图 3-23 所示，依据前文所述原则，从建筑中提取通用构件，利用其进行多样化空间和平面的生成。

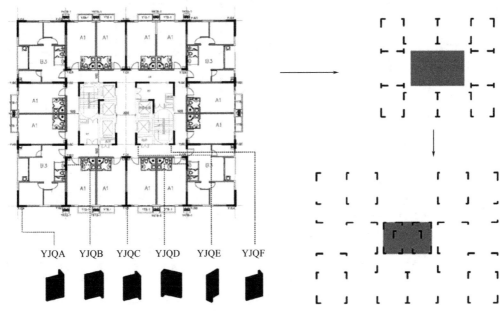

图 3-23　通用化构件的提取和多样化平面的生成
图片来源：东南大学建筑学院正工作室

③ 模块化设计

模块是模块化设计的基础。"模块"的英文 module 的另外一层意思是"模数"。建筑中模数的说法来源于建造建筑物过程中的度量，根据一致的度量单位设计的建筑构件就叫"模块"。"模块化"是以模块为基础，综合了通用化、系列化和组合化的特征，是处理复杂系统、类型多样化以及功能多变的一种标准化形式。

基于构件体系的模块化设计，有三种形式：一是平面功能的模块化，创建套型基本模块（图 3-24），进行住宅平面与使用空间的标准化与多样化组合（图 3-25）；其二是空间功能的模块化，将居住空间生成三维标准化模块，即空间的"盒子"，进行建筑的搭建（图3-22）；其三是构件功能的模块，就是将一个复杂的系统问题分解到多个独立的子体系中进行分别处理的标准化设计方法（图 3-23），各个子体系为可组合、分解、更换的功能模块或者模块集，然后以各模块为对象依据其功能特性进行标准化设计，最终将分别得到优化的各子体系组合为最优的系统整体。可见，模块化设计有三个维度的分解和组合，这三种形式是模块化设计的主要内容。整个设计过程中，体系分解时的模块化要求与系统组合时的适应性要求是贯穿整个设计过程的一对相互制约的因素。工业化住宅的模块化设计首先是化整为零：通过对住宅构件系统进行功能分析，将住宅分解为若干具有独立功能的构件体系，如结构构件体系、外围护构件体系、内分隔构件体系、内装修构件体系、管线设备构件体系等。之后，这些构件子体系可再次向下分解为由若干构件共同集合而成的构件模块或模块集，如内装修构件系统中的集成式吊顶、整体式厨房、整体式卫生间等。最后是化零为整：针对各构件模块内部以及模块相互间的匹配、连接展开设计，通过模块间的标准化接口、界面设计，使各构件模块共同集合成住宅功能模块、结构模块等，最终组合成整个工业化住宅产品。

图 3-24　创建套型基本模块
图片来源：东南大学建筑学院正工作室

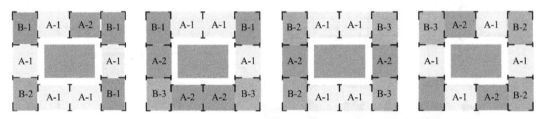

图 3-25　基本模块组合设计而成的系列化、多样化空间
图片来源：东南大学建筑学院正工作室

④ 系列化设计

系列化设计，是指在通用化、模数化、模块化设计的基础之上，对于同一类建筑构件产品的形式和主要参数规格进行科学规划的一种标准化设计方法。

系列化作为标准化的高级形式，通过对同类构件产品市场需求和发展规律的研究，将构件的型式、尺寸等做出合理的安排和规划，以建筑构件少规格、多组合的方式来实现个性化和多样化需求。构件产品的系列化设计可丰富构件体系的内涵，提升构件产品的附加价值，有利于扩大构件厂家的影响力并降低构件生产成本，从而降低工业化建筑的成本。

系列化设计的关键是对工业化住宅的基础构件产品进行正确的设计、定义与选择，将结构构件体系、外围护构件体系、内分隔构件体系、装修构件体系以及管线设备构件体系典型化，在其基础之上，再通过全面分析所设计住宅产品的市场对象、性能参数、户型功能、经济成本等，在兼顾舒适性、功能性、合理性、私密性、美观性和经济性的基础之上，通过转换与扩展的设计方法，设计出系列派生住宅产品，进而规划形成分类、分层级的工业化住宅产品系列。

系列化设计又分为纵向系列化设计和横向系列化设计。纵向系列化设计是在与基础构件产品最大限度通用化的基础上，设计变形产品或变形系列，将具有不同用户定位、价格定位、性能定位的构件产品形成系列。从外部形态看，纵向系列化构件产品往往具有不同的产品形态、材料，或同种构件的不同构造形式。横向系列化设计是将相同用户定位、技术标准和设计元素形成系列。如：色彩、材料相同的构件体系，用于同种户型的构件体系等。横向系列化构件是可以跨越不同构件体系的，纵向构件系列往往局限于同一种构件体系之中。

（2）标准构件与非标准构件的组合化设计

组合化设计是按照集成化、系列化的原则，设计出若干组通用性较强的构件单元，根据需要拼合组成不同用途的构件子体系的一种标准化的形式。

在工业化住宅的设计中，组合化设计主要将标准构件和非标准构件拼合成一个构件模块。工业化住宅的构件可分为标准构件和非标准构件，所谓标准构件是指具有标准化规格、可被通用化运用和定型化、工厂化生产的建筑构件；反之，不具备上述特征、无法进行大批量定型生产、且重复使用率较低的建筑构件则为非标准构件。工业化住宅的标准化设计的理想状态是减少建筑构件的规格数量，实现构件通用化。但在实际工程应用中，要做到构件全部通用化和标准化是十分困难的，结构体系、外围护体系、内分隔体系等建筑构件体系的非标准构件大量存在。另外，住宅作为一种功能性较为特殊的建筑，居住过程中使用要求的发展变化和复合化，以及经济发展带来的人们对于居住文化的需求，使得个性化、多样化成为住宅对设计的基本要求。因此，传统的"量产化"标准化设计需要进行质的变化，需要以标准化为设计前提，将标准构件与非标准构件进行组合，实现标准化与个性化、多样化的统一。

在工业化住宅的设计中，结构构件体系、内分隔构件体系及管线设备体系的基本性能与功能较容易通过标准化构件来实现。因此，利用标准构件围合形成住宅的基本空间。外围护体系和内装修体系，前者为住宅建筑城市形象的主要决定因素，后者为满足居住者个性化要求的主要因素，二者均具有较强的文化属性和功能属性，因此形成非标准构件的概率较高。设计中，应以标准构件为主，非标准构件为辅，以实现标准化的结构、内分隔、管线设备系统，以及个性化、多样化的室内装饰与建筑外观形式。

（3）构件体系独立化设计

基于构件体系的独立化设计是指将工业化住宅的五大构件体系相互独立分离，设计的主要内容是各构件体系间的组合关系、组合方式以及组合构造，通过设计实现居住空间的适应性和通用化，实现构件体系的易换性，延长住宅的使用寿命，有效避免反复装修造成的资源浪费和环境污染问题，最终实现绿色、可持续居住建筑的理想。

构件体系独立化设计的核心是对构件独立体系的划分，构件体系的耐久性与设计使用年限是划分的主要依据。以耐久年限划分，首先将结构构件体系与外围护构件体系、内分隔构件体系、内装修构件体系、管线设备构件体系分离（图3-26）。这是由于建筑的结构可靠度是建筑使用年限的主要判定依据，而各级结构构件体系承担主体结构功能，因此是住宅建筑中不可变动的核心部分，具有最长的设计使用年限。其次是外维护构件，尽量保证与主体结构寿命周期相同或接近。然后将内分隔构件、内装修构件与管线设备构件体系这些住宅全寿命周期的可变部分，其设计使用年限短于结构构件，尤其是内装修构件与管线设备构件体系变动频率最大，因此可实现与其他体系的二次级分离。例如，采用构件体系独立化设计方法，结合同层排水、干式架技术，将各类管线敷设于架空地板、吊顶、轻质内隔墙中，实现管线与主体结构和其他体系的分离以及水平管线与垂直管线的分离，不仅可以避免传统管线穿越楼板所带来的住户间产权分界不清、噪声干扰、渗漏隐患、维修更换不便等弊端，也可实现居住者对于厨卫设备和室内装修的个性化需求。再如，通过结构构件系统的独立化设计，可为住户提供最大的灵活居住空间，居住者可通过便于更换的内分隔和内装修体系，较轻易地实现人口结构、居住意愿等带来的住宅套内空间布局的调整变化。

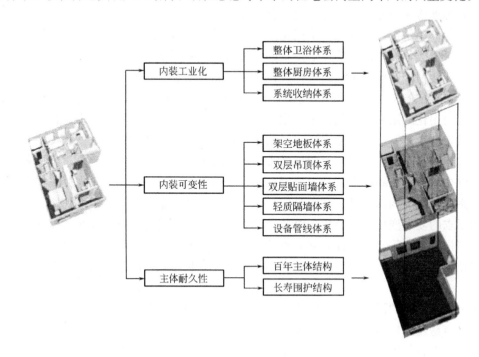

图 3-26　以耐久年限为依据将结构构件与其他构件体系分离

图片来源：整理自刘东卫，等 . 百年住居建设理念的 LC 住宅体系研发及其工程示范 ［J］. 建筑学报，2009（8）：1-5.

3.5.4　基于构件体系的高层工业化住宅空间设计原则与方法

（1）空间设计原则

在传统的住宅设计模式下，"户型"成为设计中心，建筑的结构、外围护、内装修及管线设备体系均成为为户型服务的配角，结果往往导致大量非标准化的建筑构件的产生，同时形成不规则的平面形态、复杂的建筑形体和偏高的体形系数、低性能的结构体系等，最终导致住宅能耗大、空间影响差以及其他综合性能降低，非常不利于住宅建筑的工业化和产业化发展。

与传统的住宅从平面"户型"出发对住宅空间展开设计的模式不同，基于构件体系的工业化住宅的空间设计以构件的标准化和空间的通用化为出发点，以实现结构、外围护、内分隔、内装修、管线设备等各体系的效能最大化为目标进行设计。

① 居住空间高丰度

在高层工业化住宅的空间设计中，应以满足高丰度居住为原则。

丰度是一个住宅社会学用语，包括质量、性能、功能、规格、花色及原料来源和其内部结构等要素[147]。住宅社会学是一门以人们居住行为发展规律为研究对象的学科。居住行为就是指人们在居室中的活动内容，这不仅是人们对建筑物的运用方式，还包含了人类和社会生活还有自然环境之间的关系。房屋和衣、食、行都是人类生活中非常重要的组成部分。随着人们的生活方式从生存的形式向享受的形式转变，房屋也慢慢有了其独特的意义。由于衣、食、行等这些生活内容的形式无论怎样提升与变化，它们的作用都是单一的；但是提升房屋的丰度不但能够拥有更好的居住环境，还能让居住的内容变得更丰富。现在人们的生活水平不断提高，对于房屋的要求已经不仅仅是满足栖身，还要尽可能满足人们在文化、教育、科技、娱乐等方面的需求。所以，今后的房屋不仅要满足人们的基本生理需求，还要具备其他的功能。

工业化住宅以低能耗、高品质、长寿化的高质量居住为目标，理应满足人们由生存转向享受的居住需求，这便对住宅的空间质量提出了较高的要求。

高丰度居住空间，需要高适应性的大空间，需要在建筑设计时以建筑全寿命周期的空间功能适应性为目标，要使居住空间在时间维度上和空间维度上均适应不同时期各类人群的生活需求，大空间模式是保证居住丰度的有力手段。高丰度空间主要是通过标准竖向与横向结构构件形成标准化的、大尺寸、灵活的结构空间单元，使住宅空间具有灵活性和可变性，提高住宅建筑的使用质量和使用寿命（图 3-27）。

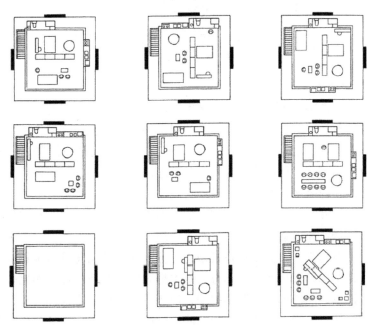

图 3-27 菊竹清训自宅的高效能结构布局以及大空间产生的高居住丰度
图片来源：张军军. 基于装配式刚性钢筋笼技术的工业化建筑设计方法初探［D］. 东南大学，2017：46.

② 结构布局高效能

不规则的住宅平面设计会导致结构布局的复杂化，尤其是高层住宅，复杂的平面不仅产生琐碎的居住空间，还形成过多的短墙肢、剪力墙暗柱和过多的悬挑结构，降低了整个结构体系的综合效能，产生了大量非标准化结构构件（图 3-28），增加了预制结构构件的规格数量，增大了工厂预制生产工作量以及工业化施工的难度，最终会降低建造效率，导致建筑造价骤增，影响工业化住宅的产业化之路。因此，基于构件体系的高层工业化住宅的室内空间，平面布置应尽量简单、规则、对称，立面和竖向剖面应具有一定的规则性，使结构的刚度中心和质量中心基本重合，有利于采用高效的结构布局。在注重结构体系的经济性、可靠性的基础上，尽量使结构构件的类型与数量最少化，使结构构件体系发挥其最高效能。

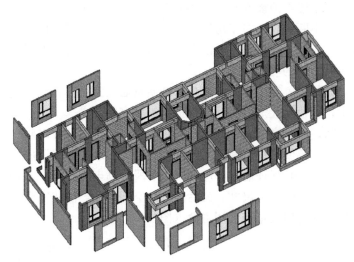

图 3-28　传统高层住宅琐碎的居住空间和大量非标准化住宅

图片来源：作者自绘

③ 功能空间模块化

住宅建筑的功能性决定了"户"是其基本的居住空间单元，因此，以模块化功能空间为特征的户型标准化是工业化住宅的重要空间限定原则。户型内部的功能空间，按照不同的分类依据可以有多种分法：依照使用功能，可以分为活动区、用餐区、服务区、起居区；按照使用时洁净程度，可以分为有污区和洁净区；从内部环境特征看，可以分为公共区和私密区。无论怎样分区，起居室、卧室、厨房、卫生间、收纳、玄关等模块具有多样化的标准、规格、尺寸与平面布局，是基本的套型空间模块。此外，高层住宅的走廊、机电设备、楼梯、排烟送风、强弱电是其核心筒模块（图 3-29）。

作为基本功能空间模块，需要具备典型化、标准化、通用化等基本特征。空间模块的典型化和标准化是指功能模块本身所具有的基本形态的普遍适应性，如比较常见的方形平面形成的四棱柱体空间功能模块，形态规则，便于叠加，便于界面的处理；而圆形、三角形等平面形成的立体空间则并不适合作为功能空间模块。功能模块的通用化就是要求具有可换性。这些基本空间模块通过相互间的各种组合，即使在面积相同的情况下也可形成不同的工业化住宅的标准化户型，满足不同人群的各种居住模式的需求（图 3-25），极大地增加工业化住宅户型的灵活性和适应性。

由上可见，基于构件体系的工业化住宅模块化功能空间设计，需要以构件的标准化、模数化为基础，统筹考虑协调各基本功能空间的组合关系，以居住空间布局紧凑、户型轮廓方正、功能空间的可变性为目标。厨房与卫生间功能空间模块，因其对于排水坡度、设备立管等的要求决定了其属性的特殊性，因此在户型空间组合中应尽量减少它们在户型中位置的移动。而对于起居室、卧室、餐厅等功能空间则应以高丰度空间为原则，保证模块间用于分隔的墙体的灵活性，实现住宅全生命周期内空间的可变性，达到住宅的可持续居住需求。

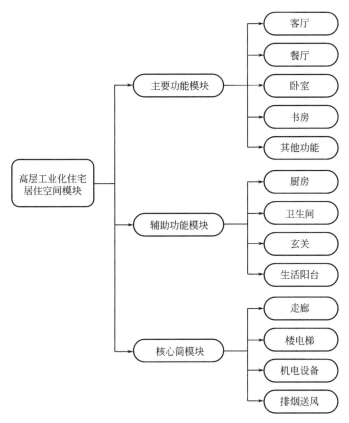

图 3-29　高层工业化住宅居住空间模块

图片来源：作者自绘

④ 设备空间三级化

传统的高层住宅，管线设备空间结构混乱，往往在上下楼层户之间存在贯穿空间，住户间存在严重的相互干扰，很难进行维修和更换。住户空间竖向层积，在日常生活中，"一户"不合理往往影响到"户户"不合理。

在高层工业化住宅中，将管线设备构件进行三级化设置，形成住宅外部空间、住宅套外公共空间、住户内空间的三级空间布局，清晰界定了管线设备构件体系在住宅中的空间层级关系，形成明确的产权界面，为后期的维修与管理创造便利的条件。管线设备二级构件布置于住宅套外公共空间中，形成集中紧凑的管线设备空间单元。三级构件位于住户内，各类管线设备通过明装或敷设于架空地板、吊顶和墙面夹层等室内空间六个面的架空层内，实现了管线构件与结构构件、内分隔构件、外围护构件的分离。

（2）大空间设计方法

大空间的设计方法是将基于构件体系的设计原则与方法，和大空间设计原则充分结合，是以高层住宅空间高丰度、结构布局高效能、功能空间模块化以及设备空间三级化原则为基础的前体系，是几种构件标准化设计方法的综合运用。

高效的结构布局中的竖向构件和横向构件必须布置均匀，既符合结构受力原理，又符合建筑设计通用标准，营造具有可生长特性的居住空间。如图 3-30，确立既能满足居住功能空间模数、又符合结构高效能原则的通用化轴网，将图 3-23 中归纳得出通用构件，与轴网结合，得到的大空间具有灵活性、适用性，同时利于住宅全生命周期内的更新、升级和迭代，并可用其构建可拓扑与生长的居住空间（图 3-23）。可见，构件的标准化和通用化是通用化大空间得以实现的重要前提。

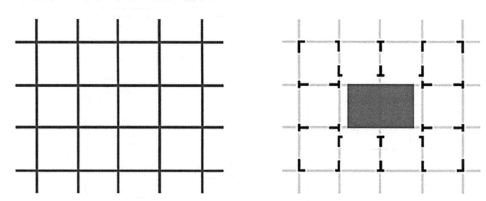

图 3-30　通用化轴网辅助下通用构件的平面生成
图片来源：东南大学建筑学院正工作室

　　空间轴网确立之后，利用轴网空间生成宜居的标准化功能模块 5 种（图 3-24），利用模块化设计方法，组合成图 3-25 所示的标准化、多样化空间。整个标准层平面中的竖向剪力墙构件只有 6 种，为工业化建造和装配提供了有利条件。构件标准化、通用化是空间标准化、通用化的基础，是实现少规格、多组合的通用建筑体系的前提。

第四章 基于新型钢筋混凝土现浇工业化技术体系的高层工业化住宅建造模式

4.1 钢筋混凝土现浇工业化

混凝土最早发明于 1824 年的英国。1849 年，法国园艺师约瑟夫·莫尼尔发明钢筋混凝土，从而解决了混凝土不抗拉的缺点，由此以后，钢筋混凝土因其优秀的性能和良好的经济性而被广泛应用于各种建设工程。迄今为止，混凝土一直是世界上用途最广泛的人造建筑材料，尤其是建筑结构的主要材料之一。即使是 20 世纪初，第一次世界大战以后，城市住房矛盾的激化促使人们开始对大量性工业化住宅进行研究，也是选择从装配式钢筋混凝土的工业化建筑体系开始。时至今日，钢筋混凝土是高层建筑最经济实用的建筑结构材料，一直是世界各国高层工业化住宅的主要材料之一。在我国，直至未来的很长一段时间，建筑工业化的主体仍是钢筋混凝土建筑的工业化。

长久以来，人们对于建筑工业化的认知存在一定的误区：将建筑工业化片面地理解为PC 装配式，一味地以提高装配率为目的，而忽略市场本身的需求，从一定角度来看，提高装配率确实会促进建筑工业化的发展，但也会脱离现状，扭曲建筑工业化的本质，达不到百花齐放的效果。

4.1.1 现浇工业化概念廓清

现浇工业化属于工业化建造模式的一种类型，是借助工具式模板现场浇筑为主的一种工业化施工方法。这种建造方式直接在现场生产构件或者将工厂化生产的构件在现场进行适应性的组装，往往生产与组装同时进行，生产与装配合二为一，通常在整个过程中仍然采用工厂内通用的大型工具（如定型钢模板）和生产管理标准。

现浇工业化与预制装配式工业化的目标一致，旨在通过工业化的方式将建筑从粗放而分散、含大量手工作业的传统模式转换成精细化管理、机械化、产业化的生产模式，是一种符合建筑工业化"提高劳动效率，降低工程成本，提高工程质量"理念的途径和方法。

现浇工业化建造方式的雏形最早出现于 20 世纪 60 年代，一度被认为开拓了建筑工业化建造的新领域。它的技术成熟后迅速取代了装配式工业化，占据了主导地位。

4.1.2 钢筋混凝土现浇技术的发展

1872 年，在美国纽约建成了世界上第一座钢筋混凝土结构的建筑，开启了人类建筑史上的新纪元。自 1900 年开始，钢筋混凝土结构在工程界被广泛应。1928 年，新的结构形式——预应力钢筋混凝土出现，在第二次世界大战之后在工程实践中得到了广泛应用。

19 世纪中叶，钢材开始在建筑业中大量应用。钢材、钢筋混凝土这两种新材料的应用使得建筑在高度与跨度上的突破成为可能。

钢筋混凝土技术首先在法国与美国得到发展，然后在世界范围内推广。20 世纪 50 年代，人们为了提高混凝土强度和节约水泥，常采用减少用水量的方法，得到的混凝土为干硬性或半干硬性，流动性较差，通过采用振捣促使混凝土"液化"成型、增加成品的密实度，无形中增加了现浇施工的工艺难度。这个时期，现场化和工厂化预制混凝土构件均有出现，这些混凝土部件被运送到现场，进行安装成为"装配式建筑"。20 世纪 60 年代，日本、联邦德国发明了混凝土外加剂，以高效能减水剂为代表。此外，混凝土的运输和泵送技术发展迅速，为现浇混凝土的发展提供了技术保障。

20 世纪 50 年代初，北京的混凝土由人工搅拌改为机械搅拌，并在工程施工现场支模板，浇筑混凝土。从 1974 年开始，我国北京、上海等大城市鼓励发展高层建筑，确定了混凝土预制装配化和现浇机械化施工并举的方针，促进了现浇混凝土技术的发展[148]。20 世纪 70 年代中期开始，我国施工机械化水平提高，为住宅的高层化提供了可能。到 20 世纪 80 年代，混凝土成套的先进技术被引入我国，将干硬性混凝土转化为流动的性质，拉开了我国现浇混凝土发展的序幕。20 世纪 90 年代，商品混凝土的出现保证了混凝土质量的稳定性，并和泵送工艺一起形成了使混凝土"就地上楼"和浇注入模成型（定型模板）的成套机械化施工工艺，使混凝土的独特优势得到了充分的发挥，推进了城市高层建筑的迅速发展。

此后，采用外加剂和掺合料同时掺加的方法配制出高性能混凝土，使混凝土的强度、工作性能和耐久性大幅提高，例如俄罗斯采用新型防冻剂，在环境温度为 -30℃ 的条件下，能够顺利地进行混凝土冬期施工[149]。此外，欧美和日本的自流动混凝土技术、清水混凝土等混凝土现浇技术也获得了巨大的发展。与此同时，模板、脚手架等现浇混凝土相关配套的技术水平也取得了巨大的进步，混凝土因此发展成为性能更加优良的建筑材料。

4.1.3　既有现浇建造体系

（1）大模板体系

20 世纪 70 年代以来，我国在发展装配式建筑的过程中，也试点建造了装配与预制相结合的建筑。其中，大模板建筑发展较快，在北京、上海、天津、沈阳等一些大城市迅速推广。大模板施工技术需要以建筑物层高、进深、开间等尺寸的标准化为前提，借助大型工具式模板进行现场浇筑。这种建造方法比较适合我国国情，因此该体系至今仍然是我国混凝土现浇体系的重要模式。

大模板建筑主要是采用工具式模板在现场浇筑钢筋混凝土主体结构的内横墙及内纵墙。因外墙的材料及施工方法不同而分为 3 种技术体系：

① 内浇外挂体系：全部纵横剪力墙均采用大模板现浇，其他非承重墙、内隔墙则采用预制墙板。有抗震要求，低于 16 层的高层建筑适宜采用该体系。

② 内浇外砌体系：顾名思义，该体系将把外墙挂板变成砌筑，以防止外墙板缝渗水；内墙仍以现浇钢筋混凝土的方式建造。

③ 全现浇体系：建筑除内隔墙外的全部纵、横承重墙均采用大模板现浇钢筋混凝土砌筑。该体系适用于 16 层以上的高层建筑。

　　大模板建筑采用的工具式模板随构造特点、施工经济及速度等不同可采用平模、小角模、大角模（浇筑墙体）、台模（浇筑楼板）、筒子模（浇筑混凝土横墙与纵墙）（图 4-1、图 4-2）。所用的模板有钢模板、木模板、钢木混合模板和钢化玻璃模板，以及近几年出现的大型铝模板、PVC 高分子塑钢模板等，常用钢模板，主要采用钢板、角钢制作。对模板的组装，按照用途可分为标准间内模组装、外廊挑梁模板组装、内墙模板组装和外墙模板组装 4 种；通常一组模板的周转次数在 500 次左右。

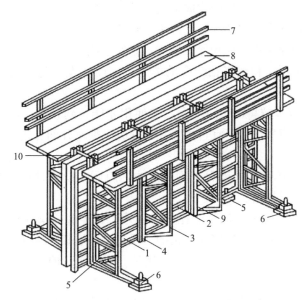

1—板面；2—水平加劲肋；3—制成桁架；4—竖楞；5—调整水平度的螺旋千斤顶；
6—调整垂直度的螺旋千斤顶；7—栏杆；8—脚手板；9—穿墙螺栓；10—固定销子

图 4-1　大模板组成构造示意图

图片来源：https://baijiahao.baidu.com/s? id＝1571510202923015&wfr＝spider&for＝pc

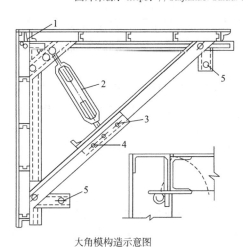

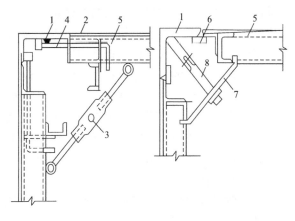

大角模构造示意图	(a) 带合页的小角模　(b) 不带合页的小角模

1—合页；2—花篮螺丝；3—固定销子；
4—活动销子；5—调整用千斤顶

1—小角模；2—合页；3—花篮螺丝；4—转动铁拐；
5—平模；6—扁铁；7—压板；8—转动拉杆

图 4-2　大角模与小角模构造示意

图片来源：https://baijiahao.baidu.com/s? id＝1571510202923015&wfr＝spider&for＝pc

大模板是通过专业制作以及工业化生产制作所得到的一种工具式的模板，通常和支架进行连接。因其自重较大，所以施工过程中配备相应的运输、吊装机械，将建筑物的开间、进深、层高作为基础然后展开大模板的设计、制造，将大模板作为主要建造手段，主要工作内容是现浇钢筋混凝土墙体，要点是需要有组织、有节奏并且保证均衡施工。大模板工程主要包括四大系统，即面板系统、支撑系统、操作平台系统、附件系统等，这四个系统中，面板系统用来与混凝土直接接触，利用横肋和竖肋作为骨架，来接受面板的压力；支撑系统则由支撑架和地脚螺栓构成，用来承受风带来的压力和地面平行压力，保持整个模板工程的稳定；操作平台系统则是用来给建筑工人进行施工的场所，主要包括脚手板和三脚架，另外还会提供铁爬梯和保护措施；附件系统则是指其他模板配件系统。

由于大模板建筑是预制和现浇相结合的体系，因而在设计与建造时，必须注意以下几点：

① 工具式模板的成本较高，必须多次周转使用才能达到预期的经济效果。同时，为尽量保证施工的便利，模板型号不宜过多，在设计时必须对开间、进深、层高等主要参数进行限制。

② 由于大模板建筑体系的外墙只是围护结构，因而在设计时从保温、隔热和隔音方面考虑，并优先采用轻质材料。

③ 在选用和制造构件上，应注意简化施工工序，减少装修湿作业量。外墙板要使壁板外的饰面一次成活，或采用特制底模浇筑的"反打"外墙板。早在 20 世纪 70 年代，上海推广的"一模三板"（大模板、外墙板、大楼板、隔墙板）便达到了简化工序、减少湿作业的要求。

大模板建造法优点：结构整体性好，抗震性强；大模板建造的墙体厚度比混合结构的同类建筑薄，从而提高了建筑面积的平面系数；操作方便，机械化程度高；降低了劳动强度，提高了劳动生产率等。

缺点：模板的成本较高，模板对接过程的接缝缺陷、大模板安装拆卸困难以及大模板底部漏浆，还有较大的自重，较高的耗钢量，需要较大的一次性投资。而且由于模板较大的面积，对于堆场的要求也相应较高，因此通用性存在很多不足。需要同时施工多栋相同的高层建筑，以提升大模板的摊销速度。

国外模板体系的一个显著特点，就是楼板结合配套使用的拉杆、扣件、辅助配件等都是由工厂配套设计，加工精度高，操作极其简便。日本曾对支模和拆模程序做了分析，认为支模程序中 60％的工作是直接作业，40％为间接作业。在直接作业中，55％的工作是安装拉杆、扣件、支撑等。因此，减少拉杆、扣件、辅助配件的数量，简化操作，提高其加工精度，是提高工效和节约模板费用的关键环节[150]。

（2）滑模体系

滑模体系即采用滑升模板进行墙体施工的方法。沿建筑物或构筑物底部的墙、柱、梁等构件的周边，装置高 1.2m 左右的滑升模板，在模板腔内分层浇筑混凝土，通过千斤顶，以墙内钢筋为导杆逐渐提升模板，此工法能连续浇筑混凝土墙体直到需要的高度。浇筑过程中，可在混凝土尚未凝固时，便提升或移动模板使之成形，也就是说，体系中的模板和浇筑的混凝土墙之间可以相对滑动。该种方法适用于外形简单、上下壁厚相同的住宅墙体。

滑模装置主要由 3 个系统组成：模板系统、平台系统和液压提升系统。其中，模板系统由模板、提升架、围圈组成；平台系统由主操作平台、上辅助平台和内外吊脚手架组成；液压提升系统通常由液压控制台、油路和支撑杆组成。滑模装置结构的主要部件有千斤顶、支撑杆、提升架、上下围圈、外吊架、内吊架等（图 4-3）。

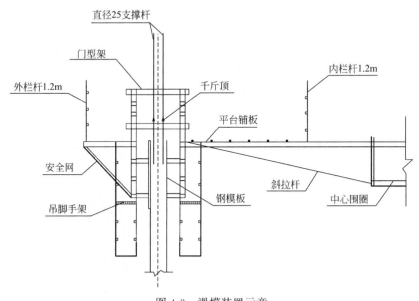

图 4-3 滑模装置示意

图片来源：https://baike.baidu.com/item/滑模

在高层住宅中，采用滑模施工一般有 3 种做法：内外墙都用滑模工法；内墙滑模、外墙装配式墙板；建筑物电梯间等建筑的核心筒滑模法，其他部分仍采用其他方法施工。

常见的滑模方法有 4 种：墙体滑模、楼板并进施工法，墙体先滑、楼板跟进法，楼板配合墙体随滑随浇法，墙体先滑—楼板降模法。

滑模法要求建筑平面必须简单、整齐，外表面不能有凸出物，门窗洞口不宜过多。滑模建筑的外墙面一般采用喷涂饰面，或另加保温层和抹灰处理。

滑模建造法优点：由于可以连续不断的作业，从而很好的保证了混凝土的连续性；没有施工缝、结构表面光滑，有利于主体结构的稳定且整体性好。机械化强度高、劳动强度低、施工条件好、施工成本低；能减少大量的拉筋、架子管及钢模板等材料的消耗；施工安全、文明、快速。

滑模体系能有效减少建筑模板的耗损程度，更为重要的是，滑模施工可以有效地节约施工空间，因此解决了高层住宅施工现场因设备及物料较多，施工现场空间非常有限，无法利用大量的大型机械开展施工的问题。

缺点：墙面垂直度难以保证，为避免墙体拉裂，要求墙体厚度较大。

提模法便是在滑模体系的基础上改变部分施工工艺而出现的一种方法。在混凝土达到初凝后，将模板脱开少许，然后提升模板，可避免墙体出现拉裂。

（3）爬模体系

爬模（也称跳摸）体系在集中了滑升模板和大模板体系优点的基础上，充分发挥了自身的工艺与操作优势。它是借助已浇筑成型的建筑结构，将爬升机构与爬升装置安置在建筑结构上，然后随建筑逐层升高施工。在高层建筑建造中，具有施工速度快、操作简洁、工程质量好和降低成本的特点。

我国从 20 世纪 90 年代引入液压自爬模技术，由于其性能稳定、施工质量优良、节约人力物力资源且施工速度快，因此很快在国内推广。常用液压爬模系统，以自带的液压顶升系统为动力系统，借助液压顶升系统和换向手柄，使导轨与爬架互爬、交替上升，进而完成液压爬模的整个爬升过程。

爬模系统通常包括模板系统、爬架系统（包括架体与操作平台系统）、埋件系统和液压系统 4 个部分。模板系统常采用包括定型大钢模、定型角模、穿墙螺栓及螺母和铸钢垫片等的全钢大模板；操作平台系统常包括固定平台、吊平台、中间平台、活动平台、挑梁、外架栏杆、立柱、斜撑和安全网等部分（图 4-4）。

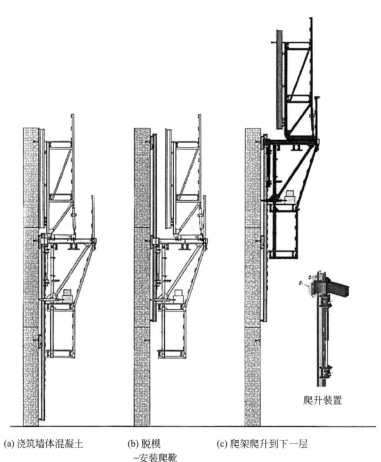

(a) 浇筑墙体混凝土　　(b) 脱模　　　　(c) 爬架爬升到下一层
　　　　　　　　　　　　−安装爬靴
　　　　　　　　　　　　−爬架爬升

图 4-4　爬模装置示意图

图片来源：https：//baike.baidu.com/item/爬模

爬模体系优点：实现了各工序作业的共时性和交叉性；减少了高空危险作业量，保证了安全生产；节省人工，最大限度地降低塔吊吊次；缩短工期，综合效益高；安装及拆除方便、爬升速度快、节约场地、现场整洁等；施工精度高，易于纠偏，可逐层消除施工误差；模板加工时间短。

缺点：机位较多，整体性不够好，承载力也不大；爬模能容易适应较薄的墙厚变化，但墙体突变时适应困难。

（4）飞模体系

飞模是比一般模板更大的模板体系，可以说是一种全装配化现场用的大模板。飞模多用作楼板模板（又称台模），但也可组装墙模、柱模、梁模等。

在高层现浇的结构体系中，由于各层结构平面布置基本相同，因此模板一般不需要变动就可以多次重复使用，而且整体移动迅速，可在数小时或一个台班内，由起重机械将体系从已浇筑完混凝土的下层楼板下吊运转移到上层重复使用，故称飞模。

飞模是由若干结构单元装配成的施工单元，主要组成部分包括平台板、支撑系统（包括梁、支架、支撑、支腿等）和其他配件（如升降和行走机构等），适用于开间、柱网和进深比较大的现浇钢筋混凝土楼盖施工，现浇板柱结构（无柱帽）楼盖的是最适宜采用飞模建造的建筑体系。这些组装的施工单元模板进行简单的组合，便可以浇筑混凝土梁、大梁、楼板、剪力墙等结构构件。

飞模在节约场地和用工等方面有较大优势。因其无需落地可采用起重机械整体吊运，实现逐层周转，所以运用飞模体系浇筑结构标准层楼盖，楼盖模板组装一次，可重复使用数次，就能省却模板的反复支拆，减少模板堆放场地的设置，对于用地紧张的城市中心区段施工更能体现其优越性（图 4-5）。

图 4-5　飞模体系示意
图片来源：作者自摄

（5）升板体系

升板体系建造法是 1913 年由美国学者 A. Pdter 提出。1948 年美国首次采用该体系建成一幢二层楼房屋。此后，各国相继采用该体系建造住宅和公共建筑。当前已建成的最高的升板建筑高度为 36 层。我国在 20 世纪 60 年代初开始采用升板法。

升板法施工是基础施工完毕后，先把柱子立起，再进行室内地面浇筑和平整，并将地坪作为底模，就地浇筑各层楼板和屋面板，待混凝土达到强度后，借助安装在柱子上的提升设备，将楼板一层层提升到设计要求的位置。该体系适用于现场狭窄的房屋建筑施工。同传统的混凝土施工相比，该体系可节约模板，减少高空作业，是用小设备吊装大结构的一种较好的现场机械化施工方法。但该体系用钢量比现浇框架结构高出 20% 左右，如能合理配置板内钢筋，用预应力钢筋混凝土柱帽或圆形钢提升环代替型钢提升环，或采用盆式提升（搁置）工艺，是可以降低用钢量的（图 4-6）。

由于各层楼板和屋面板都是在地面重叠浇制，模板少，不需要大量的构件运输工作，

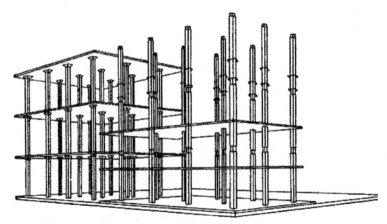

图 4-6　升板体系示意

图片来源：www.zlw.net

从而减少了高空作业，施工较安全，功效高、速度快、工期短；升板设备容易加工制造，可不需要大型起重设备；升板操作容易掌握，劳动强度较低；施工占地小，适合周围已有建筑物的狭窄现场施工；施工噪声小，对环境影响小。升板体系适用于钢筋混凝土柱子承重、楼面荷载较大、内墙较少的建筑，对短跨度钢筋混凝土结构尤为经济。国外在多层仓库、商场、教学楼、医院、多层轻工厂、高层住宅和旅馆等建筑中广为应用[150]。

许多国家在升板法的基础上进一步研究和应用，发展出了其他技术体系和施工方法，如：

以升带滑或以升带提：将升板技术与滑模体系结合，既充分利用了提升设备，又使得水平结构（楼板）和竖向结构（柱）的施工能够同时进行。

升层体系：将升板体系和大板体系结合，在楼板上预先安装外围护结构的大型墙板，然后整层整体提升，再由顶层往下依次将各层就位固定。

集层升板：将楼板与墙板在同一施工现场重叠生产，然后利用工具柱临时支撑，一起提升由下往上逐层安装以支撑楼板。墙板铰接在楼板下面，提升楼板时墙板自然就位，从而解决了墙体承重建筑的升板问题，为在民用建筑中推行升板施工提供了有效途径，在施工速度和经济效益方面有较大的优越性。

悬挂升板：先用滑模体系建造中心竖井，然后在竖井顶部架设承重横梁，在横梁上安装千斤顶并悬下钢缆锁，用以提升和悬挂在地面上预制的楼板和屋面板。楼板安装就位后即可安装内外墙板，进行其他作业。联邦德国曾用此法建造了 20 层和 19 层的大楼。

（6）隧道模板体系

隧道模板（tunnel form）是一种现场建造方式，既可以预制又可以现浇。这种快速的建造方式适合重复单元多的项目。隧道模板与隧道工程施工所用的模板相似，只是将圆弧形的模板改为竖向立板和顶部平板，然后利用角钢、槽钢将其拼装到一起形成 L 形样式，每一个开间均由两块 L 形隧道模板组合拼装，使得楼层的剪力墙和顶板可同时施工。

隧道模板的优点：构造简单，制作、装拆灵活；模板组合方便，墙、板一体，整体性好，流水施工快；周转次数多，人工用量少；对工人技术要求低，经过简单培训均可掌握。

缺点：自重大，塔吊吊装及人工安拆操作需注意安全；价格较贵，规格单一，可调控性差；对混凝土质量及施工工艺要求高，容易造成蜂窝、麻面等现象；拆模时混凝土顶板的强度不高，必须把控好拆模时间[151]。

4.1.4 当前建造体系的评述与启示

近几年来，我国在推进住宅产业化的进程中，常将预制混凝土（PC）装配式建筑看作实现建筑工业化和产业化的唯一途径，无视当今工业化现浇混凝土的先进适用性，仍将现浇体系看作传统的、甚至落后的建造方式，这种观点是极其狭隘的。我国作为混凝土产量排名世界第一的国家，对于混凝土现浇的技术水平也取得了令世界瞩目的成绩。据统计，仅 2013 年，我国现浇建设工程钢筋混凝土结构比例高达 87%。混凝土泵送高度突破600m，2015 年，天津 117 大厦混凝土泵送 621m，刷新混凝土实际泵送高度吉尼斯世界纪录（图 4-7）。

图 4-7 天津 117 大厦泵送混凝土高度 621m

图片来源：www.telaijz.com

从世界范围看，钢筋混凝土现浇技术体系的科技化、机械化已经达到相当高的水平。我国的钢筋混凝十现浇技术水平虽然取得了较大的进步，但是与世界先进水平相比，仍在信息技术运用、施工企业工人技术水平以及施工管理等方面存在明显的差距。例如，我国对混凝土温度、成熟度的检测仍以人工检测的方式为主，而欧美和日本等国已实现用传感器、软件、计算机终端组合，自动记录并显示混凝土成熟度的专业测试仪来完成，避免了人工采样因获取率、准确性不够精确而不能真实掌握混凝土强度。

此外，从实际工程中可以看到，现浇钢筋混凝土结构施工过程中最复杂和耗工耗时最多的项目有 3 项：模板工程、钢筋绑扎工程和混凝土工程。因此，提高现浇钢筋混凝土结构工程的效率，需要从这 3 个方面着手，方能从根本上解决现浇工程的工业化问题。

4.2 钢筋混凝土建造模式的四大技术体系

由前文所述可见，高层工业化住宅的混凝土结构体系依照其受力形式均可分为框架结构、剪力墙结构和框剪结构。无论何种形式的结构体系，混凝土工程、钢筋工程、脚手架

工程、模板工程 4 个分项的技术水平是决定现浇钢筋混凝土建筑体系工业化程度的决定性
因素（图 4-8）。

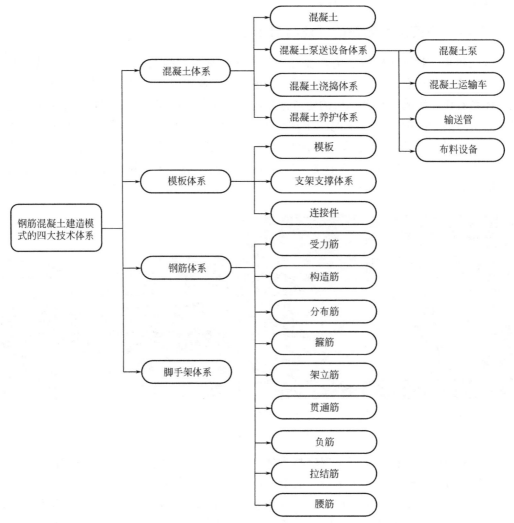

图 4-8　钢筋混凝土建造模式的四大技术体系

图片来源：作者自绘

4.2.1　混凝土体系

混凝土、混凝土泵送体系、浇捣体系、养护体系是钢筋混凝土现浇工业化体系的重要
组成部分。

（1）混凝土

混凝土已经成为现代社会的基础，近代文明的许多成就取决于混凝土[152]。广义的混
凝土理论上是将水加入胶凝材料（无机的、有机的或复合的）、颗粒状骨料组成或化学外
加剂、矿物掺合料混合物中，经过搅拌和硬化后形成的一种具有堆聚结构的复合建筑材
料，种类繁多，运用广泛（表 4-1）。

不同分类依据下的混凝土种类 表 4-1

分类依据	混凝土种类
表观密度	重混凝土、普通混凝土、轻混凝土
用途	结构混凝土、水工混凝土、海洋混凝土、道路混凝土、防水混凝土、补偿收缩混凝土、装饰混凝土、耐热混凝土、耐酸混凝土、防辐射混凝土等
强度等级	低强混凝土、中强混凝土、高强混凝土、超高强混凝土
生产和施工方法	预拌(商品)混凝土、泵送混凝土、喷射混凝土、压力灌浆混凝土(预填骨料混凝土)、挤压混凝土、离心混凝土、真空吸水混凝土、碾压混凝土等
水泥用量/m³	贫混凝土(C≤170kg/m³)、富混凝土(C≥230kg/m³)
辅助材料	粉煤灰混凝土、纤维混凝土、硅灰混凝土、磨细高炉矿渣混凝土、硅酸盐混凝土等

资料来源：作者自绘

通常所说的混凝土，是指胶结材为水泥，骨料为砂、石的普通混凝土[153]。由前文可见，混凝土具有在常温条件下可由液态转化为固态并形成高强度人工石材的独特属性，并且这种液—固物态变化不可逆，因此决定了现浇是更利于发挥材料性能的施工方式，混凝土现浇体系是新型现浇工业化建造体系体现其优越性的决定性因素。

（2）混凝土泵送设备体系

混凝土泵送体系有移动式混凝土泵车或现场设置混凝土固定泵和输送管道两种形式。泵送体系的设计包含混凝土可泵性分析、混凝土泵、混凝土运输车、输送管及布料设备的选配等环节，其中混凝土的可泵性是影响泵送形式和泵送高度的决定性因素。泵送混凝土的浇筑，应遵循由远及近、先竖向后水平的顺序分层连续浇筑，且应水平移动分散布料。

（3）混凝土浇捣体系

混凝土的密实程度是决定混凝土的强度、耐久性、抗渗及抗冻等性能的关键因素，左右着建筑工程施工质量和使用。而振捣是排除液态混凝土中大量的空气，增加定型后的混凝土密实度，减少蜂窝麻面等问题，振捣工艺是现浇混凝土强度的最重要影响因素。振捣设备的技术水平、振捣质量的检测手段以及振捣与模板设计的关联度是影响振捣体系的重要因素，振捣方式和振捣频率、振捣加速度及振捣持续时间等振捣工艺参数是浇捣体系中的关键技术。振捣体系的智能化以及免振捣材料的研发，代表着当前振捣体系的先进发展方向。

（4）混凝土养护体系

在整个混凝土现浇工程中，混凝土的养护是一项耗时最长，并且对混凝土性能影响最大的子工程。养护时间受气候条件、水泥品种等因素影响，需要在混凝土浇捣后12～18h开始进行养护，养护时长7～28d。传统的混凝土养护方式主要有洒水自然养护、蒸汽养护、填埋养护及塑料薄膜覆盖等，这些养护方式存在损时、费力、耗能等问题，造成工期较长并且养护质量控制力差，故而不能满足现代高层、大型建筑物及干旱缺水地区建筑工程需求。因此，近年来出现了各种养护剂、养护胶带等新型养护方法。

4.2.2 模板体系

模板体系多作为一种临时性支护结构体系，主要作用是使混凝土构件按位置要求和尺寸要求成形，并保持其在建筑中正确的三维定位，因此模板体系是混凝土可塑性特质的载体，是新型混凝土现浇工业化体系中用以实现混凝土构件定型的必要条件，结构性能上需要满足承受建筑模板自重及作用在其上的外部荷载。

传统的模板体系由模板、支架支撑体系及连接件三大系统组成，本体系的主要目的是保证混凝土工程的质量与施工安全、加快施工进度和降低工程成本。

模板体系的选择和使用是混凝土现浇建造中的关键因素之一，对于混凝土的质量和整体性起着决定性的作用。除了经济性以外，成型的混凝土外观质量的优劣、支拆的方便程度、周转使用的次数以及模板材料的可再循环性是衡量模板及模板体系先进程度的关键条件。

（1）模板

模板是接触现浇混凝土的承力板，是混凝土浇筑成形的模壳和支架。

模板在国外已有较长的发展历史。最初的混凝土模板是采用木制散板，按所浇注对象的形状拼装，浇筑混凝土使其成型。这种模板装拆很耗费时间和劳动力，模板拆卸后成一堆散板，材料损耗严重，浪费资源且污染环境。20世纪初，装配式定型木模板出现，可据工程需要设计成不同尺寸的定型产品，再交由加工单位进行量产。20世纪50年代后半期，大模板在法国等国家开始出现，由于采用了机械式安装、拆除和搬运，并采用流水法施工，大大提高了效率缩短了工期，因此该施工方法迅速在欧洲普及。到20世纪60年代，出现了组合式定型模板，该种模板采用模数制，可以拼接成各种尺寸的大板。到20世纪70年代，开始出现体系化模板。我国模板的形式与技术也经历了演变与发展。起初，竹木模板盛行。由于我国森林覆盖率仅为12.7%，人均木材年产量仅为0.05m³[154]，与发达国家相比存在巨大差距（表4-2）。因此，模板对木材的浪费，引发了我国对资源的重视。20世纪80年代，国家开始提出"以钢代木"的口号，推广应用钢制模板。截至目前，我国的模板实现了设计标准化、生产专业化、管理科学化，模板材质、模板种类均有了较大的发展。

几个国家的森林资源和木材产量对比　　　　　　　　　表 4-2

国别	森林覆盖率（%）	人均森林面积（亩）	人均林木蓄积量（m³）	人均林木年生长量（m³）	人均木材年产量（m³）
芬兰	69.2	73.2	320	12.09	9.18
日本	62.18	3.15	20.85	0.84	0.29
瑞典	58.73	42.70	289.15	8.43	7.32
苏联	41.07	51.90	316.56	3.87	1.36
加拿大	32.69	204.30	806.18	11.53	6.69
美国	31.05	19.65	91.01	2.79	1.55
中国	12.70	1.80	9.50	0.19	0.05

资料来源：糜嘉平. 建筑模板与脚手架研究及应用［M］. 北京：中国建筑工业出版社，2001：3.

纵观模板发展历程，可见模板的材质由最开始的传统木质散板，发展为定型化的木制、竹制模板，到钢模板、铝模板，直至当前的细石混凝土薄板免拆模板、GRC（玻璃纤维增强水泥）永久性模板、钢框胶合板模板、数字铝模板以及树脂装饰模板、透明模板等

（图 4-9）新型模板体系，工具化、体系化是模板体系的发展方向，最大限度地降低耗工量和劳动强度是模板体系的最终目标。

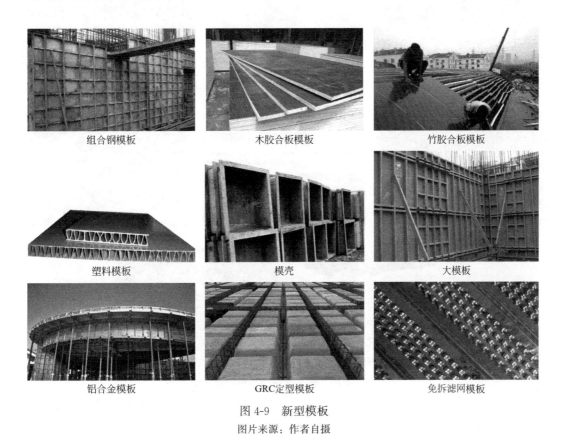

组合钢模板	木胶合板模板	竹胶合板模板
塑料模板	模壳	大模板
铝合金模板	GRC定型模板	免拆滤网模板

图 4-9　新型模板
图片来源：作者自摄

（2）支架支撑体系

支架支撑体系是混凝土现浇施工中模板的支撑结构，是配合模板进行混凝土施工的子体系之一，是支撑模板、混凝土和施工荷载的临时结构子体系，主要用来保证建筑模板结构牢固地组合，做到不变形、不破坏。支撑体系与模板一样，都应具有足够的承载力、刚度和稳定性，在混凝土成型的过程中需要可靠地承受其间的各类荷载。

模板支撑体系依照材质可分为木质支撑体系和钢制支撑体系，木质体系往往有固定尺寸不具有可调性，同时存在拼装和搭建工作量大、施工效率低、费工费料、质量差、浪费资源等弊端，而钢制体系可重复使用次数多，可设计为同时具备伸缩套管及通孔、插销和螺杆、螺纹座两种构造，从而实现高度可调而具有伸缩性，因此适应各种地貌和地质条件的要求且操作方便快捷，因此在工业化建筑中得到较为广泛的应用（图 4-10）。

（3）连接件

连接件是将模板与支撑体系连接成整体的配件。连接件的设置以性能稳固、操作便捷为原则，以提高劳动效率为目标（图 4-10）。

4.2.3　钢筋体系

如前文所述，钢筋体系以其优越的抗拉性能与混凝土结合，形成混合一体化的钢筋混

扣件式钢管支撑体系

碗扣式钢管支撑体系

门式架钢管支撑体系

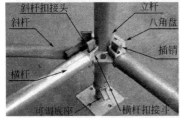
盘扣式钢管支撑体系

承插型键槽式钢管支撑体系

台模钢管支撑体系

普通独立钢支撑

塔架

图 4-10　模架支撑体系种类图示

图片来源：http://www.360doc.com/content/16/0420/21/26469483_552412138.shtml，作者编辑

凝土构件，因此钢筋是极其重要的结构性材料，钢筋工程中任一项内容配置和施工不到位，轻则会影响使用功能，重则会造成建筑物的倒塌。钢筋的张拉与焊接均应严格控制负温施工条件及温度界限。

（1）钢筋的分类

钢筋的分类方式和分类依据较多，常用的有：化学成分、生产工艺、轧制外形、供应形式、直径大小，以及在结构中的用途等。

根据轧制外形分类，钢筋可以分为光面钢筋、带肋钢筋和钢线、冷轧扭钢筋；

按直径大小分类，钢筋可以分为钢丝、钢筋、粗钢筋；

按照力学性能分类，钢筋可以分为Ⅰ级钢筋、Ⅱ级钢筋、Ⅲ级钢筋、Ⅳ级钢筋；

依照生产工艺上的区别来分类，钢筋可以分为冷轧、冷拉、热轧钢筋，以及Ⅳ级钢筋经热处理而成的热处理钢筋；

根据钢筋在混凝土构件中位置和作用的不同，钢筋体系可以分为受力筋、分布筋、构造筋、箍筋、架立筋、贯通筋、负筋、拉结筋、腰筋等多种类型，并且由于其所参与受力的形式不同，钢筋的直径、断面形状等均有所不同。

（2）钢筋的施工

传统的现浇钢筋混凝土工程中，钢筋的施工包括现场钢筋的制作、安装和绑扎、钢筋接长三个部分（图 4-11）。

盘圆钢筋加工
采用无延伸功能的机械
设备进行调直，不得冷
拔、冷挤压和外加工

1. 盘圆钢筋加工　　　　　　2. 钢筋翻样、加工和下料

(1) 钢筋保护层应
采用塑料或其他
材料制作的专用
垫块，并应有合
格证，不得使用
现场制作的砂浆
垫块

(2) 梁柱侧向垫块间距
不大于1m，且短边每
排不少于两块；楼面
钢筋垫块间距，当钢筋

直径小于等于10mm
时，不大于500mm；
钢筋直径大于φ10时，
不大于700mm

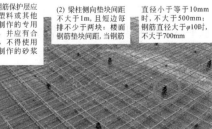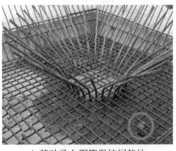

3. 钢筋保护层垫块　　　　　　4. 基础承台钢筋保护层垫块

5. 带钢筋卡槽的混凝土支撑　　　　　6. 钢筋满扎

7. 固定筋点焊　　　　　　8. 剪力墙梯子筋的固定

9. 弹线或画线控制　　　　　　10. 成品钢筋保护角钢架
现浇板底层水平筋间距

图 4-11　传统钢筋绑扎过程
图片来源：作者自摄

这里的制作是指简单的清理、拉直、切断以及箍筋等钢筋弯钩、弯起制作，由于采用半机械化，因此该部分工作量在钢筋工程中所占比例较少。

绑扎是为了固定钢筋的工作区位置，保证钢筋的构造形态，在混凝土浇筑或振捣过程中防止混凝土的冲击力引起钢筋移出工作区而引致钢筋损失甚至失去在构件中的结构效力。钢筋的绑扎与安装是钢筋工程中最后一道工序，也是最重要的一道工序。

在现浇钢筋混凝土结构中，当构件长度超过钢筋直供长度时，钢筋就要进行接长。钢筋的接长有绑扎搭接、机械对接和焊接（电弧焊、闪光焊、电渣压力焊）三种方式。接长的方式因钢筋结构体系中的位置或钢筋类型的不同而有所区别，工程中优先采用机械方式接长，如常用的套筒挤压连接技术；其他水平钢筋的接长宜采用对焊与电弧焊，竖向钢筋的接长宜采用电渣压力焊；大于 $\phi25$ 竖向钢筋采用套筒挤压连接。

由此可见，钢筋的绑扎、安装与接长，是钢筋体系中最耗费人工的工种，因此提高钢筋体系的工业化效率，是提高现浇钢筋混凝土建造效率的关键点之一，而钢筋的工业化是实现现浇工业化的关键要素之一。

4.2.4　脚手架体系

脚手架体系是重要的建造工具，完成钢筋混凝土现浇工程所需的辅助支撑体系，是为保证施工过程顺利进行而搭设的工作平台，主要用于安装设备、室内装修、砌墙、混凝土浇筑等。依照在建筑中的位置，可分为外墙脚手架、内墙脚手架等；依照脚手架的使用状态，可分为落地脚手架、悬挑脚手架和爬架 3 种形式。

20 世纪 50 年代，我国的脚手架工程主要采用杉篙脚手架。到 60 年代初期，钢管扣件式脚手架在个别工程中被采用，由于造价太高而未能推广。在当时，里脚手（有立柱式及平台式两种）得以广泛使用，作为砌砖脚手架。外装施工常用挂架（有单层和双层两种），后来发展出了结构施工用的"桥式外脚手架"和挂在屋面上、用钢管扣件等组装成的临时吊架，这种吊架也成为电动吊篮的前身，主要用于高层建筑外装修施工。60 年代至 80 年代是一个较为特殊的时间段，这一时期建筑施工用简易架子来代替脚手架。这段时间的建筑虽然以多层砖混结构为主，但即使在"前三门"40 万 m^2 的高层建筑这种重要项目中，采用预制外墙板、屋面吊架装修施工等多项新技术，也未支搭外脚手架。直到 80 年代中期，大量高层框架结构建筑和外形复杂的建筑施工才开始广泛使用钢管扣件脚手架；1988 年，可不用拧螺栓的碗口脚手架在亚运工程中首次被应用，因操作方便而被迅速推广应用。

此后，历经多年发展，脚手架体系也得到了一定的进步与发展，国内出现了扣件式、钢管式、盘扣式等多种形式。不管搭设哪种类型的脚手架，都有现场搭建工作量大、安全防护措施不严密等施工隐患，需要技术好、有经验的人员负责搭设技术指导和监管。

尽管如此，我国脚手架技术水平与国际先进水平差距很大（表 4-3），国际上出现了手持型楔式脚手架系统，韩国有整体式脚手架技术、日本有 SS-03 支架技术、H 形脚手架、方塔式脚手架、三角框脚手架、盘销式脚手架、折叠式脚手架、框式脚手架、承插式脚手架、扣件式钢管脚手架等多种形式，可见，轻型化、安全化、多样化、智能化是脚手架体系的发展方向。

我国的单管脚手架与日本某脚手架的比较 表 4-3

项目 种类	中国:单管脚手架		日本:SS-03 支架系统	
外观				
器材重量	42049kg		18893kg	
器材费用	租借费用: 218.44 元/日		租借费用: 188.75 元/日	
	器材费用: 261078 元		器材费用: 289914 元	
施工时间	320 小时	搭建时间:10 人×2 日=160 小时	65 小时	搭建时间:5 人×1 日=40 小时
		拆除时间:10 人×2 日=160 小时		拆除时间:5 人×5 小时=25 小时
使用工具	扳手		榔头	
施工费用	2240 元	搭建费用:7 元/小时/1 人×160 小时=1120 元	455 元	搭建费用:7 元/小时/1 人×40 小时=280 元
		拆除费用:7 元/小时/1 人×160 小时=1120 元		拆除费用:7 元/小时/1 人×25 小时=175 元
运输费用	10 吨×4 辆×2 次(往返)=8 辆		10 吨×2 辆×2 次(往返)=4 辆	
表面处理	油漆(需要再次油漆)		熔融锌镀金(半永久性)	

资料来源：上海海翊建材有限公司提供

4.3 新型钢筋混凝土现浇工业化建造的目标

4.3.1 充分发挥混合一体化材料特性

钢筋混凝土由钢筋和混凝土两种材料组成，是两种物理力学性能很不相同的材料各自保持了原有特质、又将各自功能优化复合的一种典型的一体化混合材料。

混凝土抗压强度高，抗拉强度很低，延性较弱；钢筋受拉能力较好，具有一定延性，受压易屈曲失稳，两种材料作为结构构件各有优点和不足。而在混凝土构件的受拉区配置适量的钢筋，形成钢筋混凝土构件之后，钢筋代替混凝土承拉，混凝土承压，各自发挥材料的优越性能且避开自己力学性能的不足之处，混合成为一种优秀的结构材料，具有取材方便、良好的耐久性和耐火性、优秀的可模性和经济性等诸多优点。

成就这一混合一体化材料这些优秀特性的因素主要有：首先，混凝土凝固是一个硅酸盐物理化学变化过程，期间产生黏合物质，黏合在钢筋上；其次，钢筋和混凝土之间存在摩擦力，该力的大小受水泥标号、养护条件、石子级配和钢筋表面粗糙程度等条件的影响；其三，钢筋与混凝土存在相近的温度线膨胀系数，因此当温度变化时，二者间不会产生较大的相对变形而影响结合力；最后，钢筋至构件边缘之间的混凝土起到保护的作用，防止钢筋接触外界空气而锈蚀，保证了结构的耐久性。

综上所述可见，钢筋和混凝土的性能在很多方面互补，因此使得钢筋混凝土结构成为一种重要而普遍的建筑结构形式。

4.3.2 实现整体性与可靠性

工业化建造的关键要素就是通过工业化模式达到提高建筑质量和建筑物寿命的目的。

对混凝土工程来说，混凝土的寿命等同于建筑物寿命[155]。因此，保证混凝土材料性能发挥的最佳状态，是工业化建造的主要目标。与钢材的固体形态和焊接熔合连接工艺不同，混凝土材料具备专有的独特属性：需要在适宜温度、湿度条件下从液态转化为固态后方可产生高强度，并且液态—固态转化不可逆，因此混凝土构件有两种施工方式：一种是工厂化预制，运送至现场通过提升、吊装和连接等机械手段，与部分现浇混凝土进行装配整体式连接；另一种是液态混凝土现场入模，经过养护直接成型为整体混凝土构件。对于混凝土材料而言，现场浇筑成型是尊重其材料特性、真正发挥其独特优势、保证浇筑成品的整体性和安全性的最佳方式。

对于工厂化预制来说，预制混凝土构件运送到现场通过技术措施连接后形成的装配式混凝土结构（图4-12、图4-13），构件连接部位的处理是最关键的技术难点。虽然连接构造的整体性和安全性在实验和计算结果上等同于现浇混凝土结构，但由于连接工艺对于施工操作工人的技术水平、灌浆材料的质量以及节点施工质量监管人员都有较严格的要求，

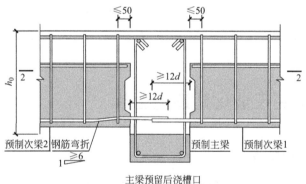

主梁预留后浇槽口
(一侧次梁梁端下部纵筋竖
向错位弯折后伸入支座锚固)

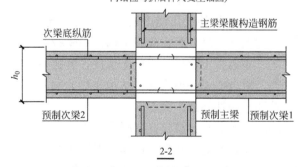

图 4-12　预制叠合梁与楼板的节点
图片来源：中国建筑设计标准院. 装配式混凝土结构连接节点
构造 G 310-1·2 [S]. 北京：中国计划出版社，2015：33.

图 4-13　预制剪力墙交接节点
图片来源：作者自摄

任何一项稍有闪失就会形成巨大的安全隐患。而混凝土现浇工业化整体性好、耗钢量少、结构安全性高，且不存在工厂化预制所存在的问题，这也是近30年现浇混凝土取得迅速发展和广泛应用的根本原因。

4.3.3　追求经济性与适应性

工厂化预制构件从生产到现场安装，产生的材料费、制作费、措施费、运输费、管理费、利润、税金等一系列增量成本较高（表4-4），需要在规模化采购、规模化生产、规模化运输等规模化效益达到一定标准的前提下才能与现浇结构的经济性接近。此外，住宅作为一种具有特殊属性的商品，使用年限长，购买者往往更关注当前的价格、户内空间舒适度等问题，而采用工厂化预制构件建造的工业化住宅全生命周期内的维护成本所具备的经济性，需要几十年时间的积累方能体现，往往超出住户的关注范围，加上唐山大地震导致的人们对于装配式住宅的安全性的偏见、全预制工业化住宅在基层城市推广度不够等一系列因素，人们对于现浇体系的住宅的接受度更高。

某住宅主要成本变量分析表　　　　　　　　　　　　　　　　　表4-4

工业化与传统工艺指标对比表(单位:元/m²)				
序号	名称	工业化指标	传统方案指标	差额
一	增加项			
1	铝模 Vs 木模	233.54	185.04	48.50
2	PC 构件 Vs 砌体	275.29	100.06	175.23
3	垂直运输设备增加费	20.00	0.00	20.00
4	咨询、设计增加费用	30.00	0.00	30.00
5	构件荷载加大增加费用	20.00	0.00	20.00
二	减少项			
1	爬架 Vs 脚手架	110.97	199.45	−88.48
三	小计			205.25

资源来源：陈振基．我国建筑工业化时间与经验文集［M］．北京：中国建筑工业出版社，2016：113．

工厂化预制需要构件的标准化、规则化来减少构件的规格数量以降低成本，因此限制了住宅户型平面和建筑造型的自由度。而钢筋混凝土现浇体系对不规则平面、立面具有更强的适应性。

4.3.4　现场化与工厂化的优化组合

新型现浇工业化模式有效地结合了工厂化建造模式和现场化建造模式的长处，实行混凝土预制与现浇结合的结构建造方式，对于混凝土结构构件体系，既不宜单纯预制也不单纯现浇，而是采用将预制混凝土构件与现浇混凝土结构相结合的模式。

传统的现场化作业存在"七多"现象：施工人数多、手工操作多、工位制作多、湿作业多、材料浪费多、高空作业多、安全事故多。我国的建筑业与国外同行业相比有巨大的差距，即使与我国其他制造业相比，在技术水平和劳动生产率等各方面也存在一定的距离。虽然近几年来建筑施工的机械化水平逐渐升高，但是仍存在建造周期长、施工质量差、能源和原材料消耗大、工业化程度低等问题。

当前，人们对于建筑工业化片面解读成"工厂化"，把建设混凝土构件厂当成首要任务。在没有完善的标准化体系和国家及地方政府规划统筹的前提下，盲目购买生产线进行建筑构件专用体系的工厂化生产，成为预制成本、交通运输成本等居高不下的主要原因之一，造成了巨大的资源浪费。同时，钢筋混凝土构件因其自重大、体块大带来的单车产量（指平均每辆汽车在一定时期完成的运输工作量）和运输效率低的问题，存储、运输、吊装带来的损耗问题，合理运输半径限制问题均引发了人们对于工厂化预制构件的质疑。

新型现浇工业化模式改进了传统现浇作业的不足，避免了工厂化预制构件的上述问题，将工业化生产模式直接或间接带入建造现场，机械化、智能化和工位上的工业化，大大减少了混凝土现浇作业对于人工数量的过度依赖，减少了湿作业量，简化了高空作业量，保存了将钢筋混凝土材料现浇带来的优越性能，体现了提高施工功效、加快工程进度、降低劳动者工作强度等工业化的优势。

4.4 基于新型钢筋混凝土现浇工业化的高层工业化住宅建造技术体系架构

高层工业化住宅新型钢筋混凝土现浇工业化建造技术体系从混凝土体系、模板体系、钢筋体系、脚手架体系 4 个体系的建构出发，充分利用四大体系中既有的先进技术和经验，改进现有技术体系中耗工量大、占时间多、不利于体现现浇技术先进性的部分技术，充分结合已有装配式建造工法中的优势技术，以新型工业化的方式代替传统现浇建造体系中部分分散、低水平、低效率的生产方式（图 4-14）。

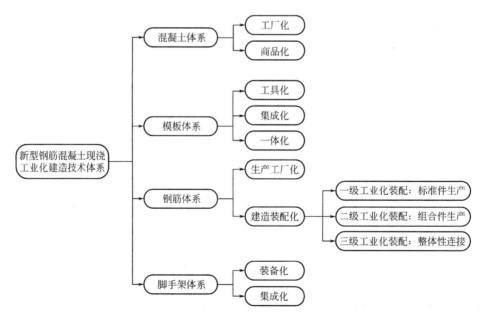

图 4-14　新型钢筋混凝土现浇工业化建造技术体系架构

图片来源：作者自绘

新型钢筋混凝土现浇工业化充分利用现浇结构体系的整体性优势，以打造百年寿命周期的住宅结构体系为理想。

4.4.1　混凝土工厂化、商品化

混凝土现浇工程包括混凝土的制备、成型和硬化三大步骤，需要拌制—运输—泵送—灌注—振捣—养护等装置和工艺。新型钢筋混凝土现浇工业化之混凝土体系的工业化，包含混凝土生产的工厂化、商品化，以及运输、泵送、灌注及养护的机械化和智能化。传统的现场拌制混凝土虽具有一定的机动性，但是耗工较多、试块实验无确定性、无法保证混凝土的稳定质量；此外，住宅工地往往位于市区甚至市中心区，现场拌制混凝土一方面需要水泥、沙子的堆场，占用施工空间，另一方面极易引起扬尘、噪声等，污染城市环境。

专业性的混凝土生产企业生产的预拌混凝土采用集中拌制，机械化程度高、计量精确度高、技术服务到位，与现场拌制相比，具有诸多优点：

（1）利于环保

预拌混凝土生产厂区多设置在城市边缘地带的工业园区内，而工业园区多规划于城市主导风向和城市水系下风侧，因此相对于现场搅拌的传统工艺来说，粉尘、噪声、污水对城市居民的工作和生活空间影响小。同时混凝土的集中生产，更有利于工艺废渣等废弃物的集中处理和综合利用，降低对城市环境和生态环境的影响。

（2）责任明晰

预拌混凝土作为一种特殊的具有商品属性的建筑材料，购买时为塑性、流态状的半成品，在所有权转让后，使用方需继续尽一定的质量义务，方可达到最终设计要求。虽然供需双方共同承担责任，但是出厂之前有详细数据记录，生产与养护分工明确，利于责任的明晰。

（3）质量稳定

预拌混凝土由专业性的企业生产，管理模式定型化、生产设备机械化、质量监控智能化，同时产量大、生产周期短、生产工艺简洁，与现场搅拌混凝土相比具有更高的质量稳定性，利于保证工程质量。

（4）工作高效

预拌混凝十大规模商业化、工业化生产和罐装运送，并与泵送体系相结合，有利于提高建造效率，加快施工进度，对于缩短工程建造周期起到了重要的作用。

（5）文明建造

混凝土体系的工业化，减少了施工现场建筑材料的堆放现象和扬尘现象，有利于提高建造场地的安全性，创造文明的建造环境。

我国已具有成熟的商品混凝土体系，可为实现新型钢筋混凝土现浇工业化的混凝土工厂化、商品化提供完善的技术服务和保障。

4.4.2　结构体刚性钢筋笼生产工厂化、建造装配化

建筑的结构体构件主要包括柱、剪力墙、梁和楼板。新型钢筋混凝土现浇工业化的钢筋体系，将上述结构体构件的钢筋实现工业化：把传统体型笨重、不利于运输、吊装和建造的钢筋混凝土预制结构构件轻量化，代之以刚性钢筋笼；并且进一步将传统钢筋工程中最耗费人工的钢筋的制作、安装和绑扎实现最大限度的工业化，代之以钢筋构件的生产工厂化和现场机械化成型、实现预制钢筋混凝土大构件轻量化和建造装配化。

（1）生产工厂化

根据钢筋在混凝土构件中位置和作用的不同，钢筋体系可以分为受力筋、分布筋、造构筋、箍筋、架立筋、贯通筋、负筋、拉结筋、腰筋等多种类型。在由我国住房和城乡建设部提出、国家质量监督检验检疫总局和国家标准化管理委员会 2013 年发布的《混凝土结构用成型钢筋制品》GB/T 29733-2013 中，为混凝土结构用成型钢筋制品给予了准确定义：按规定形状、尺寸，通过机械加工成型的普通钢筋制品。并将其分为单件成型钢筋制品（图 4-15）和组合成型钢筋制品（图 4-16）。单件成型钢筋制品指单个或单支成型的钢筋

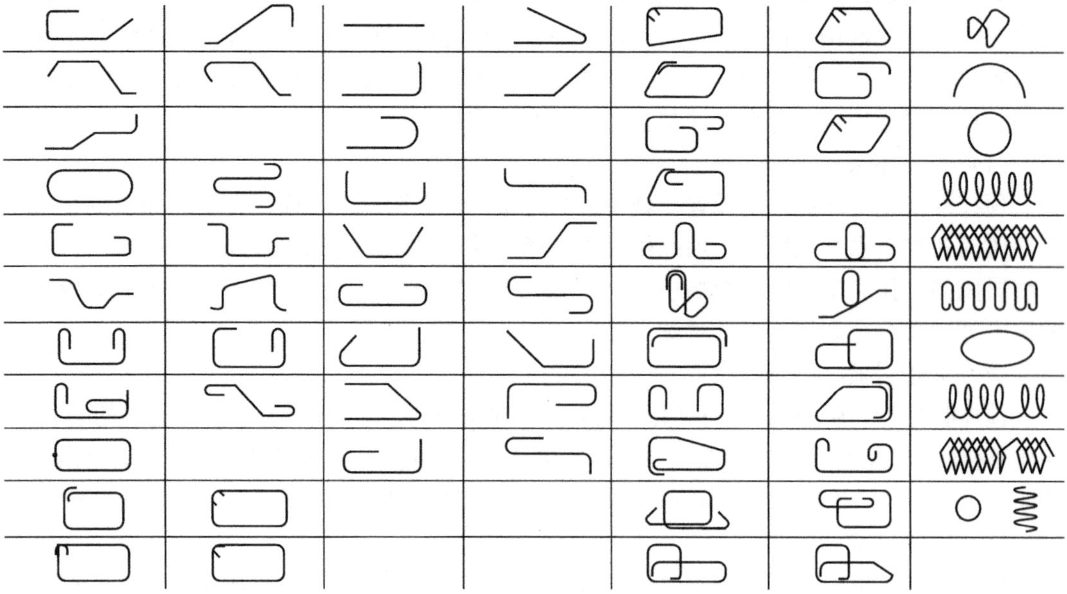

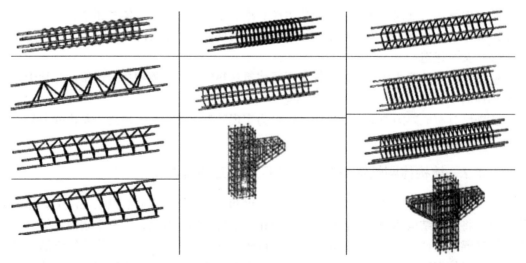

图 4-15　GB/T 29733-2013 中对单件成型钢筋制品的示意

图片来源：中华人民共和国国家质量监督检验检疫总局，中国国家标准化管理委员会.

混凝土结构用成型钢筋制品 GB/T 29733-2013 [S]. 北京：中国标准出版社，2013.

图 4-16　GB/T 29733-2013 中对组合成型钢筋制品的示意

图片来源：同图 4-15

制品，组合钢筋制品指由多个单件成型钢筋制品组合成二维或者三维的成型钢筋制品[156]。由此可见，传统的钢筋制作，如钢筋定尺矫直切断、箍筋专业化加工成型、棒材定尺切断、弯曲成型等，是单件成型钢筋制品的加工制作。而新型钢筋混凝土现浇工业化体系中钢筋体系的工业化，是要实现结构体钢筋构件的工业化组合成型，即将多个单件成型钢筋制品采用机械化、工厂化生产组合成钢筋笼、钢筋梁、钢筋柱和钢筋网等，并结合结构体刚性技术，实现结构体构件钢筋笼的装配化建造。

　　建筑的结构体构件的钢筋笼制作设备，主要包括箍筋折弯机、钢筋网焊接机、钢筋桁架焊接成型机和螺旋箍筋焊接钢筋笼机器等几种钢筋加工设备；建筑用箍筋主要用在柱、梁等结构构件上，常见形状为方形，矩形、T形和螺旋状等（图4-17），由于箍筋多为二维构件，因此机械化程度极高，生产的箍筋精度高，质量可控；建筑用钢筋焊接网，可以机械焊接受力钢筋或构造钢筋（图4-18）。

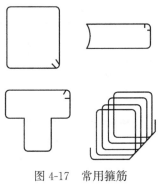

图 4-17　常用箍筋

图片来源：作者自绘

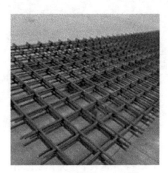

图 4-18　机械化生产的钢筋网图

图片来源：作者自摄

图 4-19　二维钢筋桁架、三维钢筋桁架

图片来源：作者自摄

　　钢筋网节点较多，机械化、自动化作业钢筋间距规整，避免了人工绑扎带来的不确定性，又极大地提高了生产效率；钢筋桁架分二维钢筋桁架和三维钢筋桁架（图4-19），多用于楼板体系作为受力钢筋。桁架的特点决定了传统手工作业起来较复杂，而机械生产则简单高效。此外，还有方形螺旋箍筋钢筋笼焊接设备，可生产截面较小的方柱，用作柱钢筋笼、剪力墙边缘约束构件钢筋笼以及梁钢筋笼等（图4-20）。

　　1）线性构件的钢筋笼生产

　　钢筋混凝土建筑结构体系中，梁与柱子虽然在结构体系中受力方式不同，但体量较小，形状规则，由于其长宽比较大，可以视为线性构件，因此这两种结构构件的钢筋笼的生产有相同之处。

柱的钢筋笼由纵向受力钢筋和箍筋组成，构造相对简单，并且我国柱状钢筋笼的机械化生产水平较为成熟，可以实现螺旋箍筋、受力筋等的一次性成型生产。

此外，对于柱式钢筋笼来说，人工与机械作业的产品除了存在质量差距以外，柱钢筋的传统手工绑扎模式耗费大量人力。如图 4-21 为某现浇钢筋混凝土柱的钢筋笼，由 12 根主筋 30 层箍筋组成。如果采用传统的人工绑扎生产，需要经过套箍筋—立竖钢筋—连接竖筋—画箍筋间距—绑扎箍筋—设垫块（图 4-22）等多重工序，并且人工绑扎方式生产的成型钢筋笼之间手工误差较大，不利于钢筋笼的装配式建造。机械化结合配筋体块和补加连接配筋的方式生产的刚性钢筋笼，在节约人力、缩短工期、文明施工等方面有极其鲜明的优势。

图 4-20　柱形钢筋笼的机械化生产

图片来源：东南大学建筑学院正工作室

图 4-21　某柱钢筋笼平面

图片来源：作者自绘

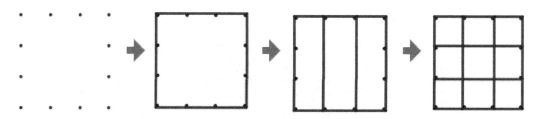

图 4-22　人工绑扎柱钢筋的顺序

图片来源：作者自绘

机械化生产，首先在不减弱结构功能的前提下，将复杂的钢筋笼拆解为便于机械化生产的钢筋笼构件（图 4-23），然后再进行工厂化的生产，过程和方法如图 4-24 所示。

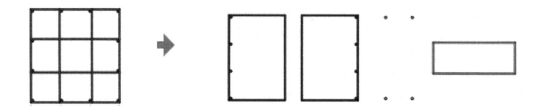

图 4-23　柱钢筋笼拆解为便于机械化生产的钢筋构件

图片来源：作者自绘

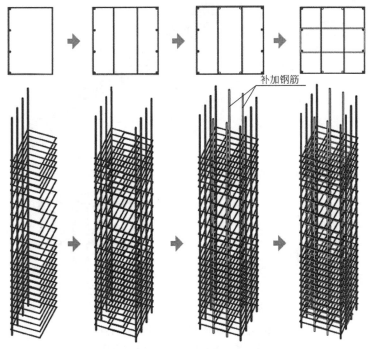

图 4-24　柱钢筋笼工厂化生产步骤

图片来源：东南大学建筑学院正工作室

　　钢筋笼绿色配筋体块部分为工厂机械化生产，黄色部分为需要在工厂内模台上进行装配的补加筋。经过测算，该柱人工模式绑扎点至少需 360 个；而柱钢筋笼机械化建造方式，需两个配筋体块连接点焊—插入 4 根主筋—主筋与螺旋箍筋点焊，两次点焊共计 240次，比手工模式节约 30% 以上的连接点。并且经过计算和受力实验，工厂化钢筋笼可靠性高，螺旋箍筋定位准确，机械化点焊速度快，构件质量高，工人室内操作，提高了工作安全性。

　　梁与柱虽然主筋布置不同，但是钢筋笼生产方式与生产流程类似（图 4-25）。箍筋可采用螺旋箍筋，也可借助钢筋折弯机一次成型生产。梁的下部受拉主筋应通长，与箍筋点焊为整体，形成刚性钢筋笼；梁的上部钢筋，由于要与楼板形成整体性连接，存在构造上的穿插和重合部分。此外，在建造流程上要兼顾楼板的装配，因此梁的钢筋笼在生产时要考虑上部钢筋预留，待吊装至工位后再手工补筋。

　　2）面状结构构件的钢筋笼生产

　　高层住宅结构体系中的剪力墙与楼板，通常面积较大，形状复杂，生产和运输的效率较低，即使是成品堆放，占用堆场面积较大。总之，运用体系的概念以及层级化概念，将大型、异型钢筋笼如何拆分成规格化、标准化的钢筋构件，使其成为便于机械化生产、高效率运输、轻量化建造是实现剪力墙和楼板的工业化建造的技术难点，需要将经过标准化归并的剪力墙进行分解。

　　① 剪力墙

　　剪力墙的形式可分为"T"形、"L"形、"十"形、"Z"形、折线形和"一"字形等。由于构件尺寸大、钢筋多，现场手工绑扎工作量巨大，并且质量可控度低，钢筋笼容易出

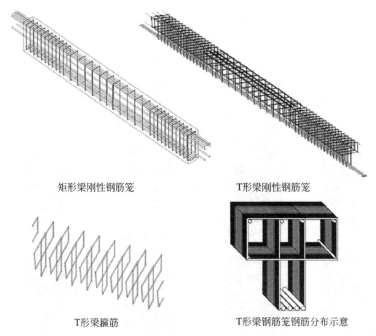

矩形梁刚性钢筋笼   T形梁刚性钢筋笼

T形梁箍筋   T形梁钢筋笼钢筋分布示意

图 4-25　梁刚性钢筋笼的构成示意
图片来源：东南大学建筑学院正工作室

现尺寸偏差，且高空作业量大，危险性高。因此，剪力墙的钢筋笼应实现钢筋工业化、机械化生产，以获得高质高效的钢筋产品。剪力墙的构造通常由边缘构件、墙身、墙梁 3 类构件构成。边缘构件又分为约束边缘构件和构造边缘构件，其中前者指墙肢端部的暗柱、端柱、翼墙和转角墙（图 4-26），后者则是指剪力墙肢端部和转角位置的构造柱。可见，剪力墙边缘构件、墙身、墙梁可分别进行生产：剪力墙柱的钢筋笼多为矩形、拐角形钢筋笼形式，方柱形钢筋笼可利用螺旋箍筋方形钢筋笼机械设备一次生产成型。剪力墙身的钢筋较为规整，多为网格状布置，可利用钢筋网焊接机直接生成。以此类推，此种组合生产方式可以生产 L 形、T 形、Z 形、H 形等各种形式的剪力墙（图 4-27）。

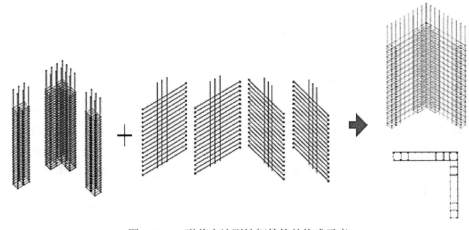

图 4-26　L形剪力墙刚性钢筋笼的构成示意
图片来源：东南大学建筑学院正工作室

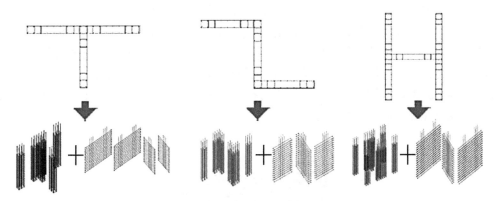

图 4-27　T 形、Z 形、H 形剪力墙刚性钢筋笼的构成示意
图片来源：作者自绘

② 楼板

当前的高层工业化住宅中，楼板有两种形式：一种是预制板和现浇钢筋混凝土层叠合而成的叠合板，另一种是适用于大跨度、大空间的现浇井格式密肋楼盖。叠合板虽融合了现浇和预制的一些优点，但是仍存在堆放、运输难度大、吊装风险大、跨度受限制等问题。因此，降低层高、减轻自重、适合大空间的井格式密肋楼盖是一种较为经济的现浇大板形式。

通常情况下，为减少密肋楼盖的肋的厚度，肋的配筋采用二维平面桁架。此外，双向密肋楼盖由于双向共同承受荷载作用，受力性能较好且较为经济，同时楼盖的肋与肋之间无配筋，通常采用填充倒梯形泡沫混凝土内芯的方式，一方面可作为肋梁侧面和井格底面的免拆混凝土浇筑模板，又增加楼盖保温、隔热、隔音等物理性能，起到多重的效果（图 4-28）。肋梁配筋可采用单片钢筋桁架、螺旋箍筋钢筋笼等多种形式，单片钢筋桁架肋梁间距通常在 600mm 左右比较经济，当以螺旋箍筋钢筋笼直接作为肋梁配筋时，肋梁间距可增大，与单片肋梁配筋的密肋桁架楼板相比，连接节点更少，装配效率更高，因此具有更广泛的推广价值（图 4-29）。

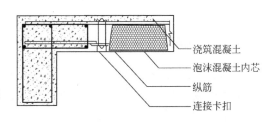

浇筑混凝土
泡沫混凝土内芯
纵筋
连接卡扣

图 4-28　密肋桁架楼板填充泡沫混凝土芯块
图片来源：东南大学建筑学院正工作室

（2）建造装配化

剪力墙、剪力墙连梁、剪力墙楼板、柱这几个结构体构件的钢筋笼构件本身具有刚度，能够承受部分荷载，因此工厂化生产运输、吊装等可以简化施工工序，提高装配效

率，保障施工安全。高层工业化住宅新型钢筋混凝土现浇工业化将结构体刚性技术与模架技术相结合，采用配筋模架、组合架构的现浇建造方法：通过配筋模架将结构构件集成形成组装构件，将配筋组件定位在模架构件形成的模腔内。其中配筋组件是刚性钢筋笼，或钢筋笼附加连接筋组合形成；模架构件定型框架和模板组合形成。该组件可同时实现钢筋定位和混凝土成型，操作简单，质量可靠可控，有利于推进钢筋体系的工业化建造。具体装配过程及原理将在后文详细阐述。

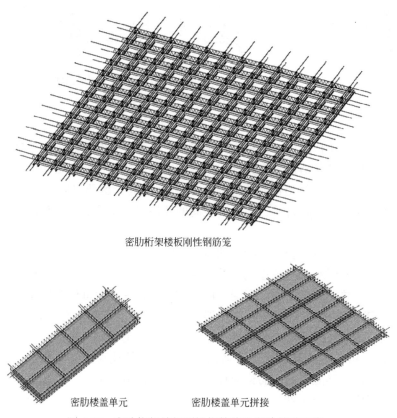

密肋桁架楼板刚性钢筋笼

密肋楼盖单元　　　　　　　　密肋楼盖单元拼接

图 4-29　密肋桁架楼板刚性钢筋笼及密肋楼盖示意

图片来源：东南大学建筑学院正工作室

4.4.3　模架工具化、模板一体化

钢筋混凝土现浇结构建造的模板体系是极为重要的工艺设施，是生命和财产安全、工程质量和进度、施工环境和效率的载体。模板体系的先进性在很大程度上成为工程建设文明和技术文明的标志。

传统的模板体系及其生产制造，往往造成大量的资源、劳力、材料、工期的消耗，同时是导致维修、维护成本居高不下的主要原因之一，并且制造大量的施工物料垃圾，引发一系列经济和环境问题。当前，在建筑施工常见的高处坠落、物体打击、机械伤害、触电、坍塌等 5 种安全事故中，模板体系引发的问题占相当高的比例；此外，施工中发生的质量事故中，模板引起的大量的涨模、错位、鼓包、渗漏等质量问题，尤其是在高层建筑中一旦有模板支架出现坍塌，大多发展为重大事故，危及人的生命和财产安全。传统的模板体系分为模板、支架支撑体系及连接件 3 个部分，支护时工序复杂，配件繁多，需要工人将成千上万的散件在工位上以手工方式拼合，很难实现准确的定位和可靠的连接，是造成事故频发的主要原因。

　　因此，新型钢筋混凝土现浇工业化的模板体系，在尊重模板功能性的基础上，实现最大限度的集约化，将模板与模架的功能进行整合，可以简化操作难度，提高工作效率。

　　首先，新型钢筋混凝土现浇工业化的模板体系实现了模架工具化（图 4-30）。如前文所述，与结构体刚性钢筋笼技术结合，将模板与支撑体系整合为配筋模架，实现模架多向控制调节。传统的螺栓对孔固定方式虽然具有较高的连接可靠性，但是对孔操作过程复杂，可重复性低，且步长固定，不利于调节。配筋模架采用双向抱箍，非开孔式挤压连接，用限滑块通过 M16 螺栓顶住方管表面（图 4-31），实现模架方管的固定和限位，具有优异的可操作性和良好的限位效果，实现了模架一体化吊装和一体化成型。

图 4-30　配筋模架
图片来源：作者自摄

图 4-31　双向抱箍技术

图片来源：作者自摄

其次，模架与模板整体化操作，安、拆过程中不必分离，避免传统模板支架的零散搬运和安、拆问题，实现模架与模板的整体吊装、整体就位、整体拆卸。以柱模架为例：首先，吊装过程中模板处于分模状态依附在独立架上；就位后插入预制钢筋笼并通过合理的模、筋缝隙对钢筋笼进行固定；同时，通过双向抱箍在抱杆上滑动进行合模作业；然后进行混凝土的浇筑；混凝土稳定后，进行分模工序，通过双向抱箍带动模板滑动至分模位置；完毕后，柱组合模架整体通过塔吊撤场，进入下一个柱位的施工。通过配筋模架，浇筑结构配件的合模与分模工作仅需 3 个工人在 30 分钟内即可完成。

另外，新型钢筋混凝土现浇工业化实现了模板一体化。即采用免拆渗滤模板技术（图 4-32），在混凝土浇筑后无需拆除，只需要将支架移开，可减少现场支模作业，施工便捷，省时省力，既节约了人工费用和模板费用，又因加快施工进度而提高了项目的经济效益。免拆渗滤模板通过卡条固定在刚性钢筋笼上，一方面强化了钢筋笼的刚度，利于保证钢筋笼在运输和吊装过程中不产生永久变形；另一方面，免拆模板网具有较好的耐久性和强度，将其浇筑在结构构件的混凝土表层，起到了补强作用，防止混凝土表层干缩，可以提高抗裂性。并且对于需要进行保温、找平等构造层施工的结构构件而言，混凝土浇灌后的模板孔网表面的冲孔形成粗糙表面，可加强结构构件与其他材料间的结合力，使得拼接界面有强大的黏力及抗剪力。

图 4-32　免拆渗滤模板技术

图片来源：作者自摄

4.4.4　架子装备化

新型钢筋混凝土现浇工业化采用工程集装架装备（图 4-33），实现高层工业化住宅钢筋混凝土现浇建造的脚手架、模板支架等架子体系的装备化。工程集装架是由节杆与夹板节相互组合连接形成的柱网架、梁网架、填充网架相互拼接而成。柱网架、梁网架组成一个或多个矩形宫格，在宫格内填充网架进行连接。该装备可用作外墙脚手架、满堂脚手架和模板支架，主要由方形钢管构成，是一种以标准件组合的形式实现大件吊装和拆卸的整体网架结构。集装架结构组织层次明晰、定位准确、连接可靠，将结构层次分成三分色以提高可识别性和安全性，力图把脚手架的结构安全控制在多个层次范围内。集装架可广泛应用于高空作业的操作脚手架、模板支架，包括平面脚手架和立面脚手架。

图 4-33　工程集装架装备及其在实际项目中的应用

图片来源：作者自摄

同时，工程集装架实现构件定位连接的装备化，可以通过塔吊实现整体转运，与反复拆装的传统架子系统相比，工程集装架简化了施工程序，减少人工和高空作业，灵活多用，为施工提供了更高的安全保障。

4.4.5　建造智慧化

新型钢筋混凝土现浇工业化以智慧化建造为特征，以 BIM 信息化平台为载体，实现"互联网＋信息化＋智能化"的项目协同、建筑设计、工期管控、工程管理、材料跟踪、质量安全、智慧工地以及运营维护的智慧化，实现信息化与工业化的融合（详见第五章）。

4.5　构件的三级工业化装配建造原理

新型钢筋混凝土现浇工业化建造体系将构件采用三级工业化装配定位及连接建造技术，实现大型构件的分级装配，以提高运输、起吊及装配式建造的效率、构件的精准度和建造的经济性。通过一级工业化装配实现高效率运输；通过二级工业化装配解决大构件的可吊装性；通过三级工业化装配完成钢筋笼结构体的整体连接，为新型钢筋混凝土现浇工业化建造提供结构体钢筋体系的架构。三级装配定位，分层级、分步骤形成整体性强的结构体，最终实现建筑空间现浇模式下的工业化建造。

对于结构构件体系、外围护构件体系、内分隔构件体系、内装修构件体系以及管线设备构件体系来说，结构构件体块复杂、工厂化生产一次成型难度大、运输难度大、吊装和建造及连接技术复杂，最能展现三级工业化装配建造的优势，因此，本节以结构体钢筋构件为主线，以东南大学建筑学院正工作室参加国家"十二五"科技成就展时的参展建筑实践为例，进行三级工业化装配建造原理的阐述。

4.5.1　一级工业化装配——标准件的生产

一级工业化装配，是构件进行工业化生产的第一阶段，地点位于预制构件厂，对于结构体钢筋笼来说，是指在钢筋生产工厂的生产线实现钢筋构件的工厂化预制。由于预制构件的尺寸和规格以将单件成型钢筋制品整合为组合钢筋制品、并实现钢筋构件的高运输效率为基本目的，因此大部分构件产品具有标准性的特点，也可以说，结构体钢筋构件一级工业化装配就是钢筋体系的通用化标准构件的生产和制造。

（1）梁、柱钢筋构件的一级工业化装配

通常情况下，结构体构件体系中的梁、柱属于线性形体，本身具备一定的刚度，适合卡车运输并具备较高的运输效率，因此，梁、柱的钢筋标准件即为梁形和柱形的钢筋笼（图4-24、图4-25），不必进行二级装配，直接实现从车间堆场至工地构件堆场的运输。需要注意的是：首先，结构柱的刚性钢筋笼构件都是水平方式的生产和运输，但吊装时采用"平面起吊、空中回直"的原则，为防止主筋因起吊产生弯曲变形，在一级装配时应考虑对主筋无箍筋部分进行保护。此外，梁的刚性钢筋笼构件，虽然其制造、装配、运输和吊装的方式均为水平式，由于需要兼顾建造时楼板与其钢筋的穿插，梁构件的部分上部受力钢筋通常在三级装配时才添加，吊装时受力筋的绑扎以及吊点、吊具的选择是保持梁钢筋笼不变形的重点。

（2）剪力墙体系钢筋构件的一级工业化装配

剪力墙体系的墙形钢筋笼，由于面积大占据空间多，刚性差在大片运输和吊装时极易变形，因此标准件选择为拆分后的边缘约束构件、边缘构造构件和钢筋网片、卡条及渗滤模板（图4-34）。约束构件为形状较为规则的柱状钢筋笼，力学性能与结构柱的钢筋构件相似，可直接实现从车间堆场至工地构件堆场的运输；而钢筋网片、卡条及渗滤模板可以堆叠、捆扎运输，因此有较高的生产和运输效率。

（3）楼板系列钢筋构件的一级工业化装配

与剪力墙的钢筋构件相似，楼板的刚性钢筋笼尺度巨大，不宜整体性生产和运输。因

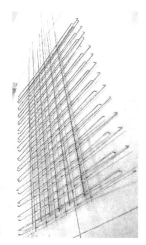

图 4-34　剪力墙一级工业化装配生成的标准件

图片来源：作者自摄

此楼板的钢筋构件标准件宜选择钢筋桁架和钢筋网片，实现一级装配高效化。

基于上述原理，参展建筑的一级工业化装配构件目录如表 4-5 所示：

参展建筑一级装配构件表　　　　　　　　　　　　　　表 4-5

结构体	一级装配构件种类	一级装配构件编号	数量
剪力墙	边缘约束构件	YBZ-1	4
	边缘约束构件	YBZ-2	8
	钢筋网片	JGW-4	4
	钢筋网片	JGW-4	4
	钢筋网片	JGW-4	4
	钢筋网片	JGW-4	4
梁	梁	LL	4
密肋楼板	横承托模板	ZCT	13
	纵承托模板	HCT	156
	主筋	REBAR	26
	钢筋桁架	HJ	13
	连接节点	JD	169
	泡沫混凝土填充块	TCK	144
	钢筋网片	LBW	4

资料来源：东南大学建筑学院正工作室

4.5.2　二级工业化装配——组合件的生产

二级工业化装配，地点位于建造现场，即在建筑基地的临时操作空间内将运输来的一级装配化标准件进行大构件组装、补给或维护，以实现其可吊装性为目标，同时结构体构件配套模架模具到位。可见，二级工业化装配是将不宜通过一级装配实现刚性钢筋笼整体的构件在工地工厂形成利于钢筋体系的装配式建造的大构件。通常来讲，现浇钢筋混凝土结构体系中，剪力墙和楼板的钢筋构件都需要进行二级装配。

（1）剪力墙体系钢筋构件的二级工业化装配

剪力墙边缘构件、钢筋网片、卡条及渗滤模板等一级工业化装配标准件运至一级原料堆放区后，在工地工厂内利用模台和龙门吊等机械互相配合，将边缘约束构件和钢筋网片装配组成各种型制剪力墙刚性钢筋笼。

现结合实例，讲述异型剪力墙刚性钢筋笼的二级装配。如图 4-35 至图 4-38 所示，是某 L 形剪力墙刚性钢筋笼的试装配过程（即二级装配）：首先，将图 4-34 所示的方形边缘约束暗柱钢筋笼、L 形边缘约束钢筋笼与两片钢筋网片连接，形成 L 形剪力墙的一边后（图 4-35），用龙门吊将已完成的部分起吊，使其竖直于地面，以保证剪力墙的另一边的组装。如图 4-36 所示，工人将垂直吊装的剪力墙与平铺在地面的钢筋网片进行定位，定位准确后，进行焊接。然后与剩下的边缘约束构件焊接（图 4-37）。地面部分的剪力墙钢筋笼完成后，将 L 形剪力墙垂直于地面摆正，补齐钢筋网片之间的箍筋构造并安装卡条、免拆滤网模（图 4-38），完成整个 L 形剪力墙钢筋笼构件的二级装配。

图 4-35　单侧 L 形剪力墙刚性钢筋笼的起吊

图 4-36　与水平钢筋网片连接

图 4-37　焊接边缘约束件

图 4-38　钢筋笼垂直地面，补齐钢筋

图 4-35～图 4-38　图片来源：东南大学建筑学院正工作室

（2）楼板体系钢筋构件的二级工业化装配

楼板钢筋构件的二级装配，与剪力墙钢筋构件类似，将一级工业化装配的楼板标准件，在工地工厂内借助承托模、定位轴线等在地面进行精确定位后，依次进行楼板主筋和钢筋桁架的安装组合。

如图 4-39～图 4-45 所示，为 8.4m×8.4m 参展建筑在展位做的钢筋桁架密肋大板的二级装配过程及过程示意。

图 4-39　弹线，布置横承托模

图 4-40　布置下部横向主筋

图 4-41　布置纵向钢筋桁架

图 4-42　布置横向上部主筋

图 4-43　安装吊装架

图 4-44　成品密肋钢筋笼实景照片

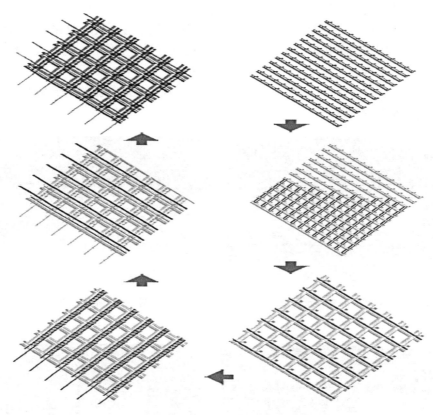

图 4-45 二级装配过程示意

图 4-39～图 4-45 图片来源：东南大学建筑学院正工作室

　　首先，在平整场地上设定位轴线，结合横承托模、纵承托模组合形成楼板定位系统；其次，依照由下及上的顺序依次进行下部主筋、钢筋桁架和上部主筋的安装；最后，进行连接件的安装（图 4-46），将所有的钢筋组合成整块楼板的刚性钢筋笼，完成吊装之前的二级装配工作。

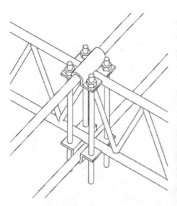  

图 4-46　安装连接件

图片来源：东南大学建筑学院正工作室

　　整块楼板钢筋笼的二级装配，由 3 位工人在两小时内完成。由此推论，如果是熟练技工，装配速度会更快，因此在实际项目中密肋楼板钢筋的装配式建造将节约大量的人力。

4.5.3　三级工业化装配——整体性连接

三级工业化装配，地点位于建筑工位，在执行国家钢筋混凝土规范的前提下，通过增加少量钢筋连接构造完成钢筋笼结构体的整体连接。通过三级装配化建造和现浇成型定位技术，实现结构体构件组装成大结构体，形成具有高扩展性的建筑大空间。换言之，三级工业化装配就是将刚性钢筋笼吊装至工位上并进行定位以后，通过增加少量的钢筋进行整体性连接，使其满足以国家建筑结构规范为基准的结构承载要求。

构件在进行三级装配时，应根据构件的具体情况考量吊具的配备问题，尤其是楼板钢筋笼构件、剪力墙钢筋笼构件等，由于体块大、形状不规则，吊装时难以掌握吊装平衡而出现倾覆，往往需要配备专属吊装工具。以前文所述展览建筑为例，其密肋楼盖尺寸达8.4m×8.4m，构件尺寸较大且需要进行水平安装，为保证吊装的平稳且避免吊装引起形变，需要对吊点进行单独设计，不能直接利用塔吊吊装。如图4-47所示，是密肋大板的专用吊装工具及吊点示意图。

图4-47　楼板专用吊具
图片来源：东南大学建筑学院正工作室

此外，钢筋笼构件吊装至工位后，需借助支撑设备形成定型定位支撑系统：柱或剪力墙设置斜撑支护，梁采用点式支撑，楼板采用集装架形成多点水平支撑。此后在结构体预制刚性钢筋笼吊装定位后，现场人工添加梁与剪力墙、梁与密肋楼板之间的整体性连接钢筋（图4-48中的红色钢筋），以满足国家建筑结构规范。至此，完成楼板刚性钢筋笼的三级工业化装配（图4-49），可以进行下一步的工作。

当然，这次建造是在展览场地进行的展览建筑的三级装配式建造。由于受实际条件所限，工地现场的三级装配场地的管理模式未能展开，未能深度演练三级工业化装配建造。

图 4-48　红色钢筋为人工添加的整体性连接钢筋
图片来源：作者自摄

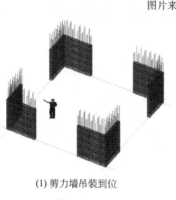

(1) 剪力墙吊装到位

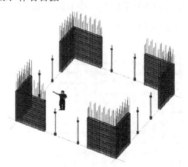

(2) 梁下支撑到位

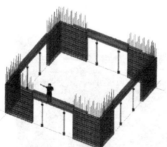

(3) 梁吊装到位

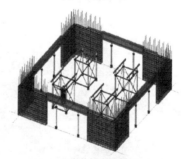

(4) 集装架支撑到位

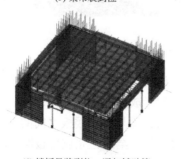

(5) 楼板吊装到位，添加辅助筋

(6) 建成实景照片

图 4-49　三级工业化装配全过程
图片来源：东南大学建筑学院正工作室

第五章 基于 BIM 信息化平台的高层工业化住宅设计—建造协同

5.1 协同的概念及设计—建造协同的支撑技术

5.1.1 协同的概念

（1）协同释义

词语"协同"源自古希腊语，是协同理论（synergetics）的基本范畴。我国关于"协同"的词义，有"谐调一致，和合共同""团结统一""协助，会同""互相配合"等多种解读，东汉文学家许慎在《说文解字》中的解释较有代表性："协，众之同和也。同，合会也。"结合近代科学的理论，协调两个或两个以上的不同资源或个体，为了获取共同利益或达到同一个目标而协同一致地实现预期的过程或能力，这可以说是对于协同概念的直观解读（图 5-1）。

图 5-1 协同的字面意义解读

图片来源：https://baike.baidu.com/item/协同

此外，协同是随人类社会的出现而出现的，协同的内容与形式随人类社会的进步而不断发展变化。尤其是随着经济的发展带来的技术进步，人们期望技术能够提供更多的东西来满足人的需求。因此，"协同"的含义和范畴也不断深化：不仅指人与人之间的协作，也包含人与机器之间、不同的行为之间、不同终端设备之间、不同应用系统之间、不同数据资源之间、不同应用情景之间、科技与传统之间等全方位的协同。

（2）协同理论

协同理论也被称为"协同学"或"协和学"，是 20 世纪 70 年代之后，以自然科学和社会科学为基础形成和发展起来的一门综合性学科，是系统科学理论的重要分支。早在 1971 年，著名物理学家、联邦德国斯图加特大学教授哈肯（Hermann Haken）第一次提出协同的概念；1976 年，哈肯教授系统化论述了协同理论，并出版了《协同学导论》《高等协同学》等书，成为协同理论体系构建的著作。

协同论是研究系统从无序到有序转变的规律和特征，研究不同事物共同特征及其协同机理。也就是说，协同论研究用于处理由许多子系统组成的系统，探索其统一性原理，发现合适的量，用来描述以新的方式发展着的、宏观尺度上质的特征……将注意力集中于许多单个部分构成的系统在宏观尺度上经历着质变的情况[157]。

可见，工业化建筑作为基于构件子体系、体系的复杂系统，经历着全生命周期内的各种物理和化学变化，符合协同理论的研究范畴，研究建筑构件体系（高层工业化住宅系统）如何从无序到有序、从有序到质变的过程，均可以从协同理论中找到解决问题的一般方法。

5.1.2　BIM 技术概述

（1）BIM 的概念

BIM 是英文名"building information model"的简写，中文名称为"建筑信息模型"。是以建筑工程的各项相关信息数据为素材创建建筑模型，以数字信息实现对建筑物所具有的真实信息进行仿真模拟。美国国家 BIM 标准（NBIMS/2007）将 BIM 定义为"一个设施的物理和功能性数字表达"；英国皇家特许测量师学会（RICS/2012）将 BIM 定义为"一种新技术和新工作模式"；欧特克公司（Autodesk/2012）将 BIM 定义为"一种智能模型，为创建、管理建设和基础设施项目提供更快、更经济的洞察力，对环境影响更小"；我国国家标准《建筑信息模型应用统一标准》GB/T 51212-2016 为"建筑信息模型"给出的定义是：在建设工程及设施全生命周期内，对其物理和功能特性进行数字化表达，并依此设计、施工、运营和结果的总称[158]。综合上述各种对 BIM 的描述可见，BIM 并非仅对数字信息进行简单的集成，而是一种基于数字信息的应用，采用数字化的方法来进行设计、建造和管理。

（2）BIM 的缘起与发展

1975 年，乔治亚理工大学的伊斯特曼（Chunk Eastman）教授创建了"building description system"（建筑描述）系统，被认为是 BIM 理念的工作原型，伊斯特曼教授由此被誉为"BIM 之父"。之后，欧美各国均进行了类似的研究与开发工作。如美国的"building product model"（建筑产品模型）系统、芬兰的"product information model"系统等。2002 年，欧特克公司向美国建筑师协会（AIA）提出了"building information model"的设计理念，BIM 一词正式诞生。2003 年美国总务署下属建筑办公室推出全国 3D-4D-BIM 计划。

2001—2002 年，我国开始有了有关 BIM 技术的萌芽，在近几年取得快速的发展，尤其是为促进 BIM 技术在我国的合理应用与发展，我国在《2011—2015 年建筑业信息化发展纲要》中 9 次提到 BIM，意味着 BIM 技术业已成为促进我国建筑业发展和实现创新的重要技术手段。

（3）BIM 的特性及应用

美国国家建筑信息模型标准项目委员会（NBIMS）在定义之外更详尽地解释了 BIM 的内涵：BIM 作为一个共享的知识资源，主要用于获取有关设施的信息，为其生命周期范围内的各种决策提供可靠依据。传统建筑设计主要借助二维图纸（平面图、立面图、剖面图等）进行表达，而建筑信息模型则将技术扩展到三维空间之外，将时间作为 3D 维度（宽度、高度和深度）之外的第四维（4D），成本作为第五维（5D）。因此 BIM 涵盖的不仅仅是结构化信息，它还包括空间关系、光线分析、地理信息以及建筑构件的数量和属性（如制造商的详细信息）等非结构化信息。

此外，BIM 具有参数化特性，对象被定义为参数和与其他对象的关系，相关对象被修改，其他相关对象也会自动改变，并且可以根据需要从 BIM 建筑模型中提取不同的视图生成各种细节图纸。基于每个对象实例的单一定义，所有视图是自动一致的。每个模型元素可以携带自动选择和排序的属性，提供成本估算以及材料跟踪和排序。对于参与项目的专业人员，BIM 可以将设计团队的虚拟信息模型交给主承包商和分包商，然后再交给业主或运营商；每个专业人员都将本专业的特定数据添加到单一共享模型中，避免模型"所有权"转换引发信息损失，并为复杂结构的所有者提供了更广泛的信息。

综上所述，BIM 技术具有参数化、可视化、模拟性、协调性、优化性、可出图性、一体化性、信息完备性等突出特点。其中，参数化功能有利于工业化住宅构件体系的标准化、模数化和装配化，并且可以实时得到任何一个变更对成本的影响，动态记录所有变更，得到一个和实际建筑物和建造过程一致的建筑信息模型，有利于建筑物全生命周期内的运营维护；可视化和模拟性技术，不仅能检查建筑与结构的合理性，有助于对设计方案进行讨论，实现结构优化，做出最佳决策，还可对各专业，如设备管线、钢筋等在设计过程中进行碰撞检查，将问题充分前置在设计阶段解决。还能通过 4D 技术将承包商提供的建造方案照实际情况进行模拟，检验建造方案的合理性，在实际建造开始之前及时做出调整；信息完备性，实现交付容纳从设计到建成使用、甚至是使用周期终结的全过程信息的结果，替代传统的图纸存档，彻底消除竣工图与建筑不符引发后期维护难的问题；一体化性，实现数据库对建筑设计—建造全过程信息纳入，使建筑项目实现设计—建造—运营全生命周期的一体化管理；可出图性，使工业化住宅的设计摒弃了传统二维工具造成的成套图纸内的数据差异，真正实现建筑设计"一处修改、处处更新"的信息化联动；三维成果递交，实现建筑物从设计到后期维护的全套数字化管理，是实现设计—建造协同的信息化基础和协同基础。

（4）BIM 的工具

BIM 的工具包含 BIM 软件、BIM 方法、BIM 标准、BIM 环境四个部分（图），其中 BIM 软件和 BIM 标准是最重要的两个部分。

1）BIM 软件

BIM 软件是实现信息数据共享、搭建协同平台的主要工具。在建筑项目从前期开始的全生命周期中，参与的专业和团队众多，不可能依靠某单一 BIM 软件去解决所有问题，需要规划、结构、道路、给排水、电气、设备、装修、园林等众多专业的 BIM 软件参与进来。

BIM 软件分为 BIM 基础软件、BIM 工具软件和 BIM 平台软件三大类。BIM 基础软件如 ArchiCAD、Micro Station 等软件；BIM 工具软件如 Revit、Navisworks 等软件；BIM 平台软件指比目鱼等各类与互联网结合的平台用的软件。依据具体的功能，BIM 软件可以分为核心建模软件、结构分析软件、造价管理软件等多种类型。其中，实现 BIM 应用的基础核心建模软件，主要有 Revit、Bentlev、ArchiCAD、CATIA 四种。我国 BIM 核心建模软件发展较晚，所以应用范围和普及程度都比较小。以 BIM 模型为基础的分析类软件，借助 BIM 模型，进行功能、性能、环境等的优化，达到相应的目标。常用 BIM 软件如表 5-1 所示。

常用 BIM 软件表　　　　　　　　　　　　　表 5-1

软件类型	国外	国内
BIM 核心建模软件	Revit、Bentlev、ArchiCAD、CATIA	天正、博超、鸿业鲁班、广联达
模型碰撞软件	Navisworks、Solibri Model Checker	鲁班
深化设计软件	Tekla Structures	探索者
结构分析软件	ETABS、STAAD、Robot	PKPM、盈建科
机电分析软件	Trane Trace、Design Master、IES Virtual Enviroment	博超、鸿业
可持续分析软件	IES、Green Building Studio、Ecotect	PKPM、斯维尔
可视化软件	3DS Max、Lightscape、Artlantis、AccuRender	—
造价管理软件	Solibri、InnoVaya	鲁班、广联达
运营管理软件	ArchiBUS	—

资料来源：作者自绘

2）BIM 标准

BIM 标准是实现信息共享和协同的前提。以实现信息交流和共享为主要目的，不同专业、不同开发商所用的软件工具必须遵循同样的标准进行数据传输，依靠一定的数据接口实现数据交互和数据共享（图 5-2）。

图 5-2　基于 IFC 标准下的数据交换
图片来源：作者自绘

目前，国际通用的 BIM 数据标准是 IFC 标准，其采用 EXPRESS 语言作为数据描述语言，数据格式的默认扩展名为 STEP 和 XML。BIM 软件依照 IFC 标准，通过一定的数据接口实现同第三方软件之间的数据交换，以此实现数据共享。IFc 标准的技术架构分为4 层：核心层、资源层、领域层、共享层。每个层次由若干子模块组成，每个子模块又由用来描述模型信息的枚举、函数、实体、类型和规则等信息组成。各层级均遵循一定的引用规则，高层级可引用本层级和低层级的信息资源，而低层级不能引用高层级的信息资源，以免引起混乱（表 5-2）。

IFC 标准的体系架构　　　　　　　　　　　　表 5-2

层级	简介	内容
领域层	IFC 标准体系最高层，其中的每个数据模型分别对应不同领域，独立利用	能深入工程管理、建筑、结构、暖通等各个领域的内部，形成专题信息，如：建筑的空间秩序，结构专业领域的桩、承台、支座等，暖通专业领域的风扇、锅炉等，施工管理领域的机械设备、劳务人员等
共享层	IFC 标准体系内第三层，主要为领域层服务，使领域层中的数据模型可以通过该层进行数据交换	表示不同领域的共性信息，便于领域之间的共享。分类定义了建筑项目各领域的通用概念，以实现不同专业领域的信息交互。交互层可共享梁、柱、墙等建筑结构的主要构件，也可共享管道、通风、采暖等施工服务要素，以及资产、家具类型、居住人员等设施管理要素
核心层	IFC 标准体系内第二层，可以被共享层、领域层引用	主要提供数据模型的基本概念与基础结构，将资源层信息组织成一个整体的框架。包括内核和核心扩展层两部分，内核与资源层类似，是构建更上层的基础模块。核心扩展包括产品扩展、控制扩展以及过程扩展。产品扩展定义了建筑物、构件、场地等，控制扩展、过程扩展分别定义了建筑项目控制以及过程相关的概念，如工序和工作进度等

层级	简介	内容
资源层	IFC 标准体系的最底层，可以被其他三层引用	描述 IFC 标准中最基本的信息，包含了反映建筑构件最基本属性的相关信息，如尺寸、材质、价格、时间等，是整个 IFC 标准的基础，所有的信息都是为上层实体服务

资料来源：作者自绘

5.1.3 物联网与电子定位技术

近年来，物联网技术发展迅速，在建筑施工与管理中的运用还处于起步阶段。

物联网（internet of things，简称 IOT）的定义最早在 1999 年被提出。物联网是指通过 RFID、红外感应器、全球定位系统、激光扫描器、气体感应器等各种信息传感设备，依照约定的协议，将物品与互联网连接起来实现物物信息交换和通信，可用于定位、智能化识别、跟踪、管理和监控等功能的一种网络（图 5-3）。

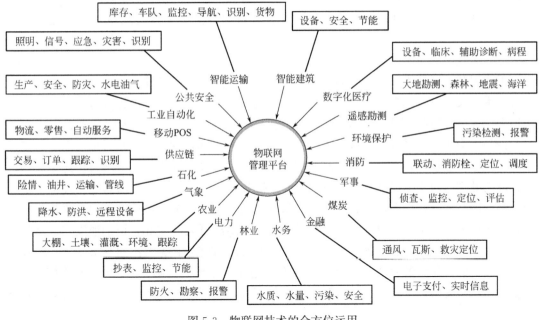

图 5-3 物联网技术的全方位运用

图片来源：https://www.mianfeiwendang.com/doc/40f7cf194e363276635bfbee/2

IOT 是新一代信息技术的代表，表征"信息化"时代的技术水平。物联网所指的物物相连有两层含义：其一，核心技术仍是互联网，是对互联网技术的一种延伸和扩展；其二，借助互联网，可实现任何两个物体之间的信息交互。

实现物联网技术的应用主要需要三个步骤：第一步：标识物体属性。依据状态，物体的属性可以分为静态和动态两种，其中前者可以直接存储在标签中，后者的信息获取则需要利用专用传感器进行实时探测；第二步：属性的读取。通过专用识别设备读取物体属性信息，并将其转换为可以进行网络传输的信息数据格式；第三步：信息的传输。借助互联网，将物体的信息传输至信息处理中心，由处理中心实施针对物体通信的相关计算。

可见，物联网的技术关键是电子定位技术。工业化建筑中常用的电子定位技术有全球定位系统（GPS）和无线射频技术（RFID）。

（1）全球定位系统（GPS）

全球定位系统（global positioning system，简称 GPS）起始于美国的一个军方项目，20 世纪 70 年代发展成为卫星定位系统。GPS 由卫星星座、地面控制系统和用户设备三部分组成，定位的原理是测量出已知位置的卫星到用户接收机之间的距离，然后综合多颗卫星的数据判断接收机的具体位置。

GPS 定位技术具有定位精度高、灵活性、可操控性、对基准点依赖性低等特点，在建筑构件的定位中，具有可以实现无误差一次测定到位、数据测定和分析 PC 化、控制网基点布点灵活等优点，并能准确测定建筑物的日照变形和振动变形。

当然，大量的工程实践体现了 GPS 的优越性，也验证出其存在一定的问题，例如：GPS 信号容易受电流层、电离层干扰，也容易受高层建筑、树木、高山等因素影响，导致信号非直线传播引起测量误差；GPS 虽具有一定的精度，但在其施测的市政工程测量控制点，尚需借助常规仪器进行水准联测，方能保证高程精度满足需要；由于卫星信号容易受外界干扰和影响，导致 GPS 测量中观测点位的精度会受所选控制点位置差异化的直接影响。

（2）无线射频技术（RFID）

无线射频识别技术（radio frequency identification，简称 RFID）是构建"物联网"的关键技术，又称电子标签、射频识别，是指利用无线电讯号对特定目标进行识别和读写相关数据，无需进行机械或光学接触。一套完整的 RFID 系统，常分为阅读器、电子标签（应答器）、应用软件系统 3 个部分（图 5-4），其工作原理是读写器针对目标发射一特定频率的无线电波能量，来驱动电路实现数据的传送并依序接收解读数据，随时传送给应用端做相应的处理。由于 RFID 系统具备抗油渍、抗灰尘污染等特点，所以其工作环境不受任何限制，同时还具备以下优势：读取方便快捷：数据读取简单，可透过外包装来进行。有效识别距离大，其中自带电池的主动标签有效识别距离可大于 30m；识别速度快：标签实现信息的即时读取，并且能实现即时批量识别；数据容量大：通常的二维条形码（PDF417）最大存储量为 2725 个数字，如果信息中含字母信息则存储量小，而 RFID 标签可依据用户需要将标签容量扩充至数 10K；使用周期长，应用范围广：尤其是其无线电通

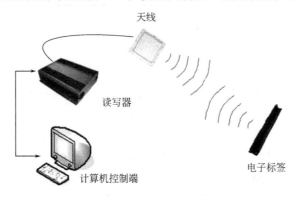

图 5-4　EFID 系统的基本组成

图片来源：https://www.zhihu.com/collection/52575648

信方式，可在粉尘、油污等高污染环境和放射性环境下工作，其封闭式包装的寿命远超印刷的条形码；标签数据可动态修改：RFID标签具有交互式便携数据的功能，并且写入速度快捷；更好的安全性：可采用嵌入式、附着式装于各种形状和类型的产品之上，并且可设置密码保护，有较高的安全性；实现动态实时通信：标签与解读器进行通信的频率为50—100次/秒，因此可以实现动态追踪和监控出现在解读器的有效识别范围之内的携标签物体的位置信息。

综上所述可见，RFID具有可为建筑构件定位的所有特征，因此近年来开始被应用在建筑领域。

5.2 设计—建造关联性的演化进程

设计与建造本源即为一体，然而随着时代的变迁和科学技术的发展，二者的内涵也随之发生变化。

5.2.1 远古时代：建造的本源

西格弗里德·吉迪恩（Sigfried Giedion）在《空间·时间·建筑》中说过，建造具有本源意义，建造的存在先于建筑的出现，强调建筑艺术随着建造技术的发展而逐渐演化[159]。人类最初的房屋是以遮风避雨为目的，借助树木的支撑利用天然茅草和泥土搭建而成（图5-5）。可见，原始时期的"建造"基于简陋器具辅助下的手工操作，其中重要的意义在于"设计"与"建造"息息相关，建筑的设计者就是建造者，了解建筑的详细构造并掌握建造的相关技术，可以完全掌控和操作建造整个建筑。

第二次社会大分工后，手工业逐渐从农业中分离和分化。伴随手工业的分离，一个专门从事建筑活动的匠人群体产生了，他们的出现促进了建筑行业的发展，使其成为一个行业独立存在。随后，房屋建设规模越来越大、内部功能要求越来越多、建筑样式越来越复杂，这一切催生了建筑匠人职业的形成。

图5-5 建造的本源
图片来源：（法）维奥莱-勒-迪克.维奥莱-勒-迪克建筑学讲义［M］.上册.徐玫，白颖，译.北京：中国建筑工业出版社，2015：70.

5.2.2 手工艺时代：原生同一

《周礼·考工记》里对"匠人"有这样的描述："知者创物，巧者述之守之"，"六材既具，巧者和之"，这里的"巧者"，就指匠人，集指挥、设计与建造多种技能于一身。在欧洲，由于建筑物的主要材料是石材，所以常由石匠的首脑承担营造；在中国，由于是木构建筑，通常由木匠的首脑承担指挥、设计与建造。匠人成为一种职业后，通过建造不断进行经验和技术的积累，并改进相关工具，推动房屋建造技术的发展。同时，从事房屋建造的从业者的队伍不断扩大，业内出现师徒关系，出现技能优越的主匠，并各有成套的、成熟的经验和手工技能。随着建造技术的日益成熟，房屋设计逐渐引起关注。主匠将在实践中的经验归纳总结，形成师徒相传的成套法则。成规加上匠人自己的创造性加工，变为系统的建筑设计经验。西方的《建筑十书》和我国古代的《营造法式》两部经典专业著作都是在类似上述的基础上形成的。

17世纪，法国建筑理论学家弗朗索·布隆戴尔认为建筑学是能够建造好房屋的艺术。18世纪的米歇尔·德·弗莱芒也指出，建筑学应对建筑自身、使用者以及建造艺术予以充分的考虑。由此，建筑学在最初的定义与建造活动息息相关，即建筑是对于建造的直接呈现[160]。西方至文艺复兴时期，由于三维透视、二维正投影等建筑表达方式的发展和成熟，使得建筑的表达和设计更加精确，对建筑设计的要求越来越高，一批设计技能突出的知识分子在建筑设计中取得巨大成就。他们逐渐倾向于专门从事设计，而不再擅长建造。此时出现建筑设计与施工的分离，开始出现专业建筑师。

可见，在整个手工艺时代，建筑的设计与建造原本有同一的目的性，设计者必须了解相关建造技术，对从设计到建造的全过程进行控制。

5.2.3 机械化时代：分化自治

工业革命以来，新材料、新结构、新技术、新设备的出现，使得建造技术迅猛发展，建造方式由手工艺模式向机械制造模式转变。相对手工技术而言，机械制造的建筑产品具有较高的精确性。制造业的理念开始在建筑领域中提倡，以柯布西耶为代表的新锐建筑师提出"住房是居住的机器"，建筑业应该"向制造业学习"的口号。受他的影响，一些建筑师纷纷将制造业的先进技术运用到建筑设计与建造领域，这一行为促进了"设计—建造"运行效率的提高和改善。

随着工业化的发展加速，形成了新的专业领域和新的建造技术，工程学与建筑学开始分化：机械化、工业化的推广，大尺度的构件淡化了人们参与建造活动的愿望；原有手工模式下的协作关系因机械的介入而转向分离。从建造的角度看，工程师对于时代建造技术的掌握领先于建筑师，而建筑师更专注于空间与形式，因此促成了将建造交由第三方来运作，建筑和建造开始分化自治。此外，在工业文明的前提下，社会大分工引发各行各业对各自内部问题的关注，行业之间的分工愈加细化：建筑的建造分为设计与施工两个子系统，设计又分为建筑结构、水暖、电气等子专业，建造又分为预算、施工、监理等子系统，似乎只有细致的分工才是引发更深入的研究。但是恰恰相反，由于缺少相关行业的掌控，行业发展较为艰难。建筑师往往忽略了对建筑的实现方法和过程进行必要的考虑和回应，而过于关注建筑的空间和形式本身，通常当建造出现问题时，设计者才被动作出反应寻找解决方案——这种建造和设计的分化自治产生的直接影响便是降低了建筑作品的完成度，使建筑师失去控制建筑质量的能力（图5-6）。

5.2.4 工业化时代：趋向并行

第三次工业革命以来，社会生产力迅猛发展。以往人们主要是通过加大劳动强度来提高劳动生产率，在第三次工业革命条件下，发展为通过生产技术的进步、劳动者的素质和

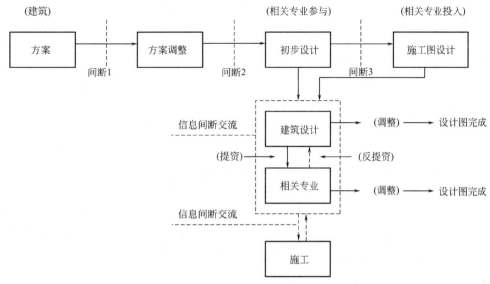

图 5-6　设计与建造的分化自治

图片来源：作者自绘

技能的提高、劳动手段的改进来提高劳动生产率。同时代的制造业，其设计和建造在不断变革中得到了有机的结合，这为解决建筑所面临的问题提供了可借鉴的方法，引发了建筑从建造到制造的设计思考。

设计与建造的分化自治，引发了建筑师的觉醒，开始重新将设计与建造进行整体性思考，从设计与建造关联之中寻找突破口，注重建构的研究；同时，先进技术的引进促进了设计与建造的并行发展。随着数字信息时代的到来，数控技术、计算机技术、互联网技术既能保证建造的精确性需求，又能实现建筑师的个性化理想，使得建造与设计形成了相互促进、相互依赖的关系。这便促进了设计与建造的重新结合，与之前的设计与建造原生同一不同，这一时期设计与建造的结合表现为更高层级的形式。设计与建造相互作用，促进建筑的发展。

然而，在当代中国，建筑设计与建造相分离的情况仍然尤为突出。技术的进步极大地增加了建造的内容，建造技术跨越构造、结构、设备等多学科领域，原有的线性设计关系已不再适合工业化时代。在我国建筑类学校教育阶段，建筑设计和建造通常会被分解为相互独立的科目：设计类课程偏向于构成、色彩、空间等美学教育，建造类科目如建筑构造，内容更倾向于研究繁琐的工程做法和节点构造，结构则被分为工程学科，这些学科设置和建筑教育是引起学生在日常设计中忽略建造逻辑的根源所在。

而在我国传统的设计企事业单位中，由于建设项目的大量性，设计院出于经济效益最大化的考虑，往往是设计上的"流水线作业"，方案设计与施工图设计各有分工。建筑师专注于建筑空间和建筑造型。在方案阶段结束之后，图纸便交由专门的施工图设计师进一步细化成建筑施工图纸，缺乏建造层面的考虑。此外，在建造的施工图的部分工作内容，施工图设计师为节省工作量尽可能套用标准图集，而忽略节点构造的设计，造成了建造技术上追求量的复制而忽略质的进步。同时，由于缺乏对于建造的掌控，建筑师在施工图设计层面上往往无法提出指导性的意见，设计与建造信息出现断层。然所幸之事是建筑师们面对这种分离心存惶恐，一直在寻找突破瓶颈的方式与方法，这份努力与坚持将设计与建造的关系推向并行之路。

5.2.5 信息化时代：数字协同

信息化时代，建筑设计与建造将是技术交互、融合的时代。数控技术和信息技术的发展，使构件的集成度不断提高，从而实现模块化、智能化的建造体系。此外，信息时代引发了建造技术和建造方式的革新，建筑信息模型（BIM）工具的使用，使得一些建筑师开始反思设计过程，重新将建造作为设计的切入点，以期实现更具有建造内涵的建筑语汇。当前国际和行业建设领域关注和研究的热点是建筑信息化工具的充分利用，以求为设计—建造协同提供有力的技术支持。

建筑设计—建造协同，就是在工程建设全生命周期中，各个构件体系通过总体技术优化、多专业协同，按照一定的技术接口和原则组装成工业化建筑。全过程信息化应用是信息时代工业化建筑的一大特征，将"建筑"作为最终产品，以"设计、生产、建造一体化"为目标，搭建基于 BIM 和物联网技术的信息化管理平台，解决设计—生产—建造之间脱节的问题，实现项目各参与方的信息共享、协同工作（图 5-7）。

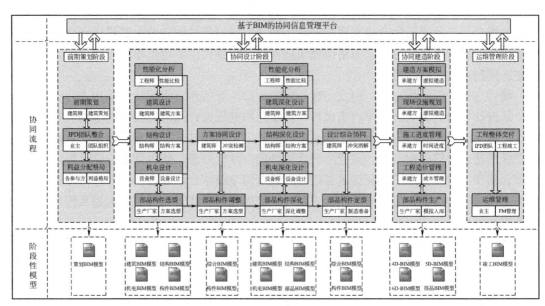

图 5-7　数字协同内容示意
图片来源：东南大学建筑学院正工作室

作为未来建筑行业发展的必然，设计—建造协同的优势颇为明显，具体表现如下：

精准把握总体设计方案。设计者在方案选择时可以最大限度避免各种影响施工过程的不利因素，例如工期、质量、安全等，通过制定更加科学合理的方案来保证项目顺利进行。

保证各专业间的充分协调。在保证各分项工程深度细化设计的基础上，使各专业工作无缝对接，随时发现问题，完善建筑物的使用功能。

保证施工组织安排顺利进行。虚拟建造将各种问题充分前置，保证施工组织时不会发生各种因材料、设备问题造成的工期延误。

当然，协同需要将全过程的技术和管理问题前置，将建筑设计的时间范围扩容至生产、建造、管理、运维等全生命周期，并将建筑设计的技术维度扩容到建筑、结构、设备、机械、计算机、网络等多专业范畴，因此导致建筑设计的工作量和难度、精细度迅速增大，对建筑师的专业素养和掌控能力提出了更高的要求。

5.3　基于 BIM 的设计—建造协同目标与原则

设计—建造协同，以设计、建造以及二者之间的高度协同为目标，将优势资源和技术进行高度整合，实现工业化住宅设计、生产、建造、技术、管理、市场的高度一体化。

5.3.1　协同目标

（1）实现设计—建造一体化

1）设计中的协同

建筑设计是一个动态的过程，设计内容涵盖建筑、结构、给排水、暖通、电气等专业，参与方除了技术人员，还有甲方（业主）。由于二维图纸表达的专业性和复杂性，业主仅能理解建筑平面（住宅户型）并给予建筑专业初步设计意见。并且传统的建筑设计强调设计的作品性，辅助工具为二维绘图工具，设计流程为单向线性，各专业间分裂式合作，因此造成了工作效率低、出错率高，极易导致流程错序和反复而引发工程质量问题，造成复杂工程可控性差、准确度低等一系列问题。并且，通常到建筑完工以后，业主才发现相关专业的设计偏离甚至违背了他们的诉求，从而引发关于设计合同、建筑造价等一系列纠纷。而协同设计可以有效地回避前文所述的各种错误，在共同的协作平台上实现相关领域的协同：

① 数据协同

通过设计中的协同实现信息数据的集成和共享，保证设计参与各方获得的数据信息对称，避免传统设计模式中的单向线性数据传递引致的信息缺失。这一方面可以使各专业设计团队与业主直观得到自己设计诉求的三维仿真反馈，另一方面有利于保证设计数据的唯一性、共享性，设计出口通畅，有利于规避各种设计风险，便于设计归档。

② 流程协同

与传统单向线性设计流程截然不同，基于数据信息的集成和共享，可保证多个专业设计团队同时进行设计的不同环节。流程协同使数据动态协同更有利于数据的交互，提高工作效率。

③ 设计空间协同

传统的设计模式专业之间的工作软件存在较大差异，每个专业用于孤立的空间设计，不利于专业间的信息交流，而且极易导致信息传递出现纰漏。设计协同使不同专业的设计空间由孤立变为共享，实现设计数据的共时性。

④ 措施协同

当设计任务复杂、多目标、异地且无法同步时，往往引发传统的单向线性设计模式控制力的缺失，即使提出解决问题的举措，也会由于信息传递的复杂性造成疏漏。设计协同则可以在信息化平台的技术支持下，通过异步协同设计实现专业团队间的协同，共同寻找解决问题的举措。

2）建造中的协同

① 不同工种间的协同

在工业化住宅的建造环节中，建造中的协同不仅包括不同工种之间的协同，还包括同种构件不同建造步骤的协同。这种协同主要是指基于 BIM 协同模型实现不同工种之间实时检测，避免建造中的管线碰撞、场地冲突、物料冲突、步骤冲突等一系列问题。在协同理论和方法的前提下，制定基于 BIM 的建造方案，消解不同工种、不同步骤在建造环节中的冲突，保证顺畅的建造工艺流程，减少各种施工变更和返工，最大限度地提高建造效率。

② 虚拟建造与实际建造协同

在工业化住宅的建造环节，通过"虚拟工地"和"现实工地"，以工业化住宅协同理论为指导，实现向协同建造的转型，即利用数字化技术与 BIM 技术进行建造的模型化、参数化、可视化等信息管理，通过虚拟建造检查所有的建造进度、流程安排、建造技术等，实现对实际建造的数字驱动和管控。

虚拟建造包含设计为中心的虚拟建造、施工为核心的虚拟建造和管控为中心的虚拟建造三部分内容。其中，设计为中心的虚拟建造是指利用仿真模型技术来优化建筑设计，以求对所设计的建筑以及构件的生产和安装提供科学性的判断，具体内容包括建造过程的建造工艺、力学性能和动力学分析等，以及对工期、成本、质量等的分析和评价，确保设计的完善；施工为核心的虚拟建造就是将建造过程进行仿真模拟，对工序与工种进行评估和优化，从经济性、安全性等角度实现对不同的施工方案的快速评价、对材料需求的合理规划以及合理的工期安排等，以实现对施工合理性的评价目标；管控为中心的虚拟建造是在控制模型和实际处理中引入仿真模拟以及其他管理应用软件，充分利用计算机与物联网的技术优势，计划和控制与建造过程相关的管理要素，以便在实际建造过程中的管理与控制。

③ 构件生产与建造协同

高层工业化住宅构件生产与建造的协同，可避免构件体系装配式建造阶段带来诸多问题。传统的构件生产与建造，由于各个环节之间缺乏有序的信息传递而问题频发：构件丢失、构件的错误定位、构造界面对接错误，以及建筑信息的缺失致使构件失去定位的精确性等，往往是在建造阶段出现问题之后才进行被动返工，结果是降低了高层工业化住宅的设计和建造效率，造成工期延误和不必要的经济损失。因此，基于 BIM 的工业化协同设计—建造实现 BIM 模型对构件的设计、生产到现场安装的信息传递，从而成就构件的工厂化生产与建造的协同，实现构件的设计、生产、建造到使用的维护更替的一体化管理。

3）设计与建造的协同

高层工业化住宅的设计—建造协同以实现设计方与建造方的协同为目的，即主要建造参与方与设计方同时介入项目，并全程参与工业化住宅的设计，对涉及建造工艺和建造流程的前期设计部分给出相关的意见和建议，使得设计方案中不合乎建造工艺的部分能够及时做出变更，通过协同实现高层工业化住宅设计与建造的信息联动。

（2）提升住宅建筑的质量管控

传统的住宅，往往只强调其商品属性，加上受建造模式和技术水平的限制，诸多建筑质量问题因责任不明晰而无法追溯。工业化住宅与以往所设计、建造、销售的传统住宅在设计和建造模式方面存在明显差异，增加了构配件生产的环节，具有建筑产品的属性，基于 BIM 的设计—建造协同使工业化住宅具有良好的建筑质量、完善的建筑产品质量保障体系和建筑产品质量追溯体系，实现了工业化住宅全生命周期的质量管控。

1）提高建造精度

BIM 在设计—建造中的应用，与基于构件体系的工业化住宅设计方法相结合，实现了设计—建造全过程的冲突检测和消解，大大减少建筑、结构、给排水、暖通、电气、消防、人防工程以及围护体系、结构体系、分隔体系、设备体系等不同专业、不同工种间从设计到建造的"错、漏、碰、缺"，排除了相关的问题和隐患，避免了建造流程中的交叉和纠纷，极大地降低了建造误差，提高了工业化住宅的设计、生产、建造和管控的精度，从而提高住宅的整体质量。

2）完善质保体系

BIM 技术的应用，其信息完备性、参数化等特点实现了工业化住宅设计—建造—运维全过程信息数字化，从构件的工厂化生产阶段，到工业化住宅构件体系的装配式建造阶段，直至住宅的全生命周期，实现了产品信息从构件子体系到构件体系、再到整个建筑系统的数据化传递，确保全过程信息不遗漏，提升装配式住宅构件体系的制造精度，数字化信息完善了住宅的质量保障体系。

3）构建质量追溯体系

如前文所言，工业化住宅通过 BIM 技术实现了对构件体系采购、运输、建造过程和建造计划的动态集成管理和跟踪，将设计和施工阶段积累的数据信息完整传递至工业化住宅的运维管理阶段，借助非接触自动识别的无线射频技术（RFID）等数字化工具的运用，实现构件产品信息的完整性、准确性，因此让构件产品质量具有可追溯性，实现工业化住宅的产品化转型，提供住宅产品的三包维修服务。

工业化住宅质量追溯体系构建，是工业化住宅区别于传统住宅的关键特点之一，是质量管控度提升的最终目标所在。

（3）建立精细化管理模式

工业化住宅通过 BIM 技术提供的数据库实现设计—建造—维护全过程的制度化、程序化、标准化、细致化和数据化，可以真实地提供管理需要的工程量信息，便于进行准确的前期成本估算和成本比较、建造前的工程量预算和建造完成后的工程量决算；此外，对于建造过程的仿真模拟利于对建造时间的把控，统筹构件的运输、吊装、二级、三级工业化装配等子项，使管理系统的各子体系精确、高效、协同和持续运行，有利于实现管理责任具体化、明确化，同时实现精细化权限分配，及时纠正、处理所发现的问题。

5.3.2　基于 BIM 的设计—建造协同原则

（1）可持续原则

住宅建筑的全生命周期，需要经历设计—建造—改建—更新—拆除等阶段。从住宅全生命周期的角度来看，设计与建造只占其约 10% 的时间，而住宅的使用和管理阶段约占住宅生命周期的 90%。随着经济的发展、人们居住标准和居住设施水平的提高，住宅使用期间的管理维护费用往往远超建造费用。因此，住宅的设计—建造协同必须面向其全生命周期，协同的内容需要留有扩展、延拓的余地，充分发挥 BIM 技术本身具有第四时间维度和第五成本维度的属性，实现住宅全生命周期内可持续的信息化管理。

（2）信息数字化原则

信息的共享是实现设计—建造协同的核心，构件信息的数字化是信息共享的基础。

建模网络的高速化是实现设计—建造协同的基础。由于协同任务往往是多个团队的并行工作，必须借助网络和计算机来进行信息的快速交互，因此需要一定的软、硬件和网络支撑环境来共同保证设计—建造协同的实施。参与协同的各方在各自的计算机上工作，利用计算机网络技术，从信息库中随时调取自己所需的信息，并将处理结果及时反馈回去，为其他协同团队提供解决问题的方案，建筑信息的数字化是所有这些活动的基础和前提。

通过信息的数字化，建筑模型得以完善，直观地表达有关建筑设计和建造的信息和数据，支持各项围绕建筑的活动顺利进行。因此，信息的数字化是信息集成平台搭建和信息共享的基本要求。

（3）信息标准化原则

信息标准化是设计—建造协同的前提。实现设计—建造协同，首先要对 BIM 模型资源进行集中、统一、规范化的管理及维护，能实现 BIM 模型资源的有效利用。BIM 模型库的构建，有利于设计效率的提高和设计者重复性劳动量的减少，从而缩短设计周期；同时，有利于协同全过程中不同团队、不同专业、不同流程间信息传递的准确性，降低错误发生率。

实现信息标准化原则的最重要环节是构件信息的标准化建设。工业化住宅构件的分类和检索机制，是 BIM 模型库标准化建设的基础。构件资源标准化，包括贯穿于工业化住宅全生命周期之内的构件生成、获取、处理、存储、传输和使用等多个环节。构件资源的信息分类和编码是构件资源标准化的核心工作，有效的构件检索机制可提高构件查找和理解的效率，降低时间成本，而构件信息的标准化是进行便利、高效检索的基本保障。一旦 BIM 模型库的信息标准与管理出现了问题，技术人员调用了过期或者错误的数据信息，将会引发大量的错误，从而形成多米诺效应，引发后续系列环节的差错。BIM 模型库的标准化信息管理的重要性和必要性，由此可见一斑。

（4）群体决策原则

设计—建造协同强调决策的群体协同性。建筑协同设计—建造是一个群体式参与、多主体协作的模式。设计、建造、管理等多个团队参与，团队之间既相互独立，各有其领域内的知识、经验和解决问题的能力，又有共同的工作对象。在协同的过程中，所有成员都是合作关系，面对同一个问题，必然会有不同的解决方案。协同的意义在于所有成员面对的是共同目标，拥有环境和上、下游信息的一致性。通过协作平台综合各方优势，在决策过程中获得最佳解决方案。群体决策虽然会带来过程的异质性，但是避免了传统设计与建造中的个人专断行为引发的疏漏和不合理现象，方法和方案的多样性为讨论提供了机会，也提供了最佳方案的选择机会，需要遵循科学性、超前性、审慎性、透明性的原则，以保证最终决策的科学性和可行性。

5.4 基于 BIM 的高层工业化住宅设计—建造协同平台搭建

5.4.1 构件库的创建步骤及其关键技术

（1）构件库的创建步骤

由前文所述可见，BIM 可以理解为在实体建造的全生命过程中同时创建一个与之对应的信息系统，以实现信息共享和精细化建造。这个信息系统包含了共享数据库、数据库应用（获取和推送数据）、数据库的创建及应用标准。简言之，BIM 模型的基础是建筑工程的各项相关信息数据，创建建筑模型是通过真实的数字信息进行建筑物模拟，实现协同管理。

而构件作为整个 BIM 模型的根本组成部分，通过构件的基本信息来完成图纸、材料报表、材料追踪以及建造的管理。如本文第三章所论述，构件的标准化、参数化等特点，以及合理的构件分类和设计方法，赋予了构件复用性、可扩展性、独立性等属性。

BIM 技术在工业化住宅中应用的关键是进行信息共享，而构件库的建立是实现信息共享的前提。预制构件库的创建涵盖两方面的内容：构件信息的创建和构件库的管理功能实现。其主要步骤有：第一步，进行构件的分类与选择；第二步，进行构件的编码与信息创建；第三步，实现构件的审核与入库；第四步，是针对构件库的管理（图 5-8）。

图 5-8　构件库的创建步骤

图片来源：作者自绘

创建构件库时的注意事项有以下内容：

① 遵循工业化住宅的结构体系，尤其是结构体系，不同体系的构件并不是都可以互用的。当同种构件的类型较多时，需要对其进行归并，选择通用性较强的预制构件进行入库，因此构件应依据专业和结构的不同种类分别进行创建。

②构件的核心是信息，信息的创建包括几何信息和非几何信息的创建，信息应该根据实际需要确定，避免信息不足影响实际的使用。

③构件入库必须遵循严格的入库标准进行审核，充分检查入库构件信息的完整性和正确性。

④ 构件库必须经过合理管理来保证其使用价值的最大限度发挥。不同的人员设置有不同的权限，例如：一般的建模人员只有查询与调用权限，只有专业管理人员才具有修改和删除权。此外，构件库需要定时更新和维护，以保证构件信息的准确性和完善性（图 5-9）。

（2）构件库的关键技术

当前，工业化住宅构件 BIM 模型数据库的构建过程是实现设计—建造协同的基础

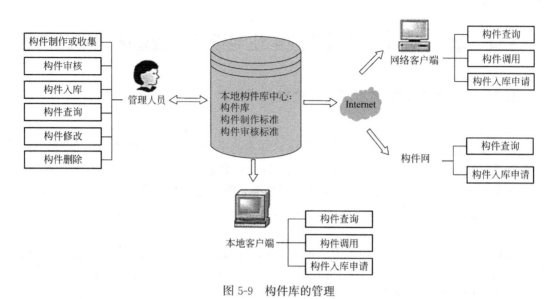

图 5-9　构件库的管理

图片来源：张超. 基于 BIM 的装配式结构设计与建造的关键技术研究［D］. 东南大学，2017：26.

和关键，而构建数据库，实现构件的挑选和运用，构件的分类和编码是实现这类信息数据集成的根本，是工业化住宅设计—建造协同平台搭建的过程中具有决定性意义的关键技术。

构件的合理分类和编码，是实现住宅构件乃至工业化住宅全生命周期信息化管理的基础，有利于为平台上协同的各方进行信息沟通提供统一、规范和标准的术语体系，减少信息多义性引发的沟通障碍问题，是工业化建筑使用信息化技术处理工程信息、提高建设工程管理水平的基础。对住宅构件的合理分类，确定其在构件体系以及建筑实体中所处的位置，有助于人们正确理解构件、使用构件。构件的编码（编码的代码值）作为构件的唯一性标识，是住宅构件信息模型中最重要的属性信息，是实现多构件库检索、保障构件的顺利生产和建造、实现建造过程中的追踪以及住宅全生命周期内的维护和更换的基础技术和关键因子。

5.4.2　基于构件体系的构件分类与编号

住宅构件的分类是实现住宅构件全生命周期信息化管理的基础，为了对工业化住宅构件进行信息化管理，首先需对构件体系进行分门别类，然后在此基础上对构件进行编码，以便于入库和提取。

（1）基于构件体系的构件分类统计表

结合本文第三章，坚持科学性、体系化、可拓展性、等寿命周期等原则，在以建造流程为基准、尊重连接逻辑的基础之上，采用层级分解和归纳的方法将构件体系分为结构体系、外围护体系、内分隔体系、内装修体系、管线设备体系等 5 类，在此基础之上，将构件再依据其在住宅中的状态分为竖向构件子体系和水平构件子体系。再依据层级化结构逻辑，为各种类别赋予序号和编码（表 5-3）。

基于构件体系的构件分类统计表　　　　　表 5-3

工业化住宅构件类型			序号	构件名称	
结构体系	混凝土结构构件	竖向构件	1	预制混凝土剪力墙	预制剪力墙
			2		预制夹心保温剪力墙
			3		预制双面叠合剪力墙
			4		预制组合成型钢筋类构件剪力墙
			5		其他
			6	预制柱	预制实心柱
			7		预制空心柱
			8		预制组合成型钢筋类构件柱
			9		其他
		水平构件	1	预制梁	预制实心梁
			2		预制叠合梁
			3		预制 U 形梁
			4		预制 T 形梁
			5		预制组合成型钢筋类构件梁
			6		其他
			7	预制楼板	预制实心板
			8		预制叠合板
			9		预制密肋空腔楼板
			10		预制阳台板
			11		预制空调板
			12		预制组合成型钢筋类构件板
			13		其他
			14	预制楼梯	预制折线型楼梯梯段板
			15		预制楼梯梯段板
			16		预制休息平台
			17		其他
	钢结构构件	竖向构件	1	型钢柱	
			2	钢管混凝土柱	
			3	钢板剪力墙	
			4	钢支撑	
			5	轻钢密柱板墙	
			6	其他	
		水平构件	1	钢梁	
			2	压型钢板	
			3	预制叠合板	
			4	钢楼梯	
			5	预制混凝土楼梯	
			6	其他	

工业化住宅构件类型			序号	构件名称
结构体系	木结构构件	竖向构件	1	木结构柱
			2	木支撑
			3	木质承重墙
			4	正交胶合木墙体
			5	其他
		水平构件	1	木梁
			2	木楼面
			3	木屋面
			4	木楼梯
			5	其他
外围护体系			1	预制混凝土外挂墙板
			2	预制夹心保温外墙板
			3	蒸压轻质加气混凝土墙板
			4	金属外墙板
			5	GRC 外墙板
			6	木骨架组合外墙
			7	陶板幕墙
			8	金属幕墙
			9	石材幕墙
			10	玻璃幕墙
			11	现场组装骨架外墙
			12	屋面系统
			13	预制阳台栏板
			14	预制阳台隔板
			15	预制走廊栏板
			16	装配式栏杆
			17	预制花槽
			18	其他
内分隔体系			1	轻钢龙骨石膏板隔墙
			2	蒸压轻质加气混凝土墙板
			3	钢筋陶粒混凝土轻质墙板
			4	木隔断墙
			5	玻璃隔断
			6	其他

续表

工业化住宅构件类型	序号	构件名称
内装修体系	1	集成式卫生间
	2	集成式厨房
	3	装配式墙面板
	4	楼地面
	5	吊顶
	6	家具
	7	其他
管线设备体系	1	预制管道井
	2	预制排烟道
	3	装配式栏杆
	4	其他

资料来源：东南大学建筑学院正工作室

（2）基于构件体系的构件类别编号

构件类别编号以构件的性质为基础，采用直观易识别的缩写形式结合构件体系的层级进行编写（表 5-4）。

基于构件体系的构件编码　　　　　　　　表 5-4

工业化住宅构件类型			构件类别编号
结构体系	混凝土结构构件	混凝土剪力墙	JG-HNT-JLQ
		混凝土柱	JG-HNT-Z
		混凝土梁	JG-HNT-L
		叠合板	JG-HNT-DHB
		混凝土楼梯板	JG-HNT-LTB
		密肋空腔楼板	JG-HNT-KQLB
		预制双层叠合剪力墙板	JG-HNT-DHJLQB
		预制混凝土飘窗墙板	JG-HNT-PCQB
		PCF 混凝土外墙模板	JG-HNT-PCFWQMB
		蒸压轻质加气混凝土楼板	JG-HNT-ZYJQLB
	钢结构构件	型钢柱	JG-G-Z
		钢管混凝土柱	JG-G-HNTZ
		钢板剪力墙	JG-G-JLQ
		钢支撑	JG-G-ZC
		轻钢密柱板墙	JG-G-MZQB
		钢梁	JG-G-GL
		压型钢板	JG-G-YXGB
		钢筋桁架叠合板	JG-G-HJDHB
		钢楼梯	JG-G-LT
		桁架钢筋楼承板	JG-G-LCB

工业化住宅构件类型			构件类别编号
结构体系	木结构构件	木结构柱	JG-M-Z
		木支撑	JG-M-ZC
		木质承重墙	JG-M-CZQ
		正交胶合木墙体	JG-M-QT
		木梁	JG-M-L
		木楼面	JG-M-LM
		木楼梯	JG-M-LT
外围护体系		混凝土外挂墙板	WWH-HNT-WGQB
		夹心保温外墙板	WWH-BWWQB
		蒸压轻质加气混凝土外墙板	WWH-JQHNTWQB
		金属外墙板	WWH-JSWQB
		GRC外墙板	WWH-GRCWQB
		木骨架组合外墙	WWH-MGJZHWQ
		陶板幕墙	WWH-TBMQ
		金属幕墙	WWH-JSMQ
		玻璃幕墙	WWH-BLMQ
		石材幕墙	WWH-SCMQ
		现场组装骨架外墙	WWH-ZZGJWQ
		外门窗系统	WWH-WMC
		屋面系统	WWH-WM
		走廊栏板	WWH-ZLLB
		装配式栏杆	WWH-LG
		花槽	WWH-HC
		空调板	WWH-KTB
		阳台板	WWH-YTB
		女儿墙	WWH-NEQ
设备管线体系		给水与排水系统	SBGX-GSPS
		供暖系统	SBGX-GN
		通风系统	SBGX-TF
		空调系统	SBGX-KT
		燃气系统	SBGX-RQ
		电气系统	SBGX-DQ
		智能化系统	SBGX-ZNH
		管道井	SBGX-GDJ
		排烟道	SBGX-PYD

工业化住宅构件类型		构件类别编号
内分隔体系	轻钢龙骨石膏板隔墙	NZ-NFG-QGLGSGBGQ
	蒸压轻质加气混凝土内墙板	NZ-NFG-HNTNQB
	钢筋陶粒混凝土轻质墙板	NZ-NFG-HNTQZQB
	木隔断墙	NZ-NFG-HNTQZQB
	玻璃隔断	NZ-NFG-BLGD
内装修体系	装配式吊顶体系	NZ-ZPSDD
	楼地面系统　　楼地面干式铺装	NZ-LDM-GSPZ
	架空地板	NZ-LDM-JKDB
	集成式卫生间	NZ-JCWSJ
	集成式厨房	NZ-JCCF
	墙面系统	NZ-QMXT
	装配式墙板（带饰面）	NZ-ZPSQB

资料来源：东南大学建筑学院正工作室

5.4.3　建筑构件的编码体系

代码是实现构件信息检索、存贮和传递的媒介。我国将代码定义为：是一组有序的符号，用以代表和标识分类对象。信息编码是符号体系的转换过程，即由表示事物（或概念）转换为计算机或人可识别和处理的体系；或是在同一信息体系中，由一种表示形式改变为另一种表示形式的过程。

构件的分类和编号，只是完成了构件的挑选，但是并没有完成构件入库。工业化住宅体系下的所有构件同处于一个数据库中，若不以适当手段进行识别，则极易产生混淆，因此需要对其编码，并对其相关属性信息进行准确的定义，以保证在相互之间存在信息交互的过程中避免产生误解，为此需要统一的编码系统，以提高信息的传输效率和准确度。这一工作应当充分前置到设计阶段，才能在后续的生产建造中发挥作用。

（1）现有编码体系概述

1）国内的编码体系

从总体上看，我国对于建筑方面信息编码的研究起步较晚，成果较少，GB/T 7027于1986年11月首次发布，直到2002年在参考了国际技术报告《信息技术—数据交换用数据元素组织与表示指南——编码方法与原理》ISO/IECTR 9789：1994（E）的基础上，国家质量监督检验检疫总局出版了《信息分类和编码的基本原则与方法》GB/T 7027-2002[161]的修订版，对于工业化住宅设计过程中的信息代码尚无统一规定。

工业化建筑的建造方案主要是以设计为导向，但受传统设计方式的影响，在设计过程中注重尺寸的定位和描述，没有充分考虑构件制作和建造安装，以至于在构件工厂化制造和施工安装的过程中，出现构件的混乱现象，在设计和建造之间容易发生冲突和碰撞，构件质量缺乏严格的把控，质量责任方不明晰，出现问题后影响工程的进度和质量，足见编码体系前置对于建筑工业化质量监管体系之重要。

2) 国外的编码体系概述

在建筑设计和建造中对建筑构件进行编码分类的实践最早出现于第二次世界大战之后的英国，为了控制大量恢复性建设的成本、提高生产和建造效率、减少出错率，促使英国皇家测量师协会（Royal Institute of Chartered Surveyors，RICS）制定统一的工程量计算标准与建筑构件分类标准，进而在英联邦地区、欧洲及北美得到一定程度的推广[162]。

当前，国外的主流分类编码体系有 MasterFormat、UniFormat 和 OmniClass 等编码系统。它们的基础是英国皇家建筑师学会（Royal Institute for British Architects，RIBA）自 20 世纪 60 年代持续更新并维护的 CI/SfB 系统（Construction Index/Standard for Buildings）。CI/SfB 系统为建筑行业内部进行信息交流的一种通用语言，使用建筑物理位置、构件、内部材料和施工活动这四个部分组成一条具体的建筑信息条目，每个部分对应着含有标准对照的栏位，栏位内对应着各个分项的代码。

纲要码（MasterFormat）——工项式分类编码。由美国建筑标准学会（CSI）与加拿大建筑标准学会（CSA）最早在 1972 年颁布的针对建筑施工的编码体系，最初按照工程施工项目分为 00 到 16 共 17 个大类，其目的在于建立工程规范的标准化分类系统，以供工程招标承包、编制工程预算和单价分析等使用，提高上述过程的信息传递和获取的效率。由于建筑产业和相关配套行业的发展，原先的 17 个分类已经无法满足使用需求，于 2004 年将其扩充为 50 个大类并一直沿用至今。MasterFormat 倾向于建造结果，可直接阐述工程施工的方法和材料，并且可以关联施工成本数据。从成本计算的视角看，一种特定的建材只在 MasterFormat 中出现一次，便于统计和计算，因此 MasterFormat 更多地用于施工图设计阶段或者最终招标阶段。

元件码（UniFormat）——层级式分类编码。是由美国建筑师协会（AIA）与美国总务管理局（GSA）联合开发，美国材料实验协会（ASTM）基于 Uniformat 制定了 ASTM E1557-05 分类标准，名称为 Uniformat Ⅱ。1989 年是其作为标准第一次进行颁布。UniFormat 的编码结构分为 4 个层次。第一层次包括七大类，即基础、外封闭工程、内部结构、设备及家具、配套设施、建筑场地工程、特殊建筑物及建筑物拆除等；第二层次定义了 22 个类别，包括基础、地下室……其分类理念是工程元素的物理构成方式的再现，并以此来组织设计要求、建造方法和成本数据等信息和数据。

UniFormat 的使用能提高建筑设计和建造方面的信息共享度，尤其在造价估算方面，如能和行业内的造价测算数据对接，则能在前期对后续的工作进行较为准确的测算。但是由于建筑业及相关行业的技术都在动态发展，因此 UniFormat 无法将所有建筑组成要素都囊括在库中，最新颁布的 ASTM E1557-09 版本也仅含 518 个子项，只能由美国建筑标准学会官方进行扩充和更新工作，因此更新速度往往落后于实际需求。

总分类码（OmniClass）——多层面建筑信息分类。是美国 BIM 标准在国际词汇框架（International Framework of Dictionary，IFD）下提出的。总分类码比 MasterFormat 和 UniFormat 所包含的范围更加广泛，其内容不仅包含建筑的实体对象，还包含与建筑活动相关的一切非实体对象的信息，并将上述信息以不同种类的总分类码的形式，放置在具体构件的属性信息中。总分类码将建筑信息以多个层面来分类：以两位阿拉伯数字为一层，采用多层级的数字编码来描述对象的特征，使用时不同层级的物体能分别找到其对应的编码。总分类码在制定编码时融合了 UniFormat 和 MasterFormat 的经验，在各个层级均为后续的编码预留了拓展空间，不仅大类划分预留了足够的空间，各级编码设定为不连续的形式。与此同时，CSI也一直在修订和扩充各分类编码库，企图实现对所有行业内的信息条目的囊括，使得总分类码库的体量日渐庞大。

（2）代码类型概述

编码的目的是满足预定应用与编码对象的性质要求，在此基础之上进行适当的代码结构的选择。常用代码包括无含义代码和有含义代码两个类型。无含义代码是指代码本身除了标识名称的作用之外再无其他实际含义，代码本身不提供编码对象的任何有关信息。与此相反，有含义代码则是指代码本身携带有实际含义的信息，代码不仅可替代编码对象名称作为唯一标识，还包含编码对象的有关信息（如分类、排序、逻辑意义等）。无含义代码又分为无序码和顺序码，顺序码分为约定顺序码、系列顺序码和递增顺序码三种类型；有含义代码分为缩写码、矩阵码、层次码、组合码和并置码。每种代码均有其特点和一定的适用范围（表5-5）。

代码的分类与含义　　　　　　　　　　　　　　　　表5-5

代码名称			代码定义	代码优点	不足之处
无含义代码		无序码	将无序的自然数或字母赋予编码对象	没有任何编写规律，靠计算机随机程序编写，生成速度快捷	不便于记忆
	顺序码	约定顺序码	由阿拉伯数字或拉丁字母按先后顺序排列来标识编码对象的代码	最简单，最常用，长度短，使用方便，易管理，易添加，对编码对象的顺序无任何规定	代码本身无任何有关编码对象的信息，不便于记忆，维护难
		系列顺序码			
		递增顺序码			
有含义代码		缩写码	按一定缩写规则从编码对象名称中抽出一个或多个字符组成代码	便于记忆，便于查询，可压缩数据长度，适用于被熟知的编码对象	依赖对象的初始表达，容易重名引起歧义
		矩阵码	二维条码的一种，将图文和数据编码后，转换成一个二维排列的多格黑白小方块图形	维护性好	比较复杂，不适合有层次结构的对象编码
		层次码	在编码结构中，为实体的相关属性确定若干位并排成一定的层次关系	适合有层次结构的对象编码，易于分类分组，代码值可解释	限制理论容量的利用，因精密原则而缺乏弹性
		并置码	为实体的相关属性确定若干代码段并且为并列关系	代码中表现出一个或多个特性，容易为编码对象分组	代码值字符多，难以适应新特性要求
		组合码	以上几种编码的组合	容易赋予，利于配置和维护，能解释，易确认	理论容量不能充分利用

资料来源：作者自绘

（3）构件的编码原则

在构件体系分类的基础上，构件编码必须坚持唯一性、不可变性、层级性、简明性、可拓展性等原则，确保构件以最简练、易识别的代码形式存储于构件库中，便于构件的调用和查询。构件编码作为BIM中需要共享的数据，应满足在工业化住宅全生命周期各个阶段、各项任务和各相关方之间交换和应用的要求。

1）唯一性

在一个编码标准中，代码与所标识的信息主体之间具有且只有一个对应关系。即如果它是标识码，那么与其对象一一对应；如果它是分类码，其应该与类目对应；如果它是结构码，其必须与结构中的节点一一对应，等等。因此，一个编码只能代表唯一一个构件。

2）不可变性

代码与信息主体之间的对应关系在系统的全生命周期内不可变。编码与信息主体要始终对应，不能更换。

3）层级性

编码应遵循相应的构件层级式分类。例如，《建设工程工程量清单计价规范》中木门的编码为 020401，木门框的编码为 020401008，这个代码体现了"房屋建筑与装饰工程""门窗工程""木门""木门框"的层次关系，代码也体现了"02""04""01""008"的相应结构关系。

4）简明性

用最少的字符区分各构件，以节省机器存储空间、提高机器工作效率、减少代码太长引致的错误。

5）可拓展性

应根据专业或任务需要，增减构件种类或构件其他数据信息以实现构件库的扩充需求，即为新的编码对象预留备用码，同时兼顾新出现的编码对象与原构件库中构件之间的顺序关系。也就是说，BIM 数据库的扩展不应改变原有结构，应该与原有的编码结构保持一致。

（4）构件的编码格式

综合前文所述，将上述各种编码形式综合吸收，采用复合编码形式（表 5-6），将构件的编码分为 6 段：［住宅项目编号］-［楼号］-［构件类别编号］-［层号/标高］-［横向轴网—纵向轴网］-［位置号］。

定位段号的含义　　　　　　　　　　　　　　　　表 5-6

段号	意义
住宅项目编号	施工许可证号（唯一性）
楼号	定位到建筑
构件类别编号	构件分类中的分类编码
层号/标高	高度指数定位
横向轴网—纵向轴网	平面中以轴线为基准点
位置号	定位到点

资料来源：作者自绘

1）住宅项目编号

项目编号以施工许可证号为准，如果一个住宅小区分几期建设，必然有多个施工许可证，因此用施工许可证来区分不同的项目即可。

2）项目中不同的楼号

以实际项目中构件所属的楼的编号为准。可以数字编号，或字母加数字编号，由项目的具体情况来确定。

3）构件类别编号

以构件分类中的分类编码为准，构件属于哪一类，类别编号号就是该类的编码。

4）层号/标高

实现一个点的空间定位需要平面定位和高度定位相结合，因此，对于构件的空间定位，采用"层号/标高号"高度定位与"横向轴网—纵向轴网"平面定位相结合，共同给出构件在建筑中的空间坐标。

以层号与标高一同表示构件所处的高度定位，例如 2 层的标高为 3.6m，那么此段的表示方法为 2/3.600。

5）横向轴网—纵向轴网

平面定位的定位轴线号包括横向定位轴线、纵向定位轴线两种。构件在建筑平面上的位置不同，表示方法也有区别，例如柱在建筑平面上是点式构件，属于轴线的交点，柱的平面定位号就可以由 X、Y 两个轴号准确定位，如将在轴线的交点处的柱表示为 C3；而梁作为平面上的线性构件，可能是在轴线上或两条轴线之间，定位号组要能表现区间。如将在轴线上的梁表示为 C3-C4，或 C3-D3；位于轴网中间区块上的构件则由左上角—右下角轴网编号表示，例如 C3-D4。

6）位置号

位置号有两种表示方式，从平面图上看，一种为横向排布，一种为纵向排布，横向排布的构件使用 H 作为前缀，纵向排布的构件使用 V 作为前缀，从 1 开始编号。因此构件的编号为 H2 或 V3 的格式。对于在轴网交点处的柱，此段的编码为 0。

（5）构件编码案例

现以江苏省南京市江宁实验房为例，进行构件编码实例演示。

本项目编号为 SDD-20170816，为独栋建筑。

1）柱构件的编码

如图 5-10 所示，以图中所选预制组合刚性钢筋笼混凝土柱为例（圆圈内），其编码为：［SDD-20170816］-［A1］-［JG-HNT-Z］-［1/0.000］-［A1］-［0］，其中每项对应分别为：［项目编号］-［楼号］-［构件类别编号］-［层号/标高］-［横向轴网—纵向轴网］-［位置号］。

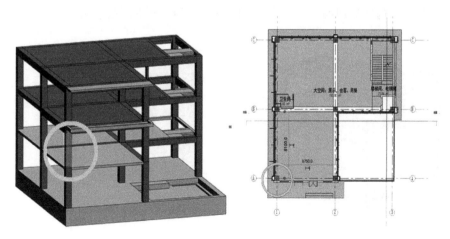

图 5-10　SDD-20170816 南京市江宁实验房（一）

图片来源：东南大学建筑学院正工作室

图 5-10　SDD-20170816 南京市江宁实验房（二）

图片来源：东南大学建筑学院正工作室

① 项目编号 SDD-20170816 由建设单位名称简称加上项目创建日期组成。

② 楼号由字母加数字组成，此处为 A1。

③ 构件类别编号：由每个构件在构件库具体编码组成，此处为结构体—混凝土—柱，因此为 JG-HNT-Z。

④ 层号/标高：此处为一层，标高为 0.000。

⑤ 横向轴网—纵向轴网：此处横向轴网为 A，纵向轴网为 1，因此为 A1。

⑥ 位置号：对于在轴网交点处的柱，此段的编码为 0。

2）梁构件的编码

图 5-11 中所选预制组合刚性钢筋笼混凝土 L 形梁的编码为：［SDD-20170816］- ［A1］-［JG-HNT-L］-［2/3.600］-［A1-B1］-［V1］，其中每项对应分别为：［项目编号］-［楼号］-［构件类别编号］-［层号/标高］-［横向轴网-纵向轴网］-［位置号］。

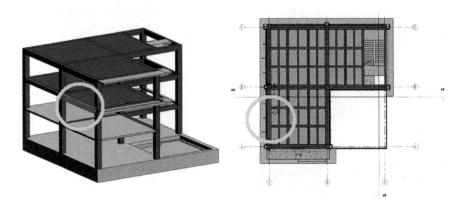

图 5-11　SDD-20170816 中 L 形梁（一）

图片来源：东南大学建筑学院正工作室

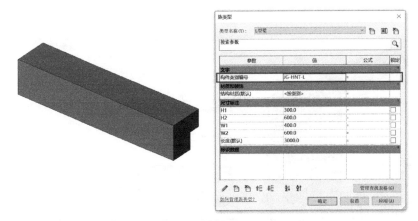

图 5-11　SDD-20170816 中 L 形梁（二）

图片来源：东南大学建筑学院正工作室

① 项目编号 SDD-20170816 由建设单位名称简称加上项目创建日期组成。

② 楼号由字母加数字组成，此处为 A1。

③ 构件类别编号：由每个构件在构件库具体编码组成，此处为结构体—混凝土—梁，因此为 JG-HNT-L。

④ 层号/标高：此处为二层，标高为 3.600。

⑤ 横向轴网—纵向轴网：此处位于轴网中间区块上的梁，由左上角—右下角轴网编号表示，因此为 A1-B1。

⑥ 位置号：竖向排布的构件使用 V 作为前缀，数量从 1 开始编号，此处梁为横向排布构件，因此为 V1。

3）外墙板构件的编码

同理，图 5-12 中所示预制混凝土外挂墙板的编码为：［SDD-20170816］-［A1］-［WWH-HNT-WQB］-［2/3.600］-［C2-C3］-［H2］，其中每项对应分别为：［项目编号］-［楼号］-［构件类别编号］-［层号/标高］-［横向轴网—纵向轴网］-［位置号］。

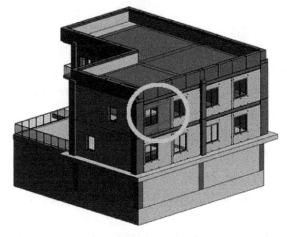

图 5-12　SDD-20170816 中的外挂墙板（一）

图片来源：东南大学建筑学院正工作室

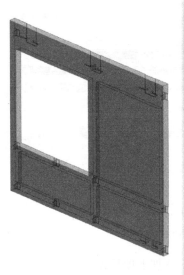
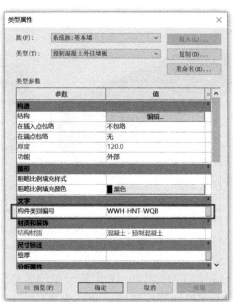

图 5-12 SDD-20170816 中的外挂墙板（二）
图片来源：东南大学建筑学院正工作室

① 项目编号 SDD-20170816 由建设单位名称简称加上项目创建日期组成。

② 楼号由字母加数字组成，此处为 A1。

③ 构件类别编号：由每个构件在构件库具体编码组成，此处为外围护体—混凝土—外墙板，因此为 WWH-HNT-WQB。

④ 层号/标高：此处为二层，标高为 3.600。

⑤ 横向轴网—纵向轴网：此处位于轴网中间区块上的外墙板，由左上角—右下角轴网编号表示，因此为 C2-C3。

⑥位置号：横向排布的构件使用 H 作为前缀，数量从 1 开始编号，此处梁为横向排布构件，因此为 H2。

4）窗构件的编码

图 5-13 中所选外窗的编码为：[SDD-20170816]-[A1]-[WWH-WMCXT-C]-[2/4.500]-[B2-B3]-[H1]，其中每项对应分别为：[项目编号]-[楼号]-[构件类别编号]-[层号/标高]-[横向轴网—纵向轴网]-[位置号]。

① 项目编号 SDD-20170816 由建设单位名称简称加上项目创建日期组成。

② 楼号由字母加数字组成，此处为 A1。

③ 构件类别编号：由每个构件在构件库具体编码组成，此处为外围护体—外门窗系统—窗，因此为 WWH-WMCXT-C。

④ 层号/标高：此处为二层，标高为 4.500。

⑤ 横向轴网—纵向轴网：此处位于轴网中间区块上的窗，由左上角—右下角轴网编号表示，因此为 B2-B3。

⑥ 位置号：横向排布的构件使用 H 作为前缀，数量从 1 开始编号，此处梁为横向排布构件，因此为 H1。

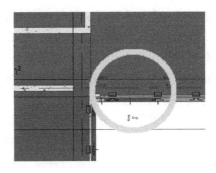

图 5-13 SDD-20170816 中的外窗
图片来源：东南大学建筑学院正工作室

5.4.4 信息创建的插件体系

构件信息创建以三维模型为基础，添加几何信息和非几何信息。信息的创建包含构件类型确定及编码的设置、创建几何信息、添加非几何信息、构件信息复核等（表 5-7）。

部品构件属性特征分类　　　　　　　　　　　　　表 5-7

属性特征分类	分类内容
几何信息属性特征	A 部品构件的尺寸 B 部品构件的定位信息
通用非几何信息属性特征	A 关键参数 B 性能 C 规格 D 部品构件的连接方式 E 部品构件的安装方式
专属信息属性特征	A 制造商信息 B 供应商信息 C 材料价格信息 D 运维阶段所需相关信息

资料来源：姚刚. 基于 BIM 的工业化住宅协同设计的关键要素与整合应用研究［D］. 东南大学，2016：123.

由图 5-14 可见，构件信息的添加是一个分段的动态的过程。在住宅全生命周期内构件的信息创建包含两个阶段：构件库的信息创建阶段和构件生产、运输和后期维护阶段的信息添加。在工程设计中，设计人员在 BIM 平台根据需要从构件库中选取构件进行模型设计，添加相关深化设计信息，信息完备后将 BIM 模型交付给建造单位，指导构件的生产、运输和建造，其间的相关信息及后期运营维护信息均添加到该项目的 BIM 模型中，并上传到该项目的信息管理平台上。因此，构件库的信息创建发生在第一阶段；构件的深化设计信息、厂家信息、运输信息、运维信息等均需添加在项目的 BIM 模型构件中，而不是添加到构件库中。项目 BIM 模型中的构件信息涵盖构件库中构件的所有信息，项目的 BIM 模型中构件的信息涵盖构件库中构件的所有信息，其构件是调用了构件库中的附带原始信息的构件，并进行信息添加后生成的。信息添加的前提是构件信息创建时预留足够的拓展空间，然而借助插件来实现。

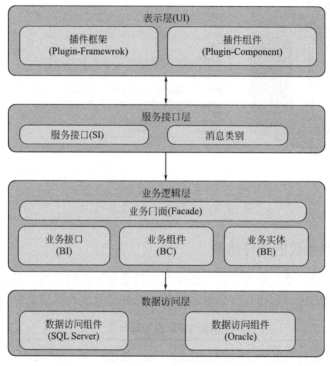

图 5-14　插件体系结构图
图片来源：东南大学建筑学院正工工作室

（1）建模软件的插件开发

插件是遵循一定约束规范，使用应用程序接口，为起到扩展原程序功能而编写的程序。它可支持多个平台，只能在系统的平台程序中运行，并且不能从指定的平台分离而完全独立运行，与之前平台有依附关系。很多软件都有插件，插件也层出不穷。只有支持后台添加插件中心管理的程序，才可以称为该平台标准的插件。保持主程序不变，可以通过增加或减少插件或修改插件来调整软件。通过插件的性质，不修改主机程序以扩大或加强功能，任何开发者都可以创建自己的插件或者增加全新的功能来更便于操作。这实现了"即插即用"的概念。

插件由两部分组成，即平台和插件。平台以及插件的实现需要提供两个接口——平台扩展接口和插件接口，前者由平台实现，后者由插件实现。插件只调用和使用平台扩展接口，平台只调用和使用插件接口。平台扩展接口是单向通信，插件通过其可获取主框架的各种资源以及数据，具体内容包括各种系统句柄、程序内部数据以及内存分配等。插件接口实现平台—插件方向的单向通信，平台可以读取插件处理数据等。

（2）建模软件二次开发应用的分类

按照性质主要可以分为以下几种：

① 程序插件应用：插件是依附在程序上运行的，类似于子程序。

② 文本插件应用：简单处理文本的插件，类似于 windows 中的批处理。比如当模板内容有多行在 JavaScript 中嵌入 HTML 会很麻烦。可以使用 js 文本插件，一切问题迎刃而解。

③ 脚本插件应用：顾名思义，脚本插件编写所使用的语言是脚本语言，比如 Ruby on rails、IronPython 等脚本语言。

（3）程序插件与主程序的关系

① 主程序：Plugin 依附的程序。一般具有比较强大的功能。

② 接口 API：主程序预留的接口。用来提供给 Plugin 访问主程序中的部分数据，进行一定权限的操作以获取数据。

③ 插件（Plugin）：能够动态加载，丰富程序的既有功能。通过接口 API 与主程序发生联系（图 5-15）。

（4）基于三维建模软件的 BIM 应用系统架构

从系统层面上分析采用三层架构的软件体系架构（图 5-16）。

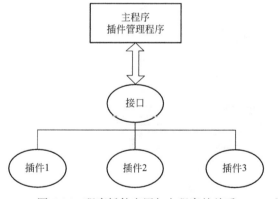

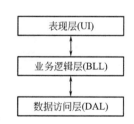

图 5-15　程序插件应用与主程序的关系　　图 5-16　基于三维建模软件的 BIM 应用系统架构
图片来源：作者自绘　　　　　　　　　　　图片来源：作者自绘

应用程序整个业务中，三层架构通常意义上是作如下划分：表示层、业务逻辑层和数据访问层，如此分为三层的目标"高内聚，低耦合"。

① 表示层：交互式接口的性能，通俗地讲被呈现给用户界面。用户在使用所见即所得的系统。

② 业务逻辑层：针对具体问题的行动，是该数据层和数据对整个流程业务逻辑的操作。

③ 数据访问层：该层操作直接操作数据库，对信息进行增、删、改、查等操作。

5.4.5 建筑构件定位追踪体系

建筑构件的定位追踪系统是信息化平台实现建造模拟、建造进度管理以及住宅全生命周期的信息管理的关键技术系统。

（1）定位系统的架构

在工业化住宅的全生命周期中，建筑构件要经历设计、物料计划、订单生成、构件生产、运输、建造现场堆场堆放、构件安装、运行维护等各个阶段的不同状态，每个状态都包含质量稳定情况、使用情况、位置方位、运输速度和距离等多种数据，并且这些数据信息都需要及时采集和分析，以便进行处理或做出计划安排，可见电子定位追踪系统是实现设计—建造协同，乃至实现住宅全生命周期信息化与工业化结合的关键技术系统。

电子定位信息系统以 BIM 技术和物联网技术共同架构而成。其中电子定位技术在构件的全生命周期中起到关键的作用。物联网的电子定位技术有多种形式，GPS 和 RFID 技术是工业化住宅的适用技术。

RFID 技术是一种非接触、自动对象标识技术，其基础是射频原理，其核心技术是无线通信技术和大规模集成电路技术。RFID 的工作原理是利用了射频信号及其空间耦合或输送的特性，驱动电子标签电路将其存储的数据内容发射出去，借助对数据内容的解读和处理对电子标签所绑定的对象进行识别。典型的识别系统有后端数据处理计算机、读写器、电子标签、天线等四个组成部分（图 5-17）。

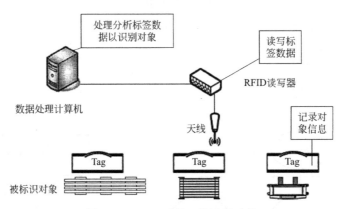

图 5-17 RFID 系统工作过程示意

图片来源：东南大学建筑学院正工作室

标签具有可读写和存储数据两种功能，作为一种有效的信息载体，可实时记录对象的动态信息。系统通过阅读器，对绑定在处于动态或静态目标上的标签进行迅速、精准的数据采集，在获取标签数据后，负责处理的计算机通过预处理和分析，对目标进行准确的识别。由于技术原理、生产制造工艺先进，标签具有诸多优点，例如识别的距离大、存储量更大，并且内容可加密、存储信息可更改、标签防水、防磁、耐高温、使用寿命长且所存储的信息可以在动态中被读取等。

（2）BIM 模型与定位信息的数据交互

1）信息交互的实现

基于 BIM 的工业化住宅在设计—建造过程中的信息传递如图 5-18 所示，通过调用构件库的构件完成 BIM 模型的设计后，需要结合施工单位的进度模拟，实现对实体构件的生产、运输、建造等的合理管控。这便需要将现场建造的构件与 BIM 模型之间实现关联与信息共享，形成 BIM 模型信息与定位信息的信息交互。要实现这种关联性，需依靠 BIM 模型中的 ID 编码和构件的 RFID 编码来实现。

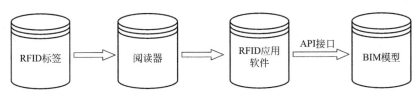

图 5-18　工业化住宅设计—建造过程中的信息传递

图片来源：作者自绘

这便要求实体构件在生产阶段将 RFID 电子标签植入构件，存储构件生产信息；此外，还要存储构件的 BIM 模型信息中的唯一性 ID 号和 RFID 编码；因此，实体构件在植入的 RFID 芯片中的编码应存储前文所述的 ID 号，并实现构件数据库中的构件编码、BIM 设计模型的构件 ID 号、实体构件 RFID 编码这三者之间的关联性和交互性。

2）RFID 标签数据结构

结合前文可见，RFID 标签作为预制构件出厂的唯一标识，编码除了应该符合行业的相关规定，还应该能够反映构件其他基本属性以及制造、吊装的相关信息等，并与施工图相对应。RFID 编码包括 EPC 编码区和用户区，前者是标签出厂的唯一标识，后者是依据用户需求进行信息存储的编码区域，用户区包括标头、标识对象和记录段等 3 个部分，其中记录段是用户输入信息的关键编码区。信息交互实现后，RFID 编码中所包含的信息主要有：RFID 出厂信息、模型 ID 信息、构件产品参数、状态、过程参数、历史数据、环境数据、位置数据等部分（表 5-8）。

RFID 编码中所含信息　　　　　　　　　　　　　　　　表 5-8

编码名称	出厂信息	构件产品参数	模型 ID	状态	过程参数	历史数据	环境数据	位置数据	拓展区
备注	RFID 出厂标识	厂家、制造者、名称等	BIM 数据模型信息对应	处于设计—建造中的哪个阶段	过程数据，如运输单位代码、吊装单位代码等	生命周期的相关记录	外部空间信息，如建造地点、房间等	表征位置的坐标数据（安装位置、堆放位置、路线信息、附属物位置、处理位置）	留待信息拓展
作用	RFID 唯一性标识	产品标识	构件唯一标识	安排对接软件	了解建造进程	便于构件维修	人员、构件管控	检查建造质量	信息拓展

资料来源：作者自绘

在装配式建筑整个流程的监控中，通过给每个构件按规定赋予唯一的构件编码，并以 RFID 芯片的方式固定在构件统一的位置，从构件在场内开始记录每一个构件的所处状态，工人通过手持式的 RFID 扫描器来扫描构件上的芯片，统一更改构件的状态信息，芯片通过数据流上传到系统内，随时掌握构件的状态（图 5-19）。

（3）定位流程

实现数据交互后，BIM 模型含有与实体构件相一致的信息，通过物联网技术，借助智能手机、PAD 以及 PC 等终端实现构件状态信息追踪读取。借助定位追踪系统，可以完成 BIM 模型 4D 建造模拟，进行施工进度的设计和管控；可以进行构件状态追踪、隐蔽工程检查、危险程度提醒、构造节点检查等所有建造的协同工作。在住宅的全生命周期中，BIM＋物联网的工作流程主要有（图 5-20）：

最新构件动态

构件	动态
预制阳台隔板1 丁家庄A27地块	生产完成
预制混凝土剪力墙6 丁家庄A27地块	生产完成
预制混凝土剪力墙5 丁家庄A27地块	生产完成
预制混凝土剪力墙5 丁家庄A27地块	生产完成

图 5-19　BIM 与 RFID 技术结合随时掌握构件状态
图片来源：东南大学建筑学院正工作室

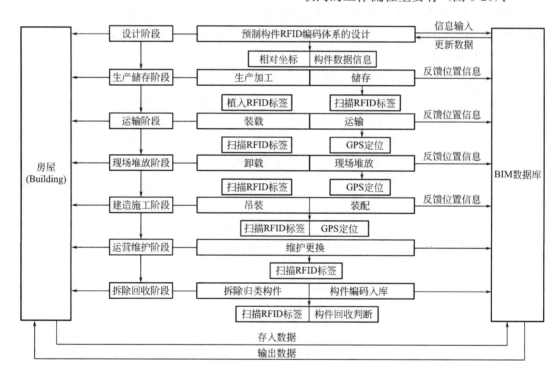

图 5-20　工业化住宅设计—建造过程中的信息传递
图片来源：张宏，等. 构件成型·定位·连接与空间形式生成 [M]. 南京：东南大学出版社，2016：27.

① 设计与生产阶段：构件 ID 和 RFID 标签基本信息交互，并完成 RFID 标签的固定工作。

② 运输阶段：依据构件尺寸、重量进行运输车辆选择、运输路线规划，依据建造工地状况和建造模拟顺序组织构建运输，同时进行 RFID 标签相关运输单位代码、运输路段及位置、堆放位置信息的录入和交互。

③ 建造阶段：依据构件 ID 和 RFID 标签进行构件入场检查、吊装管理、吊装位置检查、

构件安装位置确认、建筑工人的危险操作警示等工作以及相关数据录入和交互（图 5-21）。

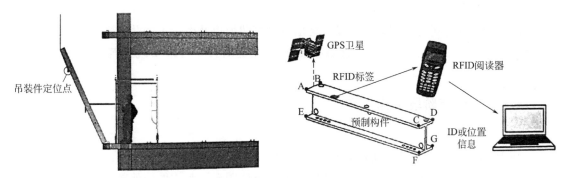

图 5-21　追踪技术在构件吊装过程中的应用示意

图片来源：张宏，等. 构件成型·定位·连接与空间形式生成［M］. 南京：东南大学出版社，2016：29.

④ 运维阶段：指导隔墙体系、内装修体系、管线设备体系等的安装，投用后工业化住宅构件维护与更换、建筑生命周期终结时进行可回收性判断等。

5.5　设计—建造协同工作内容

工业化住宅是一个系统的集成。BIM 协同平台的搭建，通过充分发挥其信息集成的优势，实现高层工业化住宅设计—生产—建造—运维的协同发展。

5.5.1　设计阶段工作内容

（1）可视化设计交流

通过 BIM 设计—建造协同平台，借助软件的三维模型可实现设计阶段的可视化设计交流，直观地理解各技术，有利于甲方的深度参与，保证各专业相关方之间的无障碍沟通。

（2）设计分析

在可视化的前提下，利用协同平台进行充分的设计论证和推敲，有利于进行建筑空间、功能流线、专业设计的优化。

（3）协同设计

BIM 平台有利于实现设计上的功能协同，实现机电系统、结构体系支撑系统以及其他匹配建筑功能的协同。

（4）碰撞检查与冲突消解

通过 BIM 协同平台进行建筑、结构、给排水、暖通空调、强电弱电等所有建筑相关专业的碰撞检查和冲突消解，将传统模式中通过建造才能发现的问题检查充分前置，通过平台实现信息交互和改造讨论。

（5）日照分析

传统的设计模式中，三维模型与日照分析分别通过两个信息不可交互的软件建模来实现，无形中造成工作量的增加和数据误差的增多。基于 BIM 平台之上的设计与建造，实现日照分析与三维模型的无缝对接，提高了工作效率，避免了数据流失，实现了设计阶段的信息共享。

（6）能耗分析

传统的能耗分析与日照分析一样，会出现重复建模以及由于不能共享造成数据误差的情况。BIM平台实现了各专业软件数据信息的无缝对接，可以实现能耗分析的精细化模拟。

5.5.2　生产阶段工作内容

（1）指导构件生产

基于BIM的建筑设计，实现对构件细部构造、尺寸定位的全真模拟，实现对相关物料的精确量算，改变了传统的构件生产中工人依靠读图来了解构件的外部形态与内部构造的方式，三维模拟的电子图纸直观、精确，且实现了对构件的准确量算，便于指导构件的生产。

（2）构件的智能化制造

BIM平台的搭建，实现了计算机辅助制造（computer-aided manufacturing，CAM），也就是说，直接或间接地将计算机与构件生产设备相联系，用计算机系统进行构件生产制造的计划、管理和对生产设备的操控，无需图纸环节，实现电子交付。机对机数据接口完成构件制造过程中的数据对接，减少二次录入，有利于提高效率，减少错误。计算机控制和处理物料的流动，可实现自动振捣、自动监控养护、实现翻转吊运的自动化，以及钢筋的信息化加工，对构件产品的自动测试和检验，实现构件的智能化制造。

（3）生产全过程信息实时采集

通过BIM平台，实时监控整个生产过程，采集作业顺序、工序时间、过程质量等各个生产工序的生产信息，以及构件的库存信息、运输信息等，通过对信息汇总分析，为优化管理决策提供参考。

5.5.3　构件运输阶段工作内容

（1）构件堆场的智能化管理

通过构件编码的数据信息，将不同类型构件的产能及现场需求进行关联，实现排布构件产品存储计划、产品类型及数量的自动化，通过构件编码及扫描快速确定所需构件在堆场的具体坐标和定位。

（2）物流运输智能化管理

通过协同平台，信息关联住宅建造现场装配计划及需求，排布详细运输计划，包括具体卡车、运输产品及数量、运输时间、运输人、到达时间等，信息化关联构件装配顺序，确定构件车次序，整体配送。

5.5.4　建造阶段工作内容

（1）编制建造进度计划

BIM平台的搭建，可实现对构件生产、运输、建造等信息的集成，便于编制精确的建造进度计划，实现对建造进度、人工、车辆、场地的合理规划与控制，最终达到提高建造质量和建造效率的目的。

（2）虚拟建造

三维可视化效果可以进行全仿真虚拟建造，同时进行建造过程中的碰撞检测，对复杂节点进行模拟施工，优化施工方案。

（3）建造进度管理

综合前文所述，借助BIM信息化平台和物联网技术，实现对相关物料、车辆、人工的动态、静态计划与监控，对建造进度进行精确管理。日本的工业化住宅，对于构件进场和构件安装的时间控制精确到了"分"这一单位。

（4）建造监控与预警

通过BIM平台和物联网技术，可以随时进行构件到位情况及其安装质量的扫描，进行建造质量的实时监控，做到对事故的实时发现和实时处理。同时，BIM平台实现建造现场与建造进度计划、物流运输、堆场信息的数据关联，达到物料储备警戒线可以实现预警。此外，建筑工人身上的RFID标签与建筑构件等实现关联，对于危险距离、危险操作提供实时预警，可保障建造过程中的质量安全和人身安全。

第六章 装配式刚性钢筋笼高层保障性住房设计与建造实践

保障性住房是我国政府为中低收入、住房困难家庭所提供的限定标准、价格或租金的住房，通常有廉租住房、政策性租赁住房、经济适用住房、定向安置房等形式。住房选址多位于非城市中心地带，建筑形式多为高层建筑。

2011年，《国民经济和社会发展第十二个五年规划纲要》提出"十二五"时期全国城镇保障性安居工程建设任务3600万套，我国进入保障性住房大规模建设时代。事实上，我国对于保障性住房的政策性建议从2007年便已开始，2008～2010年已经以传统小户型模式进行了上千万套的建设。随着经济社会的发展，保障性住房的需求逐渐趋向饱和，原有的保障性住房集中式、片区性的建设模式逐渐暴露出一系列社会问题，例如住房品质低下、管理困难、社会阶层化明显、人们居住满意度降低，以及传统小户型设计与建造模式造成的保障性住房功能置换和空间重塑困难，等等。为避免像西方国家出现弃置性廉租住区的问题，保障性住房的设计与建造理应转换思路，从分散化规划、灵活性大空间设计、工业化设计—建造三个方面着手，为新建保障性住房赋予全生命周期的活力。

基于上述背景，在国家"十二五"科技支撑计划的支持下，在笔者导师的带领下，东南大学正工作室团队从实际项目出发，探索既符合当前保障性住房设计标准，又能实现空间可变性的可持续高层保障性住宅的工业化设计与建造。

6.1 项目概况及场地布局

6.1.1 项目概况

本项目为高层保障性住房，位于江苏省内某地，项目地处新区，基地地势平坦、四周空旷，无其他附属建筑物且有预留商业用地，具备堆场设置条件。距离基地交通距离100km范围内有成熟的钢筋工业化加工基地，用地周边具有完善的市政道路条件，构件进出场条件便利。考虑到百姓的接受度问题，设计要求明确表示采用钢筋混凝土现浇结构体系，因此利于采用前文所述的基于构件体系的新型钢筋混凝土现浇工业化建造模式。

项目地上31层，地下一层，建筑高度96.35m，总建筑面积3.8万 m²。基地所在地区地震设防烈度为7度，设计采用剪力墙结构，采用密肋楼板。外墙采用预制混凝土大板的独立式外围护体系和幕墙体系。

6.1.2 场地布局

基地总平面布局，除满足消防车道、消防登高场地和消防登高面等相关国家高层建筑防火规范和城市总体规划的要求外，需要考虑契合新型钢筋混凝土现浇工业化三级装配建造模式的施工组织，结合施工量算，在规避施工填挖区的前提下，对构件运输通道、工地工厂区域、预制构件堆场区域和施工区域进行规划。本住宅建筑标准层平面长 38.16m、宽 31.46m，JL150 型塔吊最大吊重 10t，起升高度 189m，最大臂长 55m，末端起重量 2.1t。结合建筑高度（96.35m）以及最重构件的重量数据进行测算，一台 JL150 型塔吊即可满足施工半径要求（图 6-1）；一标准层建筑面积 1160m²，工地工厂和预制构件堆场所需面积约 3000m²，建造场地总平面布置如图 6-2、图 6-3 所示。

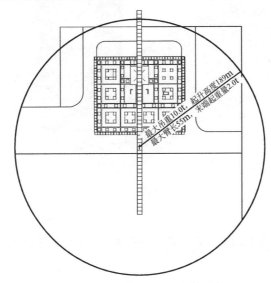

图 6-1　JL150 型塔吊条件测算模拟

图片来源：东南大学建筑学院正工作室（本章图片除特殊说明外，均与图 6-1 来源相同）

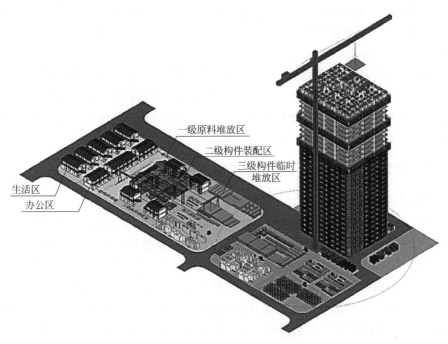

图 6-2　工地工厂布置模拟图

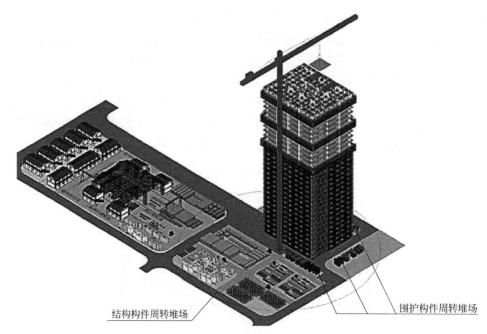

图 6-3　成品构件堆放场地图

6.2　高层保障性工业化住宅构件体系设计

根据设计任务书中对户型面积的要求，对本项目进行基于构件体系的建筑设计。以实现高层工业化住宅户内空间高丰度和模块化为原则，同时考虑住宅全生命周期内实现建筑功能变化的多样性，例如在保障房完成居住功能后可改为酒店式公寓、办公建筑等，以保证建筑的活力。以实现上述要求为目的，采用标准化设计方法，展开基于构件体系的高层保障性住宅的工业化设计。

与传统的户型平面—住宅立面—剖面的设计顺序不同，基于构件体系的高层工业化住宅的设计是面向产品与建造的设计模式，在设计初期，住宅平面与住宅层高均要有构件产品的概念，要将对建筑模数、成熟构件产品的平面及剖面尺寸的考量充分前置。因此，本文将住宅设计从结构体系的设计开始进行阐述。

6.2.1　结构体系设计

（1）结构体平面布置图

结合户型平面尺寸和楼板跨度考虑，首先将标准层核心筒外的结构体轴网定为 8.4m×8.4m 规则方形，使其符合 3M 的模数，便于与国内其他建筑部品和设备的对接。依据剪力墙装配式刚性钢筋笼的结构布置原则，将剪力墙形状简化、规格化、标准化，将形状设计为 L 形、T 形和 H 形剪力墙（图 6-4）。以符合国家高层建筑结构技术规范的结构安全要求为基准，在截面尺寸符合结构安全计算的前提下，对剪力墙种类进行归并，结果如图 6-5 所示，每个标准层含有 L 形剪力墙 3 种、T 形剪力墙 2 种和 H 形剪力墙 1 种，即每个标准层剪力墙规格仅为 6 种。

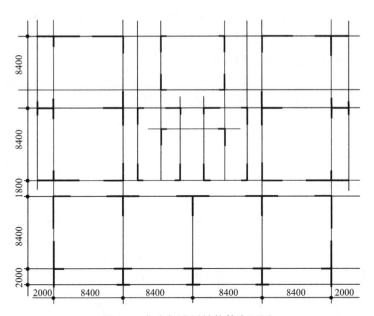

图 6-4　住宅标准层结构体布置图

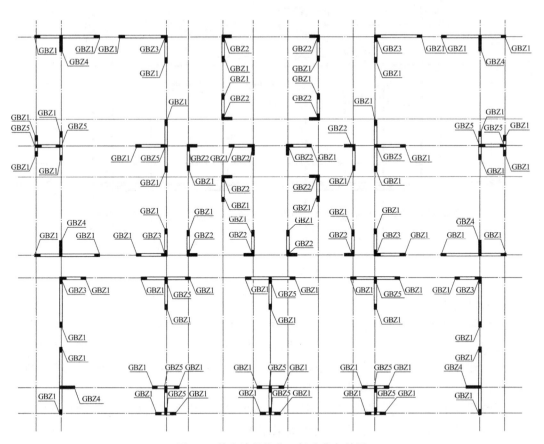

图 6-5　剪力墙规格化、标准化归并图

通过同样的方法，对梁和楼板进行规格化和标准化之后，本项目全部梁构件截面配筋形式仅有 12 种，楼板的种类也较少。

结构体设计完毕后，将优化后的结构体平面与同步进行的住宅户型平面结合，得出如图 6-6 的建筑标准层平面，可提供最大长度为 30m 的连续开敞空间，可以满足绝大多数民用建筑空间的使用要求，为住宅将来的功能置换提供最大的可能性，符合住宅建筑的可持续发展要求。

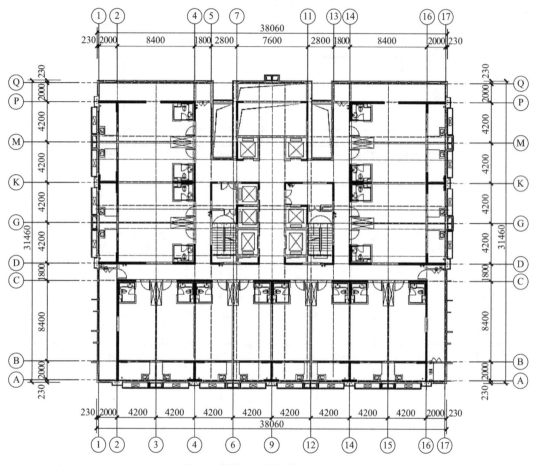

图 6-6　优化后的结构体与平面叠加

（2）结构体剖面设计

与传统意义上的由平面生成到剖面设计的顺序不同，本项目的剖面设计，实际在设计开始之前的前期就已经开始。在确定本项目的外围护体系、楼板体系、管线设备体系之后，兼顾建造的可行性、居住的舒适度，以及未来建筑功能置换之后空间利用的多样性等多方面因素之后，反推出本项目的层高。

影响层高确定的因素：依据大空间原则，减少梁的高度及梁的数量，本项目采用密肋楼板，板厚 250mm；此外，设备管网体系采用独立式设计，楼板采用干式架空楼板；采用同层排水整体卫生间，结合本住宅全生命周期内多种功能、多种形式空间的可变性，兼顾经济性原则，最终确定建筑层高 3.1m（图 6-7）。

图 6-7　北立面及剖面图

本项目剖面设计规整，楼层之间不产生变化，符合建筑工业化高效建造的原则。

（3）结构体剪力墙刚性钢筋笼设计

结构体设计完毕后，与传统的建筑设计不同，基于构件体系、面向建造的工业化住宅设计模式需要在这个阶段将其刚性钢筋笼构件数量统计工作充分前置，以便于设计方案经济性的考量，并且便于构件生产厂家与设计同时期介入，实现设计阶段的协同。

构件体系的设计方法，采用层级式、归纳法，结合标准化、模块化原则将构件规格种类最少化，这种方法与原则也适用于本项目剪力墙刚性钢筋笼层级的设计中。标准层经过归并有 6 种形式的剪力墙，在符合国家高层住宅结构安全要求的前提下，将每个剪力墙的钢筋体系拆分为规格化的边缘约束构件和钢筋网片。每个剪力墙都包含两到三个不同的边缘约束构件。为减少钢筋笼的规格种类，在满足我国《高层建筑混凝土结构技术规程》（JGJ 3-2010）对于剪力墙边缘约束构件钢筋设置要求的前提下，将边缘约束构件进行合理的标准化归并。

① 刚性钢筋笼构件的设计

本项目共31层，高层建筑结构体受垂直荷载产生轴向力与建筑物高度大体为线性关系，水平荷载产生的侧向弯矩大致遵循下大上小的关系，设计中在满足建筑功能要求和抗震性能的前提下，兼顾结构性能和经济效果。因此，在结构安全计算的结果上，以计算结果为准则，将16层以上剪力墙厚度设计为200mm，15层及以下剪力墙厚度设计为250mm。其中，1～5层为加强层，6～15层剪力墙在尺寸相同的前提下增加配筋。归并之后，16～31层的剪力墙刚性钢筋笼边缘约束构件为9种。其余楼层的刚性钢筋笼也采用同样方法进行归并，最终结果是，本建筑共有剪力墙构件18种（表6-1），剪力墙边缘约束构件19种（表6-2）。

高层保障性住房剪力墙构件统计表 表6-1

剪力墙型号	数量	圈柱	个数	数量统计
JG-1-1	4×14＝56	YBZ1	1	56
		YBZ2	1	56
JG-2-1	4×4＝16	YBZ3	1	16
		YBZ4	1	16
		YBZ6	1	16
JG-3-1	4×2＝8	YBZ3	2	16
		YBZ6	1	8
JG-4-1	4×6＝24	YBZ5	2	48
		YBZ7	1	24
JG-5-1	4×5＝20	YBZ3	1	20
		YBZ4	2	40
		YBZ8	1	20
JG-6-1	4×5＝20	YBZ9	1	20
		YBZ10	1	20
JG-1-2	11×14＝154	GBZ1	1	154
		GBZ2	1	154
JG-2-2	11×4＝44	GBZ3	2	88
		GBZ4	1	44
JG-3-2	11×2＝22	GBZ3	2	44
		GBZ4	1	22
JG-4-2	11×6＝66	GBZ3	2	132
		GBZ5	1	66
JG-5-2	11×5＝55	GBZ3	3	165
		GBZ6	1	55
JG-6-2	11×5＝55	GBZ3	4	220
		GBZ6	2	110

剪力墙型号	数量	圈柱	个数	数量统计
JG-1-3	16×14＝224	GBZ1	1	224
		GBZ2	1	224
JG-2-3	16×4＝64	GBZ1	2	128
		GBZ7	1	64
JG-3-3	16×2＝32	GBZ1	2	64
		GBZ7	1	32
JG-4-3	16×6＝96	GBZ1	2	192
		GBZ8	1	96
JG-5-3	16×5＝80	GBZ1	3	240
		GBZ9	1	80
JG-6-3	16×5＝80	GBZ1	4	320
		GBZ9	2	160

资料来源：东南大学建筑学院正工作室

高层保障性住房剪力墙一级工厂件统计表　　　　　　表 6-2

编号	数量	示意图	编号	数量	示意图
YBZ1	56		YBZ3	52	
YBZ2	56		YBZ4	56	

续表

编号	数量	示意图	编号	数量	示意图
YBZ5	48		YBZ9	20	
YBZ6	24		YBZ10	20	
YBZ7	24		GBZ1	1322	
YBZ8	20		GBZ2	378	

续表

编号	数量	示意图	编号	数量	示意图
GBZ3	649	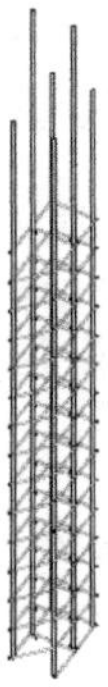	GBZ7	96	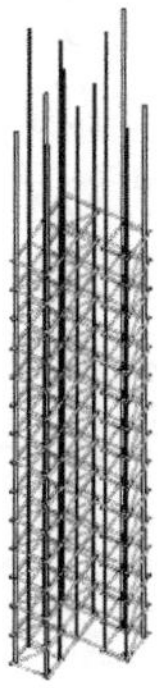
GBZ4	66	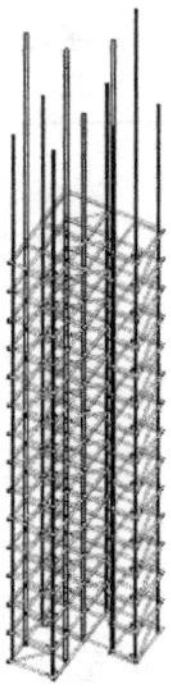	GBZ8	96	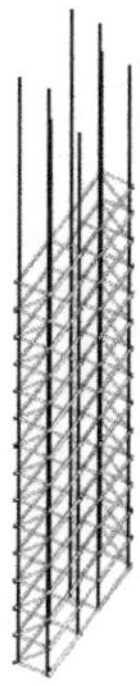
GBZ5	66	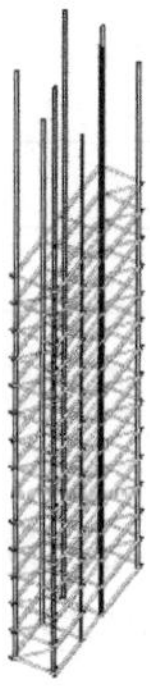	GBZ9	240	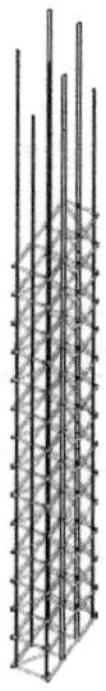
GBZ6	165	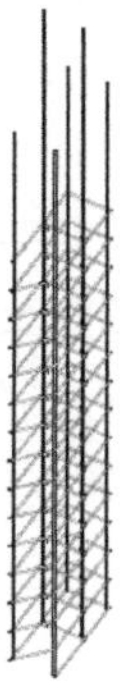			

资料来源：东南大学建筑学院正工作室

图 6-6 为归并过的 16～31 层标准层剪力墙边缘约束构件平面图。将 1～5 层的剪力墙分别编号为 JG-1-1、JG-2-1、JG-3-1、JG-4-1、JG-5-1、JG-6-1；同种方法，将 6～15 层的剪力墙分别编号为 JG-1-2、JG-2-2、JG-3-2、JG-4-2、JG-5-2、JG-6-2；将 16～31 层的剪力墙分别编号为 JG-1-3、JG-2-3、JG-3-3、JG-4-3、JG-5-3、JG-6-3，边缘约束构件归并和编号后，得出约束件统计表（表 6-1）。

结构体梁、柱和楼板，以构件标准化、模块化、独立组合化和结构安全性为原则，以结构安全的科学计算为依据，采用同样的设计方法和标准化归并法，梁构件截面配筋形式为 12 种，楼板的一级工业化构件为 8 种（表 6-3）。

梁与楼板规格化以后的钢筋构件种类　　　　　　表 6-3

		编号	数量			编号	数量
梁	1～15 层	KL-250	27×15＝405	楼板	金属底板	长 8.4m	4960
		L-250	4×15＝60			长 0.6m	66960
		LL-250	6×15＝90		连接件	螺丝	297600
		XL-250	3×15＝45			螺母	595200
	16～30 层	KL-200	27×15＝405			卡件	148800
		L-200	4×15＝60		钢筋桁架	8.4m	3720
		LL-200	6×15＝90			2.0	3720
		XL-200	3×15＝45		发泡混凝土填充块模板		62496
	31 层	WKL7	27				
		WL7	4				
		WLL7	6				
		WXL	3				

资料来源：东南大学建筑学院正工作室

② 结构体其他构件体系的设计

PC 外墙板在我国工业化住宅发展史上，是历史最悠久、应用最广泛的预制外墙板形式；对于住宅建筑来说，是世界范围内工业化住宅应用最广泛的外墙板。在建造时先吊装较重的预制大墙板，因此，有最成熟的构造细节处理技术，如外墙水平缝、垂直缝的处理，外保温处理等。

设计要求两侧大墙板安装到位后，再进行烟道和管道的吊装和装配，通过后两者来控制外围护体系的公差，可以较好地解决全装配外墙的精度问题。

PC 板以悬挂的方式形成整体，实现了外围护体系与结构支撑体的相互独立（图 6-8），有利于住宅全生命周期内的建筑改造，从宏观的角度来看，结构体和外围护体系的相互独立，有利于住宅结构体使用周期的延长，减少重复建设，减少对环境的破坏和污染。

6.2.2　内分隔体系设计

本项目充分保证内分隔体系的独立性，与独立的外围护体系一样，有利于建筑功能置换和住宅再生。

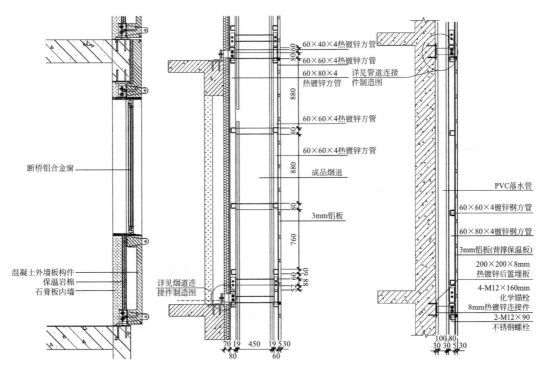

图 6-8　PC 板、金属烟道壁、金属幕墙构造图

内隔墙采用两种材料：分户墙由于需要满足隔音、防盗、防火等需求，因此采用150mm 厚轻质加气混凝土板，户内分隔墙采用 110mm 厚轻质加气混凝土板；地下室或核心筒内墙采用 190mm 厚加气混凝土砌块。加气混凝土隔墙板具有轻质、保温、隔音的特点，有利于保证住宅建筑的私密性；该类墙板具有足够的强度，可以满足居住物品的悬挂承重；同时，该墙板还具有良好的可加工性能，施工时无需吊装，人工借助简单机械即可进行安装，尤其适合对平面布置有灵活性需求的保障性住宅。墙板幅面较大，有利于提高建造施工速度，降低劳动强度，墙面平整无需二次加工，大大缩短了建造周期。

6.2.3　内装修体系设计

内装修体系中，最具有技术难度的部分是厨房和卫生间的设计。厨卫空间同时具有给水、排水、强电、弱点、管道煤气、冷水、热水等各种管线设备，需要满足保温、隔热、通风、光照等多种功能，是工业化住宅中难度系数最高的"湿区"，是住宅史上最容易暴露建筑质量弱点的功能区块。本项目中的厨房，因各种原因只需按照设计要求做出预留，因此在本项目的内装修体系中，本文只阐述整体卫生间部分的设计。

同层排水是厨卫设计中较为先进的排水方式，主要特征是排水管在本户内，拥有诸多优点：产权明晰；布局灵活，住户可以依照意愿随意更改洁具的位置；避免排水造成对楼下住户的噪声干扰。传统的工业化住宅，采用降板的方式将厨房、卫生间设计为同层排水，实现水平管线与垂直管线分离的居住理念。为保证排水横管坡度，通常需降板300mm 以上的高度，增加了结构非标准件，因此增加造价，同时容易对相邻结构体的梁与楼板产生不利影响。因此在本设计中，采用目前技术成熟的科逸卫浴的整体式同层排水卫生间。整体卫浴为工业化产品性质的设备体系，生产精度高，可在 110mm 内解决排水管坡度问题（图6-9），因此本方案无需降板，仅将卫生间采用120mm架空地板，以最经济、最安全的方案实现同层排水，保证构件体系之间的独立性。

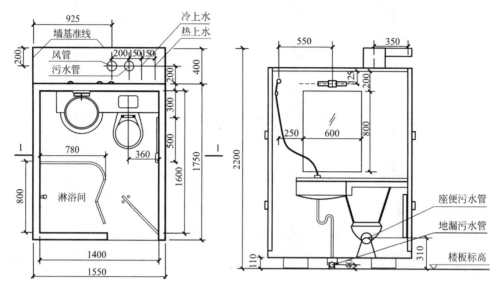

图6-9　科逸同层排水整体式卫生间

图片来源：作者自绘

6.2.4　管线设备体系设计

本项目的管线设备构件是典型的三层级体系，即一级构件子体系位于住宅外部、二级构件子体系位于住宅公共空间、三级构件子体系位于住宅户内空间。

本体系采用独立性设计，运用干式楼板架空技术，为布线排管给出极高的自由度，减少传统建筑中线路改造挖槽、掏洞对住宅结构体系造成破坏，并且可最大限度增加室内空间的灵活性，有利于实现住宅的可持续性。架空楼板具有极好的隔音效果，提高了该类一梯多户高层保障性住房的居住质量、空间私密度，通过建筑设计给予住户最大限度的居住尊严。

6.3　新型钢筋混凝土现浇工业化建造体系的技术构成

本项目采用现浇与预制装配相结合的技术体系。结构体系现浇，围护体系、内分隔体系采用成熟的混凝土预制装配技术，实现现场工业化现浇技术与工厂化预制技术的技术优势充分结合，为我国当前的高层工业化住宅的新型工业化建造提供了良好的范例。

混凝土体系商品化：采用成熟的泵送商品混凝土。

钢筋体系工厂化：结构体剪力墙体系、密肋楼板体系采用钢筋笼构件工厂化生产、现场化装配。

模板体系工具化、一体化：采用工具化模架辅助楼板及剪力墙的支护，模板采用免拆渗滤模板技术。

架子体系装备化、集成化：采用集装架装备实现构件定位连接的装备化，通过塔吊整体转运，最大限度减少人工和高空作业率，为工业化建造提供更高的安全保障。

6.4 构件的三级工业化装配式建造

本项目采用分级工业化装配式建造模式。其中，PC外墙板、集成式预制烟道、集成式预制管道等工厂化钢筋混凝土预制构件采用二级工业化装配；剪力墙与密肋楼板的刚性钢筋笼结构构件采用三级工业化装配式建造。分级装配依照建造顺序分步骤、分时间进行，需要借助BIM进行统筹，制定精细的建造进度计划和进行建造管理。

6.4.1 工地工厂的准备

首先进行工地工厂的规划。根据对建造流程的统筹，对需要堆放的构件、工厂工地加工的构件进行精确量算，得出本项目工厂工地的合理面积。依据计算，本项目工厂工地建议面积共 6000m²，其中生活区 1000m²，满足 320 人食宿；办公区 400m²，满足 110 人办公；一级原料堆放区 1100m²，二级构件装配区 1500m²；三级构件临时堆放区 2000m²。充分利用建筑周边空地，将维护构件与结构构件分开堆放，便于管理。具体布置如图 6-10～图 6-12。

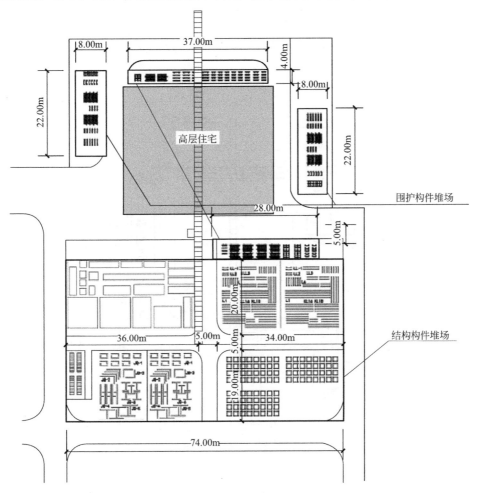

图 6-10 构件周转堆场图

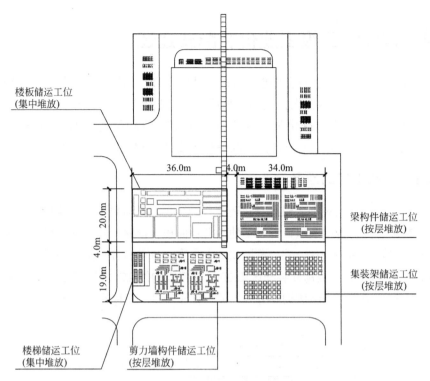

图 6-11　结构构件周转堆场图

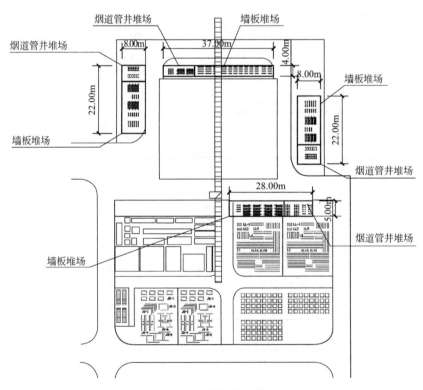

图 6-12　围护构件周转堆场图

此外，对工地工厂的组织提出要求。工地工厂需设置楼板生产线和剪力墙生产线。楼板生产线需要起重量 10t、跨度 12m、提升高度 6m 的龙门吊、楼板内芯折网机以及电动套筒工具；剪力墙生产线需要起重量 3t、跨度 6m、提升高度 6m 的龙门吊、剪力墙拼装平台以及气保焊机 4 套。相应厂房一头原料进厂、一头原料出厂，厂门设计时应考虑最大面积的楼板以及最大尺寸的剪力墙出门。生产线两人一组 8 人一班，一班可以组装 8 套剪力墙。拼接平台用于焊接网装配绕笼内工具；要求拼接平台对角线误差 5mm，平面度要求 3mm；要求平台有高精度垂直挡板；焊接网工艺按照先下后上原则，组装焊接后成组拼装焊接（图 6-13）。

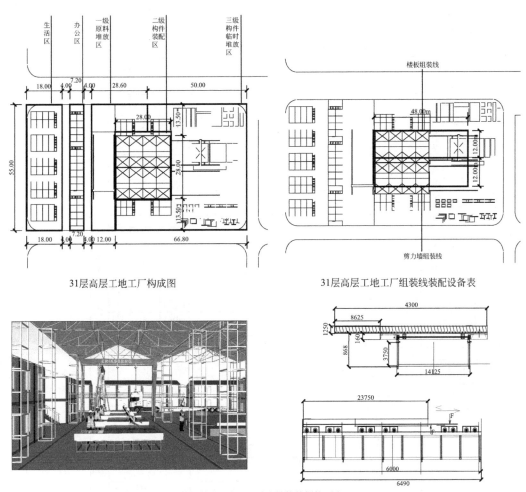

31层高层工地工厂构成图　　　　　　　　　31层高层工地工厂组装线装配设备表

工地工厂组装线装配设备——剪力墙构件焊接平台

图 6-13　工地工厂组织图

6.4.2　一级工业化装配：标准件工厂化生产

如前文所述，在设计阶段便对建筑构件进行了精确的量算，分别做出结构体、围护体和三级装配计划表和统计表（表 6-4～表 6-6），一方面有利于根据工作量安排构件生产，另一方面便于工地工厂的规划设计，以保证住宅建设的顺利进行。

结构体分级装配统计表 表 6-4

一级工厂件

剪力墙

名称	编号	数量
边缘构件	YBZ1	56
	YBZ2	56
	YBZ3	52
	YBZ4	56
	YBZ5	48
	YBZ6	24
	YBZ7	24
	YBZ8	20
	YBZ9	20
	YBZ10	20
	GBZ1	1322
	GBZ2	378
	GBZ3	649
	GBZ4	66
	GBZ5	66
	GBZ6	165
	GBZ7	96
	GBZ8	96
	GBZ9	240
钢筋网片	JG-1-1-W	56
	JG-2-1-W	16
	JG-3-1-W	8
	JG-4-1-W	24
	JG-5-1-W	20
	JG-6-1-W	20
	JG-1-2-W	154
	JG-2-2-W	44
	JG-3-2-W	22
	JG-4-2-W	66
	JG-5-2-W	55
	JG-6-2-W	55
	JG-1-3-W	224
	JG-2-3-W	64
	JG-3-3-W	32
	JG-4-3-W	96
	JG-5-3-W	80
	JG-6-3-W	80
卡条		
免拆模	一种	

梁

名称	编号	数量
1层~15层	KL-250	27×15=405
	L-250	4×15=60
	LL-250	6×15=90
	XL-250	3×15=45
16层~30层	KL-200	27×15=405
	L-200	4×15=60
	LL-200	6×15=90
	XL-200	3×15=45
31层	WKL7	27
	WL7	4
	WLL7	6
	WXL	3

楼板

名称	编号	数量
金属底模	长度8.4m	4960
	长度0.6m	66960
连接件	螺丝	297600
	螺母	595200
	卡件	148800
钢筋桁架	8.4m桁架	3720
	2.0m	3720
发泡混凝土填块模板		62496

（运输 工装 工地 工厂）

二级工厂件

剪力墙

楼层	剪力墙型号	数量	圈柱	个数	合计
1层~14层	JG-1-1	4×14=56	YBZ1	1	56
			YBZ2	1	56
	JG-2-1	4×4=16	YBZ3	1	16
			YBZ4	1	16
			YBZ6	1	16
	JG-3-1	4×2=8	YBZ3	2	16
			YBZ6	1	8
	JG-4-1	4×6=24	YBZ5	2	48
			YBZ7	1	24
	JG-5-1	4×5=20	YBZ3	1	20
			YBZ4	2	40
			YBZ8	1	20
	JG-6-1	4×5=20	YBZ9	1	20
			YBZ10	1	20
5层~15层	JG-1-2	11×14=154	GBZ1	1	154
			GBZ2	1	154
	JG-2-2	11×4=44	GBZ3	2	88
			GBZ4	1	44
	JG-3-2	11×2=22	GBZ3	2	44
			GBZ4	1	22
	JG-4-2	11×6=66	GBZ3	2	132
			GBZ5	1	66
	JG-5-2	11×5=55	GBZ3	3	165
			GBZ6	1	55
	JG-6-2	11×5=55	GBZ3	4	220
			GBZ6	2	110
15层~31层	JG-1-3	16×14=224	GBZ1	1	224
			GBZ2	1	224
	JG-2-3	16×4=64	GBZ1	2	128
			GBZ7	1	64
	JG-3-3	16×2=32	GBZ1	2	64
			GBZ7	1	32
	JG-4-3	16×6=96	GBZ1	2	192
			GBZ8	1	96
	JG-5-3	16×5=80	GBZ1	3	240
			GBZ9	1	80
	JG-6-3	16×5=80	GBZ1	4	320
			GBZ9	2	160

楼板

编号	数量
1	8×31=248
2	13×31=403
3	6×31=186
4	1×31=31
5	1×31=31
6	1×31=31
7	1×31=31
8	2×31=62
9	2×31=62
10	1×31=31
11	1×31=31
12	1×31=31
13	2×31=62
14	4×31=124
15	2×31=62

（工地 堆场 吊车 定位）

三级装配

1. 轴线定位
2. 剪力墙钢筋笼吊装定位
3. 集装架吊装定位
4. 点撑吊装定位
5. 梁钢筋笼吊装定位
6. 楼板钢筋笼吊装定位
7. 免拆模补齐
8. 剪力墙升出钢筋限位
9. 混凝土浇筑及养护
10. 重复

资料来源：东南大学建筑学院正工作室

围护体三级工业化装配　　　　　　　　　　　　　　　　　　　表 6-5

		一级装配			二级装配		三级装配
		工厂件	数量	工具	吊装件		装配流程
围护体	混凝土外墙板	1♯墙板	9×32	工装平台 振动台 养护间 门式起重机	运输 工装 工地 工厂	吊装定位 精准连接	1. 检验预埋件
		2♯墙板	9×32				
		3♯墙板	10×32				2. 吊装粗定位
		4♯墙板	18×32				
		5♯墙板	14×32				3. 辅助吊机精准定位
		连接件	240×32				
		模具	30				4. 填塞保温板
	烟道	预制烟道	9×32	电焊切割机折弯机			5. 填缝
		连接件	18×32				
	管道	预制管道	11×32	电焊切割机折弯机			6. 安装空调机位及遮阳板
		连接件	18×32				
	幕墙	1♯幕墙	4×32	电焊 切割机 折弯机 电动套筒			
		2♯幕墙	4×32				
		3♯幕墙	8×32				
		4♯幕墙	20×32				
		5♯幕墙	2×32				
		6♯幕墙	2×32				
		7♯幕墙	2×32				
		8♯幕墙	2×32				
		龙骨					
		扣件	176×32				

资料来源：东南大学建筑学院正工作室

工厂—工地装配　　　　　　　　　　　　　　　　　　　　表 6-6

	工地工厂			构件周转厂		装配工地
	事项	场地及方式	所需设备	结构构件	楼板储运工位区	J1150 型塔吊
一级工厂件	楼板组装	工地工厂组装	龙门吊		楼梯储运工位区	剪力墙安装吊具
		现场吊装			梁储运工位区	楼板安装吊具
			楼板内芯折网机		剪力墙储运工位区	楼板安装集装架
	剪力墙组装	工地工厂组装	龙门吊	围护构件	集装架储运工位区	周转平台架
		现场吊装			烟道管井堆场	梁辅助立杆支架
			剪力墙拼装平台		墙板堆场	内墙板安装工具

（二级工地工厂件）

资料来源：东南大学建筑学院正工作室

依照建造顺序，首先是结构构件的一级工业化装配，实现钢筋标准件的工厂化生产。如前文所述，对于梁、柱等线性构件来说，构件本身尺度不大，所占空间较小，钢筋笼刚度足够，可以保证运输的效率和运输中的质量稳定，因此，梁、柱钢筋笼构件通过一级装配一次性成型，直接运送至三级构件临时堆放区，依照装配顺序放置，等待吊装（图6-14）。

图6-14　柱与梁的一级工业化标准钢筋构件

图片来源：作者自摄

剪力墙与楼板，如果整体一次性工厂化成型，钢筋笼体积巨大，不便于运输和生产，因此，在保证结构安全性的基础上，将其钢筋笼进行标准化分解。剪力墙的一级工业化标准件，包括边缘约束构件、钢筋网片、卡条和网模；楼板的一级工业化标准件，包括承托模板、钢筋桁架定位连接件、钢筋桁架等。这些标准件需要运输到现场一级原料堆放区等待进行现场二级工业化装配生产。卡扣、用于连接的钢筋等散料配件，由于体积小、形式散乱，运送至一级原料堆放区后，需要采用专门化器具进行分门别类精细化管理和放置（图6-15）。

图6-15　钢筋笼构件标准件的专用收纳箱模架及精细化管理

图片来源：作者自摄

为节省建造时间，充分进行统筹。结构体建设至中段时，一层外围护体系开始一级装配；外围护墙体进行到第三层时，内分隔墙体进场。保证主体结构封顶时，外围护体系底部三层可达到入住标准。这些混凝土构件均为一级工厂化一次性成型，因此需要在工地三级构件堆放区按照装配顺序存放，存放前通过RFID信息采集，对建造、运输及对方进行科学化、信息化管理，以节约场地、提高效率。

本项目的PC外墙板、金属幕墙板、预制楼梯、烟道、管道井等标准件均在不同的工厂生产，因此，构件的生产以及工业化装配地点分散在多个工厂：PC外墙板在常州圣乐建设工程有限公司生产；金属幕墙在南京思丹鼎建筑科技有限公司生产；预制楼梯在南京大地集团工厂化生产；刚性钢筋笼构件最具特殊性，由于当前钢筋工厂化生产技术的限制，刚性钢筋笼构件需要两个厂家进行供货，钢筋笼构件在昆山生态屋住工股份有限公司生产，部分钢筋配件由南京思丹鼎建筑科技有限公司供货。充分体现了工业化建造的技术集成、多专业、多团队协同的特点。

6.4.3　二级工业化装配：组合件现场化生产

剪力墙钢筋笼和密肋楼板的钢筋构件需要在建造工地工厂进行二级装配。

由前文所述可见，经过一级工厂化装配生产后，剪力墙的钢筋构件标准件为边缘构件、钢筋网片、卡条及渗滤模板；密肋楼板的钢筋构件标准件为纵横脱承板、钢筋桁架、钢筋条以及钢筋桁架定位连接件等（图 6-16）。这些一级工业化装配生产的标准件运至一级原料堆放区，分门别类堆放后，等待进行二级装配。

图 6-16　密肋楼板一级工业化标准件的生产、运输及二次装配
图片来源：作者自摄

二级装配包括楼板构件组装线和剪力墙钢筋构件组装线。依据建筑设计对二级装配生产线提出的生产要求，本项目中生产线可生产最大尺寸为 8500mm×8500mm 的楼板钢筋构件，以及最大限高为 4300mm 的剪力墙钢筋笼构件，满足本项目中最大尺寸的楼板和剪力墙的生产需求。

从建造顺序的角度看，剪力墙要先于密肋楼板进行生产。通过模台和龙门吊等机械，依照第四章所述的剪力墙钢筋构件装配原理和方法，将边缘约束构件和钢筋网片组成与保障性住房的剪力墙契合的刚性钢筋笼。直线型剪力墙刚性钢筋笼边缘约束构件与钢筋网片、免拆渗滤模均水平置放在拼装操作平台直接组装成型；L 形、T 形等异形剪力墙刚性钢筋笼采用长臂部分钢筋笼水平生产，短臂部分需要通过龙门吊将成型长臂起吊为垂直状态继续组装，在垂直状态统一进行免拆模板的装配。

装配完成的墙体钢筋笼，传送至三级构件临时堆放区等待吊装。

6.4.4　三级工业化装配：构件工位上整体性连接

（1）结构体的三级工业化装配

成品组合件和标准件在三级构件堆放区依顺序排放，等待吊装。吊装到位的钢筋构件，依据第四章的装配原理，在工位进行辅助钢筋添加和连接之后，依次完成三级装配。期间需要支护的结构体体系的支护设备依次到位，具体顺序为：柱/剪力墙刚性钢筋笼三级装配—梁底点支撑架到位—梁的钢筋笼构件三级装配—楼板集装架到位—密肋楼板桁架组装到位（图6-17），然后人工补筋进行整体性连接。至此，完成一层结构体刚性钢筋笼的三级装配工作，进入下一道工序，进行混凝土的整体浇筑工作。

图6-17　集装架到位后楼板的吊装与装配
图片来源：作者自摄

三级装配中，楼板最具特殊性。因为楼板面积大，对吊点的选择、吊具的选择、支护模架的布置都有较高的要求，在设计开始时便将上述问题充分前置并进行了模拟（图6-18）。

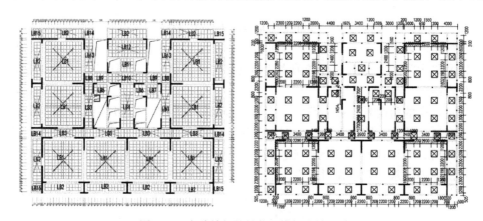

图6-18　密肋楼板的吊装及模架支撑设计

（2）其他的三级工业化装配

本项目的外围护体包括PC外墙板构件、金属外墙管道板构件以及金属幕墙构件。依据构造体系的不同，本项目外围护体系的三级装配分为三类：PC墙板体系、金属幕墙体系和金属管道体系（图6-19）。烟道的金属板构件在PC外墙板和集成管道装配完毕后再进行安装，金属管井则需要先将镀锌钢管龙骨安装到位，待所有管道安装到位后再进行金属管道壁的安装，每层管道三通位置预留检修口。

本项目内分隔墙采用卡扣式连接，墙板安装采用专用工具：吊装器和墙板专用安装车

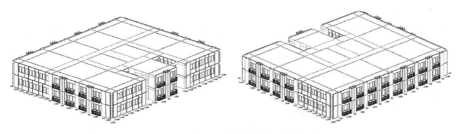

图 6-19　标准层外围护体系的装配

（图 6-20）。内分隔体系安装完毕后，管线设备体系和内装修体系可同时进场，在建造工地多专业协同。本项目设计为干式楼板架空技术，布线排管自由度高。由于采用 BIM 技术，在构件生产时，内分隔墙上管线盒、电源插座、网络接口、照明开关等设施均作了充分的安装或预留，因此建造速度快，取得了良好的效果。

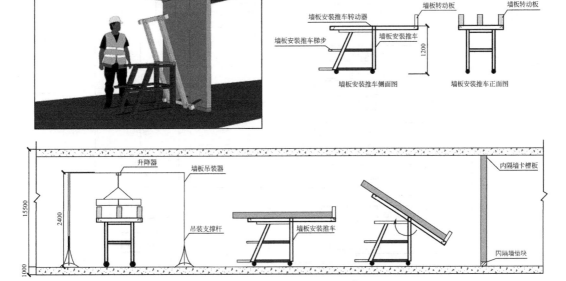

图 6-20　内分隔体系的装配

6.5　协同技术的运用

由于本项目对工期有特殊要求，使用穿插作业法，即如前文所述，结构体系建造至楼高中段，外围护体系、内分隔体系、管线设备体系、内装修体系均在主体结构封顶之前，先后穿插进入建造现场，协同技术对于统筹工期、场地排布计划等方面起到了关键的作用。

6.5.1　设计—建造协同实践

该高层保障性住房将所掌握的基于 BIM 平台的设计—建造协同技术运用到实践中。

（1）多团队协同

项目从设计开始就体现了"协同"的概念。东南大学建筑学院正工作室与南京市张兴华建筑设计研究院将优势技术资源充分整合，利用互联网＋BIM进行住宅方案的多轮、多方论证，将建筑安装技术、建造流程、构造节点处理等问题充分前置，从项目设计初期阶段，就要求PC板供货商、钢筋笼生产厂家、幕墙厂家、起吊设备厂家、运输团队参与技术讨论，确定技术体系，体现了设计—生产—建造的一体化协同概念（图6-21）。

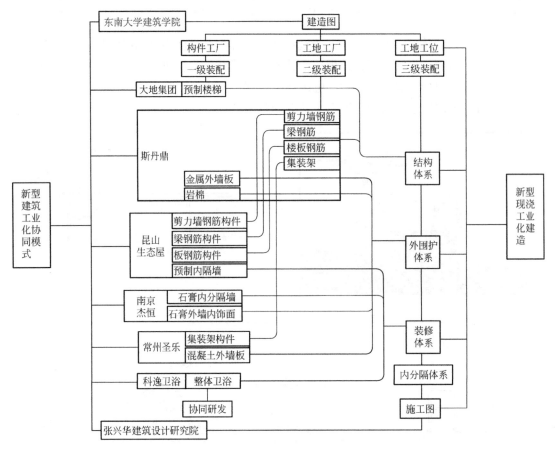

图6-21　设计—建造的协同

（2）可视化设计与建造模拟

本项目采用SketchUp与Revit软件进行方案设计和推敲。方案模型逐步深化，直至出图阶段，模型逐渐细化，构件体系的细部构造全部通过模型完成。

此外，在对外围护体系中PC板、预制烟道、金属板的相关构造节点的推敲中，在可视化技术的辅助下展开探讨，通过建造模拟推敲出先安装PC板、预制烟道，后进行烟道金属外壁安装以控制围护体系的公差的策略（图6-22）。

本次建造模拟将集装架、支护器具也进行了模型化处理，通过工序模拟及时调整了辅助器具的吊装时间点，合理规划架子体系，让其通过周转的次数来实现经济性。

在确立建造技术体系的过程中，可视化模拟带来更直观的效果。本项目借助Revit软件进行场地工厂的规划，实现精细化建造和管理模式，具有较好的可参考价值。

图 6-22　利用 Revit 软件进行设计与建造模拟

（3）碰撞检查与冲突消解

在设计过程中，通过 BIM 技术的运用，着重对地下室机电综合管线进行了碰撞检查，规避了管道间的碰撞及绕行现象，起到了优化设计的作用。

通过对钢筋笼的碰撞检查，多次改进钢筋笼的装配技术，尤其是对于钢筋构件的二级和三级装配工序、钢筋连接方式、钢筋卡件的选择，起到了重要的作用（图 6-23）。

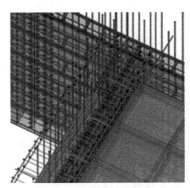 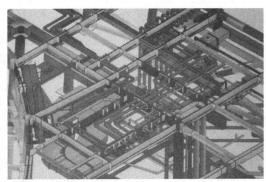

图 6-23　钢筋笼与地下室管道的碰撞检查

图片来源：作者自绘

例如，在初次设计中，剪力墙顶部的刚性钢筋笼一次成型，通过模拟，发现剪力墙边缘约束构件的箍筋与密肋楼板钢筋冲突，在与技术人员进行探讨后，及时修改了装配方案，将该处钢筋改为剪力墙钢筋笼和密肋楼板后，采用工位补筋的方式，既消解了问题，又增加了剪力墙与楼板的整体性，优化了整个体系。

（4）有效汇总工程量

目前在我国，设计行业应用最广的天正软件，虽然严格参照软件参数绘制，也能在某种程度上实现量算，但由于一个工程从设计到施工，往往经历数次修改，原有模型参数很容易被炸碎或丢失，无法实现自动计量。因此传统建筑设计项目的工程量，往往需要工程造价人员进行人工统计，统计结果出错率高，变更之后都要进行重复的计算。

在本项目中，通过 Revit 软件实现对构件的数量的计算、混凝土的量算、集装架的量算、钢筋和滤网模的量算等。在进行构件生产定制时，与构件生产厂家虽然没能实现三维数据对接，但是通过三维图纸的二维打印，将量化的结果与三维化的图纸结合（表 6-4～表 6-6），为构件厂家提供了良好的、直观的指导。

（5）构件的定位与追踪

本次建造实践，通过 BIM 与物联网技术的运用，实现对构件运输时间、堆放时间、吊装时间、安装到位情况的全程信息化管控，印证了该项技术的可行性与先进性。

6.5.2 构件编码在项目中的应用

（1）在建造模拟中的应用

本项目中，编码的应用通过 BIM 软件实现。本项目楼号为 2 号，外墙板为 2 层楼 A 轴线上 6 到 9 号之间的大块外墙板，采用前文所述的核心建模软件 Revit 软件，进行模型搭建：

- 项目编号段不在 BIM 模型中以任何形式出现；
- 楼号是 BIM 模型中项目的属性，该墙板楼号一段为 2；
- 构件类别编号是共享参数中的类型参数，该墙板类别号为 WWH-HNT-WQB；
- 层号/标高在模型中不对应参数，Revit 可以自动识别为 2 层，标高 3.100；
- 轴网编号为共享参数中的实例参数，本外墙板轴网号为 A6-A9；
- 位置号为共享参数中的实例参数本，外墙板位置号为 H4。
- 由于每个构件的共享参数中，均有一个实例参数 PSN（产品序列号），产品序列号由构件生产商填写，而此产品序列号的编码方式、格式等均由生产商自行定义。

最终该外墙板在建筑中的编码为 ［A2］-［WWH-HNT-WQB］-［2/3.100］-［A6-A9］-［H4］。

（2）在构件生产过程中的应用

现以本项目中编号 ［SL-20160415］-［A2］-［WWH-HNT-WQB］-［2/3.100］-［A6-A9］-［H4］的外墙板为例进行介绍。在生产过程中，管理人员以构件编码为基础，结合物联网技术对构件进行管理。管理人员将构件编码以 RFID 标签形式应用，构件的相关信息被输入预制构件的标签中，将 RFID 标签贴在完成制造的对象设备组件上，运行维护时通过 RFID 阅读器进行扫描，所扫数据被存储至运维管理数据库后，通过处理来对组件相关的活动进行管理。同时，在 RFID 管理信息系统中建立仓库的地形图，入库时将构件位置信息输入基于 RFID 的管理信息系统，然后管理人员可以通过此系统合理安排生产进度并进行库存控制，保证整个生产流程的良性循环。在生产全过程中，管理者可以随时利用 RFID 阅读器了解构件的尺寸、材料等固有属性，也可以了解到构件的库存位置等信息。

（3）编码在施工管理中的应用

项目的建造过程中，［SL-20160415］-［A2］-［WWH-HNT-WQB］-［2/3.100］-［A6-A9］-［H4］号外墙板运送到三级装配临时堆放区后，施工管理人员通过 RFID 手持阅读器进行扫描，BIM 平台显示该外墙板的状态为"堆放"。起吊前起吊人员扫描标签，系统显示该墙板状态为"吊装"；吊装到位装配完毕后，工作人员扫描标签，系统显示该编号的外墙板在建筑位置上，与 BIM 模型吻合。

由于技术水平限制，外加建造方对建筑造价的控制等各种原因，本项目仅简单利用了物联网技术，尚未实现构件全过程的追踪，仅在建造阶段辅助管理。但 BIM 与物联网技术的结合带来的智能化优势，由此可见一斑。

6.6　建造实践总结

本项目为新型钢筋混凝土现浇工业化基于构件体系的设计模式、基于装配式刚性钢筋笼技术的建造体系以及 BIM 协同技术的综合运用实践，也是对集装架等多项专利技术的实践性检验，取得了较为理想的成果。

项目的设计与建造充分印证了基于构件体系的标准化设计和新型钢筋混凝土现浇工业化技术的可行性、优越性。虽然由于保障性住房具有特殊的建筑性质，各个技术体系的优越性没能得到理想限度的体现，例如，由于 BIM 技术尚处于技术前沿，构件生产厂家对 BIM 应用水平有限，导致 BIM 技术在本项目中的运用不够充分，与构件生产厂家之间无法实现数据信息对接，没能实现智能化；受造价要求限制，没能实现 BIM 与 RFID 技术在建造全过程的运用，只是以 2 层外墙为对象进行了协同生产、建造与运输的检验。即使如此，通过该案例我们可以充分认识到 BIM 与物联网技术结合带来的对传统建造与设计理念的推翻性的革新，BIM 技术在建筑设计—建造领域的全面运用必将是建筑领域的发展目标。

表 6-7 为本项目的装配率计算统计，本项目的装配率为 43.44%，符合工业化建筑的特征，属于将传统现浇技术与工业化装配技术进行优势资源整合后的理性的新型现浇工业化模式。

装配式混凝土剪力墙结构体系装配率计算统计表　　　　　表 6-7

技术配置选项		装配部分面积（数量）/m²	对应部分总面积（数量）/m²	比值	权重
竖向结构构件	预制组合成型钢筋构件类剪力墙	0.00	34121.39	0.00%	0.3
	合计	0.00	34121.39		
水平结构构件	预制组合成型钢筋类构件梁	0.00	2567.363	92.22%	0.2
	预制组合成型钢筋类构件板	32354.08	32354.08		
	预制楼梯梯段板	569.16	778.72		
	合计	32923.24	35700.163		
装配式外墙围护构件	预制混凝土外墙板	7208.96	7208.96	100.00%	0.25
装配式内墙围护构件	石膏砌块内隔墙	43041.64	43041.64		
	合计	50250.6	50250.6		
装配式建筑部品	集成式厨房	0.00	3819.2	0.00%	0.25
	集成式卫浴	0.00	1651.68		
	预制管道井	0.00	187.55		
	预制排烟道	0.00	216.38		
	合计	0.00	5874.81		
装配率				43.44%	

资料来源：东南大学建筑学院正工作室

第七章 总结与展望

7.1 主要观点与结论

（1）主要观点

随着社会与经济的发展，我国亟待提高的城市化水平与紧缺的城市土地资源共同决定了住宅高层化、工业化这一发展方向。继 20 世纪 80 年代住宅工业化的发展停顿之后，我国再次提出大力发展住宅工业化的号召。然而，20 世纪装配式大板住宅给人们留下了根深蒂固的不良印象，问题频发的"唯预制装配式"工业化让建设方和用户都陷入尴尬境地；传统的设计与建造模式面对工业化的转型与升级，暴露出诸多不足；完善我国高层住宅的技术体系、改变原有粗放的管理模式，探索让普通民众乐于接受、适合我国国情的高层工业化住宅设计—建造模式显得尤为迫切。在此背景之下，本研究提出一套符合当前愿景的高层工业化住宅设计—建造模式。具体内容可以概括为：

一是梳理国外、国内高层工业化住宅的发展历程、发展背景，研究设计与建造模式以及相关技术体系、理论的演变与发展，通过比较与分析，探究我国已有体系的不足，以及解决这一问题的技术策略。

二是提出基于构件体系的高层工业化住宅设计理论，以及在将构件体系合理分类的前提下的构件体系标准化设计方法及原则，基于构件体系的高层工业化住宅应该采用面向建造的产品设计模式，并提出基于构件体系的高层工业化住宅空间设计的原则与方法。

三是结合实证研究及既有研究成果，提出基于钢筋混凝土现浇工业化的新型建造模式，在总结当前钢筋混凝土现浇建造四大技术体系的基础上，找出原有技术体系的不足，探索既有成熟技术体系与新技术的结合方式，建立新型现浇工业化建造模式，并提出构件三级工业化装配的理论。

四是通过对设计—建造关联性演化进程的梳理，指出信息化时代数字协同是技术和时代发展的必然趋势。以 BIM 技术、物联网技术为支撑，建立基于 BIM 技术的信息化协同平台，对建立数据库的关键技术进行研究和探讨，探索构件分类、构件编码、构件定位与追踪的新方法、新技术，并明确设计—建造全过程的协同内容。

五是通过东南大学建筑学院正工作室的高层保障性住宅建筑工程实践，对基于构件体系的新型钢筋混凝土现浇工业化的构件体系标准化设计方法、新型现浇工业化三级装配建造模式以及设计—建造协同平台应用的先进性、适用性进行印证。

（2）结论

经过上述理论分析及实证研究，得出以下结论：

第一，我国的高层住宅工业化不应以"全预制装配"作为唯一目标，而应从设计与建造的技术根本出发，结合国情、民情，进行设计—建造技术体系的探索。

历史上的经验与教训提醒我们，当前对国际上高层工业化住宅的技术和经验不应不加消化地照搬照抄，应该从技术体系和设计方法、建造技术等基础技术和理论进行消化吸收，寻找符合国情、民情的工业化建造体系，以提高住宅质量为终极目的，探索适应我国国情的高层工业化住宅之路。

第二，我国拥有居于世界前列的现浇混凝土系列技术体系，应结合我国技术资源优势进行新型工业化的探索。人们对于高层住宅现浇体系带来的安全依赖感已经根深蒂固，这种影响在未来很长一段时间内仍会继续存在，作为建设者理应给人们以居住的尊严。

住房作为一种具有商品属性的特殊建筑，最终是为用户服务，以居住舒适感为宗旨。在推行工业化的同时，满足居住者的心理安全需要应作为首要的考量因素。我国当前的装配整体式工业化住宅体系，仍存在诸多技术问题，准入门槛低，使得众多构件生产厂家和施工中小型企业一拥而上，良莠不齐的技术水平难免会影响装配式工业化住宅的整体质量。因此，探索与操控相对简单的现浇技术的工业化，是更能适应当代消费者心理的工业化形式，尤其是当前预制装配式工业化住宅的造价一直高于现浇体系的住宅。新型现浇工业化住宅技术的探索，适用于当代，并且未来很长一段时间宜作为高层工业化住宅的一种形式。

第三，构件体系的合理分类有利于工业化住宅的工业化建造，基于构件体系的标准化、独立性设计原则和方法更有利于工业化建造体系的实现。

传统的住宅设计，从推敲户型平面开始，设计前期关注点在于如何将交通空间做到最小来规避"公摊面积"，完全忽略结构的经济性和空间的自由度，造成住宅全生命周期内屡次被"破坏性"装修改造，噪声扰民，也影响了结构安全。体系独立的标准化设计方法，从设计开始便注重结构的经济性和体系独立的可能性，引导设计者从空间功能多样性、舒适度的角度考量设计方案。

第四，基于现浇技术体系的新型现浇工业化建造模式，摒弃了原有技术体系中的不足，是现浇与预制装配技术优势的充分结合。

我国钢筋混凝土现浇体系在建造的结构完整性、安全性方面具有绝对的优势，但因钢筋绑扎、高空作业多、工期长、污染重而广受诟病。新型工业化理应从改良这些技术点出发，优化现浇混凝土技术，与预制装配体系中的优势技术相结合，不应拘泥于追求全现浇或全预制概念而忽略体系的优越之处。

第五，构件三级工业化装配式建造有利于提高建造效率，提高建筑质量，符合"资源节约、环境友好"型的社会建设要求。

构件的分级装配，将以往的笨重构件改为轻量化生产和运输，对于距离构件工厂超过适宜运输半径的项目来说，尤其能体现其优势。高层工业化住宅往往片区式建造，并且只有片区式大量建造，才能降低预制装配式工业化住宅的成本。大量笨重的混凝土构件依靠卡车运输，给城市交通带来巨大压力，给周边环境造成巨大影响。而实施分级装配式建造，充分利用高层住宅占地面积小、宅间空地多的特点，具有搭建工地工厂的充分条件。而且工地工厂为一层临时性建筑，稍作降噪处理，便能将钢筋生产设备运转时的噪声控制在适当范围内，减少对周边环境的影响。因此，对于大片区建造的高层住宅来说，新型钢筋混凝土现浇工业化建造模式具有较为鲜明的优势。

第六，基于 BIM 的信息化平台的设计—建造协同具有高效率、高质量以及便于进行全生命周期的精细化管理等诸多优势，是信息化时代实现智能化精益建造的必然。

BIM 与物联网技术的结合必将为建筑业设计—生产—建造—维护全过程管理模式带来革命性的改变。

第七，经过实证研究，基于构件体系的新型钢筋混凝土现浇工业化设计—建造模式具有较高的优越性和实用性，值得继续完善和发展。

7.2 本研究的创新点

本研究的创新之处具体表现在以下几点：

第一，提出了基于构件体系的、面向建造工业化的产品设计模式的整套设计方法论，拓展了当前高层工业化住宅设计的理论和方法。

本研究从构件体系的概念出发，建立建筑构件分类的层级化、归纳化理论与方法，在此基础之上，提出面向工业化建造的产品设计模式的理念，并对基于构件体系的标准化设计基本方法、构件独立化设计方法、标准构件与非标准构件的组合化设计方法进行详细的论述，提出基于构件体系的高层工业化住宅空间设计原则与方法。

第二，构建了基于新型钢筋混凝土现浇工业化的建造模式理论，提出高层工业化住宅构件三级工业化装配原理，填补了我国现浇混凝土机械化建造体系与预制装配式混凝土工业化建造体系之间的理论空白。

本研究从钢筋混凝土现浇技术的优势出发，提出从混凝土体系、钢筋体系、模板体系、脚手架体系四大体系之中进行技术革新和探索的技术策略，进行了基于新型钢筋混凝土现浇工业化的高层工业化住宅建造技术体系的架构。

第三，以设计—建造全过程协同为目标，进行基于 BIM 技术、物联网技术支撑下的设计—建造的信息化协同平台的搭建，并提出构件分类和构件编码的新方法，研发了信息创建的插件体系。

本研究从设计—建造关联性演化进程的论述出发，指出技术是影响设计—建造关联性的主要因素。同时指出，数字协同是技术和时代发展的必然趋势。对建立数据库的关键技术进行研究和探讨，提出基于无线射频技术的构件定位追踪技术体系，并为设计—建造协同的工作内容给出定义。

7.3 发展趋势与思考

在倡导建设"百年住宅"、大力推广住宅产业化的背景下，我国当前的工业化住宅仍采用传统的设计模式与建造体系，与预制装配式工业化之间矛盾重重，而预制装配式住宅质量问题频发，经济性、结构安全性一度引发质疑。此外，当年的装配式大板住宅由于存在技术缺陷，在唐山大地震中几乎全部粉碎式坍塌，由此造成人们对装配式住宅产生畏惧心理和偏见。因此，本研究对基于构件体系和现浇钢筋混凝土技术的新型工业化建造体系的探索，对于弥补预制装配式工业化住宅的技术瑕疵、发挥钢筋混凝土现浇体系的整体性、结构安全性优势，为居住者建造有安全感认知的住宅等，均具有重要的现实意义。同时，对于促进当代在制造业的启发之下，对建筑业技术同质化进行反省，起到一定的引导作用，具有积极的意义。

另外，本研究关于构件体系的基础理论、建造体系以及建造模式的关键技术，均源自东南大学建筑学院正工作室新型建筑工业化团队多年的经验与实践积累，其中多项建造技术经过几代的研发和改进，参加过"国家十二五科技成果展"，获得国家级、省级荣誉若干，部分专利技术已经在一定范围内获得较高的认可度并得到推广和利用。因此，本研究对于设计与建造的研究有较为深厚的理论基础和扎实的技术基础，具有良好的应用和推广前景，值得进一步完善、探索和改进。尤其是基于 BIM 技术与物联网技术的设计—建造协同技术，是在东南大学建筑学院正工作室 BIM 团队已有研发成果的基础上进行的技术延伸和理论拓展，因此具备继续研发和拓展的潜力，也势必会对我国建筑业实现精益建造和建筑全生命周期的信息化管理之理想起到引领作用。

诚然，由于笔者从事多年的建筑设计工作，线性设计模式在个人知识体系中有较深烙印，因此，行文的过程即是一名传统模式下的建筑师克服思维定式进行转型和反省的过程。由于个人能力所限，导致本研究在理论阐述和跨学科的研究上存在一定的不足，如文中较多新的概念和术语的语境有待进一步推敲；构件体系的模数化设计尚待进一步探讨；BIM 技术中的构件编码有待在实际工作中进一步精简。在未来的工作和学习中，笔者将努力以理论结合实践的形式，对基于构件体系的设计理论进行延伸，对新型钢筋混凝土现浇工业化的关键技术水平进行提升，对设计—建造协同的数据库搭建技术进行深入的研究，以期与实际应用需求相符合，为我国住宅产业化事业奉献绵薄之力。

参考文献

[1] 中华人民共和国统计局. 中国统计年鉴 2016 [DB/OL]. http：//www. stats. gov. cn/tjsj/ndsj/2016/indexch. htm，2017-10-09.

[2] 师学军. 城市住宅高层化及高层住宅建设的若干问题 [J]. 山西建筑，2009，35（4）：66-67.

[3] 丁颖. 他山之石可以攻玉——日本住宅产业化建设的若干启示 [J]. 建筑与文化，2017，5（158）：146-148.

[4] 中国房地产协会，住宅科技产业技术创新战略联盟. 我国高层住宅工业化体系现状研究 [M]. 北京：中国建筑工业出版社，2016：6-7.

[5] （日）彰国社. 集合住宅实用设计指南 [M]. 刘东卫，马俊，张泉，译. 北京：中国建筑工业出版社，2001：196.

[6] 中华人民共和国建设部. 建筑工业化发展纲要（建建字第 188 号）[S]. 1995.04.06.

[7] 娄述渝，林夏. 法国工业化住宅设计与实践 [M]. 北京：中国建筑工业出版社，1986.

[8] 中华人民共和国住房和城乡建设部. 工业化建筑评价标准 GB/T 51129-2015 [S]. 北京：中国建筑工业出版社，2015.

[9] 中华人民共和国住房和城乡建设部. 装配式混凝土建筑技术标准 GB/T 51231-2016 [S]. 北京：中国建筑工业出版社，2016.

[10] 李忠东. 美国如何预防高层建筑火灾 [J]. 中国房地产业，2011（1）：66-69.

[11] （日）谷口汎邦，森保洋之. 高层·超高层集合住宅 [M]. 覃力，马景中，译. 北京：中国建筑工业出版社，2001.

[12] 高层建筑 [DB/OL]. https：//baike. baidu. com/item/高层建筑，2018-6-21.

[13] High-rise building [DB/OL]. https：//en. wikipedia. org/wiki/High-rise_building，2018-6-21.

[14] 中华人民共和国住房和城乡建设部. 建筑设计防火规范 GB 50016-2014 [S]. 北京：中国计划出版社，2015.

[15] 中华人民共和国住房和城乡建设部. 民用建筑设计通则 GB 50352-2005 [S]. 北京：中国建筑工业出版社，2005.

[16] 贾攀磊. 探讨高层住宅建筑工业化的几种主要施工方法 [J]. 施工技术，2015，5（27）：10-12.

[17] Albert G. H. Dietz, Laurence S. Cutler. *Industrialized Building Systems for Housing* [M]. Cambridge：MIT Press，Decembers 15，1971.

[18] N. John Habraken. *SUPPORTS an alternative to mass housing* [M]: 2nd edition. Amsterdam：Urban International Press，January 12，1999.

[19] Home Delivery：Fabricating the Modern Dwelling [DB/OL]. https：//www. moma. org/calendar/exhibitions/50? locale＝en.

[20] Barry Bergdoll, Peter Christensen. *Home Delivery：Fabricating the Modern Dwelling* [M]. Manhattan：Museum of Modern Art，August 1，2008.

[21] Brian Finnimore. *Houses from the Factory：System Building and the Welfare State* [M]. London：Rivers Oram Press，June 1，1990.

[22] Brenda Vale. *Prefabs：The History of the U. K. Temporary Housing Programme* [M]. Routledge. August 1，1995.

[23] 周静敏，苗青，李伟，薛思雯，吕婷婷. 英国工业化住宅的设计与建造特点 [J]. 建筑学报，2012（4）：44-49.

[24] 泽田光英. 战后（1955 年～1985 年）日本住宅建设的工业化计划及其评价 [J]. 建筑科学，1991

（1）：4-17.

［25］松村秀一．住宅生产界的组织［M］．（株）彰国社，1998，12.

［26］渡边邦夫，中野清司．PC 建筑实例详图图解［M］．齐玉军，译．北京：中国建筑工业出版社，2012.

［27］松村秀一．工业化住宅·考［M］．京都：（株）学芸出版社，1987.

［28］刘长发，曾令荣，林少鸿，等．日本建筑工业化考察报告（节选二）（续一）［J］．21 世纪建筑材料，2011，2：73-84.

［29］（苏）B. B. 加连柯夫．住宅标准设计的编制方法问题［M］．城市建设出版社，译．北京：城市建设出版社，1957.

［30］中国科学技术情报研究所．出国参观考察报告——波兰建筑工业化与通用厂房建筑体系［M］．北京：科学技术文献出版社，1974.

［31］国家建委建筑科学研究院情报研究所．国外建筑工业化体系［M］．北京：国家建委建筑科学研究院，1974.

［32］（日）内田祥哉．建筑工业化通用体系［M］．姚国华，吴家骝，译．上海：上海科学技术出版社，1983.

［33］鲍家声．支撑体住宅［M］．南京：江苏科学技术出版社，1988.

［34］装配式大板建筑编写组．装配式大板建筑［M］．北京：中国建筑工业出版社，1977.

［35］北京建筑工程学院建筑技术教研组．装配式建筑设计［M］．北京：中国建筑工业出版社，1983.

［36］董悦仲，等．中外住宅产业对比［C］．北京：中国建筑工业出版社，2005.

［37］吴东航，卓林伟．日本住宅建设与产业化［M］．北京：中国建筑工业出版社，2009.

［38］邹经宇，许溶烈，等．可持续住宅建设产业化论坛·合肥·2009 论文集［C］．北京：中国建筑工业出版社，2009.

［39］文林峰，刘美霞，等．大力推广装配式建筑必读——制度·政策国内外发展［C］．北京：中国建筑工业出版社，2016.

［40］陈振基．我国建筑工业化时间与经验文集［C］．北京：中国建筑工业出版社，2016.

［41］中国建筑国际集团有限公司，深圳海龙建筑科技有限公司，同济大学．建筑工业化关键技术研究与实践［M］．北京：中国建筑工业出版社，2016.

［42］张波，等．建筑产业现代化概论［M］．北京：北京理工大学出版社，2016.

［43］工业化建造与住宅的"品质时代"——"生产方式转型下的住宅工业化建造与实践"座谈会［DB/OL］．http：//www. docin. com/p-855551594. html.

［44］刘东卫，蒋洪彪，于磊．中国住宅工业化发展及其技术演进［J］．建筑学报，2012（4）：10-18.

［45］范悦，叶明．试论中国特色的住宅工业化的发展策略［J］．建筑学报，2012（4）：19-22.

［46］周静敏，苗青．英国工业化住宅的设计与建造特点［J］．建筑学报，2012（4）：44-48.

［47］郭戈．住宅工业化发展脉络研究［D］．同济大学，2009.

［48］张竹荣．工业化住宅典型案例的比较研究——国外与当代中国［D］．东南大学，2009.

［49］于春刚．住宅产业化——钢结构住宅围护体系及发展策略研究［D］．同济大学，2006.

［50］王慧英．预制混凝土工业化住宅结构体系研究［D］．广州大学，2007.

［51］高颖．住宅产业化——住宅部品体系集成化技术及策略研究［D］．同济大学，2006.

［52］刘长春．工业化住宅内装模块化理论与实现方法研究［D］．东南大学，2016.

［53］姚刚．基于 BIM 的工业化住宅协同设计的关键要素与整合应用研究［D］．东南大学，2016.

［54］肖堡在．基于 BIM 技术的住宅工业化应用研究［D］．青岛理工大学，2015.

［55］Stephen II. K. Yeh. *Public Housingin Singapore*：*A Multidisciplinary Study*［M］. Singapore：Singapore University Press for Housing and Development Board，1975.

［56］ Aline K. Wong，Stephen H. K. Yeh. *Housing a Nation*：25 *Years of Public Housing in Singapore* ［M］. Singapore：Maruzen Asia for Housing & Development Board，1985.

［57］ HDB. *Precast Poctorial Guide* 2014 ［DB/OL］. https：//www. bca. gov. sg/Publications/Buildability Series/others/HDB＿Precast＿pictorial＿guide＿BCA. pdf.

［58］ BCA. *Reference Guide on Standard Prefricated Building Components* ［M］. Singapore：the Buildability Development Section，Innovation Development Department，Technology Development Division of the Building and Construction Authority，2000.

［59］ SSSS & BCA. *A Resource Book for Structural Steel Design & Construction* ［M］. Singapore：Singapore Structural Steel Society and Building And Construction Authority，2001.

［60］ BCA. *Buildable Solutions for High-Rise Residential Development* ［M］. Singapore：Building and Construction Authority，2004.

［61］ Busenkell M.，Schmal P. C.，et al. *WOHA*：*Breathing Architecture* ［M］. Munich：Prestel，2011.

［62］ Fleetwood C. *Housing People*：*Affordable Housing Solutions for the 21st Century* ［M］. Singapore：Surbana International Consultants，2012.

［63］ Urban Redevelopment Authority. *Concept Plan* 2001 ［R］. Singapore：Urban Redevelopment Authority，2001.

［64］ HDB. *Public Housing in Singapore*：*Residents' Profile*，*Housing Satisfaction and Preferences* ［M］. Singapore：Research and Planning Department，Housing and Development Board，2010.

［65］ 住房和城乡建设部住宅产业化促进中心. 大力推广装配式建筑必读 ［M］. 北京：中国建筑工业出版社，2016.

［66］ 森保洋之. 高層·超高層集合住宅 ［M］. 東京：市ケ谷出版社，1993.

［67］ 中高层住宅建设研究会. 工業化住宅ハンドブックセット ［S］. 中高层住宅建设研究会，1998.

［68］ （日）住宅·都市整治公团关西分社集合住宅区研究会. 最新住区设计 ［M］. 北京：中国建筑工业出版社，2005.

［69］ （日）日本钢结构协会. 钢结构技术总览 ［M］. 陈以一，傅功义，译. 北京：中国建筑工业出版社，2003.

［70］ （日）彰国社. 集合住宅实用设计指南 ［M］. 刘东卫，马俊，张泉，译. 北京：中国建筑工业出版社，2001.

［71］ 日本建築家協会は. 団地の再構築 ［M］. 東京：技報堂プレス，2004.

［72］ 刘彤彤. 立地特性及び住環境評価からみた公的賃貸集合住宅団地の再生の方向性に関する研究 ［D］. 日本：大阪大学，2004.

［73］ 日本建築家協会は. 居住選択肢の集まりの持続可能な住居と維持方法 ［M］. 東京：彰国社，2008.

［74］ 日经建筑. 以高密度住栋群提示都心居住的新形态 ［M］. 東京：日経 BP 社，2005.

［75］ 住房和城乡建设部住宅产业化促进中心. 公共租赁住房产业化实践——标准化套型设计和全装修指南 ［M］. 北京：中国建筑工业出版社，2011.

［76］ 国家住宅与居住环境工程技术研究中心，中国建筑设计院有限公司. 我国高层住宅工业化体系现状研究 ［M］. 北京：中国建筑工业出版社，2016.

［77］ 中国科学研究会绿色建筑与节能专业委员会. 建筑工业化典型工程案例汇编 ［M］. 北京：中国建筑工业出版社，2015.

［78］ 上海市住房和城乡建设管理委员会，华东建筑集团股份有限公司. 上海市建筑工业化实际案例汇编 ［M］. 北京：中国建筑工业出版社，2016.

［79］ 于广. 新加坡装配式高层住宅结构施工关键工艺研究 ［D］. 青岛理工大学，2010.

［80］ 刘鹏. 新加坡集合住宅研究 ［D］. 天津大学，2010.

[81] 张天杰，李泽．新加坡高层公共住宅的社区营造［J］.建筑学报，2015（6）：52-57.

[82] 陆烨，李国强．日本产业化高层钢结构住宅方案介绍［J］.建筑钢结构进展，2003（05）：13-21.

[83] 夏昌．钢筋混凝土组合型高层和超高层绿色住宅［J］.建筑科学，2013，6（29）：6-8.

[84] 贾攀磊．探讨高层住宅建筑工业化的几种主要施工方法［DB/CD］.城市建设理论研究，2015，5（27）.

[85] 苏岩芃，颜宏亮．高层工业化住宅装修构造技术思考［J］.城市建筑，2013（16）：220-221.

[86] 施雁南．高层装配式住宅立面设计技术探讨［J］.装饰装修天地，2017（01）：218.

[87] 颜宏亮，郭峰．高层装配式住宅立面设计技术探讨［J］.住宅科技，2015（8）：17-20.

[88] 王蕾．高层装配式住宅立面设计技术探讨［J］.住宅与房地产，2016（33）：27.

[89] 胥晓睿．预制装配式高层住宅设计与绿色施工［J］.建筑施工，2016（1）：97-99.

[90] 徐圣墨，沈传扬．关于上海高层住宅工业化体系的调查［J］.建筑施工，1981（03）：45-50.

[91] 张广平，刘茂刚．吉林省装配式高层住宅设计研究［J］.重庆建筑，2016（15）：05-07.

[92] 罗勇．装配式技术在高层住宅建筑中的运用［J］.住宅与房地产，2016（11）：282.

[93] 戴鹏，朱建雄，李余强．混凝土装配式高层建筑工业化改良路径［J］.混凝土世界，2017（03）：82-89.

[94] 陈振基，吴超鹏，黄汝安．香港建筑工业化进程简述［J］.墙材革新与建筑节能．2006（05）：54-56.

[95] 麦耀荣．香港公共房屋预制装配建筑方法的演进［J］.混凝土世界．2015（09）：21-25.

[96] 郝同平．香港建筑工业化进程回顾［J］.混凝土世界．2016（05）：22-28.

[97] （西德）鲁道夫·吕贝尔特．工业化史［M］.戴鸣钟，译．上海：上海译文出版社，1983.

[98] 同济大学，清华大学，等．外国近现代建筑史［M］.北京：中国建筑工业出版社，2002.

[99] Norbert Schoenauer. *6000 years of housing* ［M］. Revised and Expanded Edition. Norton：W. W. Norton & Company，July17，2003：305-341.

[100] Peter Collins. *Concret：The Vision of a New Architecture* ［M］. Montreal：McGill-Queen's University Press，1988：179.

[101] Auguste_Perret［DB/OL］. https：//en. wikipedia. org/wiki/Auguste_Perret，2018-02-03.

[102] 陈光庭．外国城市住房问题研究［M］.北京：北京科学技术出版社，1991：13.

[103] （意）L. 本奈沃洛．西方现代建筑史［M］.邹德侬，等，译．天津：天津科学技术出版社，1996：677-679.

[104] 宗德林，楚先锋，谷明望．美国装配式建筑发展研究［J］.住宅产业，2016（06）：20-21.

[105] 住宅着工統計の集計結果はこちら（政府統計の総合窓口（e-stat））［DB/OL］. http：//www. e-stat. go. jp /SG1/estat/GL08020103. do? _toGL08020103_&listID=000001179884& requestSender=search.

[106] 日本総務省統計局では. 平成 25 年住宅·土地統計調査［DB/OL］. http：//www. stat. go. jp/data/jyutaku/kekka. htm.

[107] Department of Statistics Singapore. *Yearbook of Statistics Singapore*，2016［DB/OL］. http：//www. singstat. gov. sg/publications/publications-and-papers/reference/yoscontents.

[108] 国家科学技术委员会．中国技术政策蓝皮书（第 2 号）［M］.北京：科学出版社，1985：16-17.

[109] 吕俊华，彼得·罗，张杰．中国现代城市住宅：1840-2000［M］.北京：清华大学出版社，2003：172-179.

[110] 叶可明．如何正确评价"一模三板"住宅建筑体系与在上海发展前景的展望［J］.建筑施工，1981（12）：42 47.

[111] （苏）沙斯．住宅建筑［M］.第一版．中华人民共和国城市建设部技术司，译．北京：城市建设出

版社 . 1956（01）：5-6.

[112] 住房和城乡建设部科技与产业化发展中心 . 中国装配式建筑发展报告（2017）[M]. 北京：中国建筑工业出版社，2017.

[113] 杨嗣信 . 建国 60 年来我国建筑施工技术的重大发展 [J]. 建筑技术，2009，9（40）：774-778.

[114] 北京市地方志编纂委员会 . 北京志·建筑卷·建筑志 [M]. 北京：北京出版社，2003：552.

[115] 张静怡，樊则森 . 上世纪九十年代以前北京市装配式住宅的历史发展与技术变迁 [J]. 建筑技艺，2016（4）：80-82.

[116] 张敬淦，任朝钧，萧济元 . 前三门住宅工程的规划与建设 [J]. 建筑学报，1979（05）：16-22.

[117] 徐绳墨，沈传扬 . 关于上海高层住宅工业化体系的调查 [J]. 建筑施工，1981（03）：45-50.

[118] 王文忠，等 . 上海 21 世纪初的住宅建设发展战略 [M]. 上海：学林出版社，2000：8.

[119] 杨家骥，刘美霞 . 我国装配式建筑的发展沿革 [J]. 住宅产业，2016（08）：14-21.

[120] 北京市住宅建设总公司设计所 . 装配式大板住宅设计方案竞赛 [J]. 住宅科技，1987（1）：7-8.

[121] "七五" 城镇住宅设计方案竞赛试点纲要 [J]. 住宅科技，1987（1）：3-4.

[122] 何涛波 . 由城市住宅设计竞赛看住宅设计变迁（1950s-1990s）[D]. 东南大学，2016.

[123] 陈振基 . 中国工业化建筑的沿革与未来 [J]. 混凝土世界，2013（8）：32-37.

[124] 曹鸿新 . 上海地区现浇混凝土墙体、楼地面裂缝的成因、预防及补救方法初探 [J]. 建筑施工，1981（03）：35-40.

[125] 曾哲 . 关于北京市高层住宅建设的探讨 [J]. 建筑技术，1980（03）：32-37.

[126] 张洁玲 . 当前我国民工荒的成因研究——基于产业机构视角 [D]. 暨南大学，2013.

[127] 建设部住宅产业化促进中心 . 国家康居住宅示范工程方案精选 [M]. 北京：中国建筑工业出版社，2003：1-2.

[128] 刘东卫，宫铁军，等 . 百年住居建设理念的 LC 住宅体系研发及其工程示范 [J]. 建筑学报，2009（8）：1-5.

[129] 行业资讯 . 国内首批预制装配式节能环保住宅浦东竣工 [J]. 混凝土，2008（2）：12.

[130] 中华人民共和国统计局，住房和城乡建设部 . 前 10 月全国新建装配式建筑 1.27 亿平方米 [DB/OL]. http：//www. mohurd. gov. cn/zxydt/201712/t20171218 _ 234395. html.

[131] 香港房屋委员会 [EB/OL]. http：//www. housingauthority. gov. hk/tc/public-housing/index. html，2017-12-28.

[132] 郝桐平，刘少瑜，等 . 香港建筑工业化进程回顾——以香港公共房屋建设为主线 [J]. 城市住宅，2016（5）：22-28.

[133] 丁成章 . 工厂化制造住宅与住宅产业化 [M]. 北京：机械工业出版社，2004：16.

[134] Off-site construction [DB/OL]. https：//en. wikipedia. org/wiki/Off-site _ construction.，2018：3-2.

[135] 中华人民共和国住房和城乡建设部 . 混凝土结构设计规范 GB 50010-2010 [S]. 北京：中国建筑工业出版社，2010：2.

[136] 李国豪，等 . 中国土木建筑百科辞典：建筑 [M]. 北京：中国建筑工业出版社，1999：439.

[137] 吕江波 . 工业化建筑——科学的体系建筑 [J]. 武汉工业大学学报，1998，3（20）：61-63.

[138]（日）内田祥哉 . 建筑工业化通用体系 [M]. 姚国华，吴家骥，译 . 上海：上海科学技术出版社，1983：2-3.

[139] 喻振贤，李汇，喻杰，等 . 预制装配式结构节点连接方式的研究现状 [J]. 甘肃科技，2017，33（1）：79-81.

[140] 中华人民共和国住房和城乡建设部 . 装配式混凝土建筑技术标准 GB/T 51231-2016 [S]. 北京：中国建筑工业出版社，2016：12-13.

[141] 郑振鹏，郑仁光，李峰 . 预制装配整体式混凝土框架—剪力墙结构设计 [J]. 建筑结构，2013，2 (43)：28-32.

[142] 曹杨，陈沸镔，龙也，等 . 装配式钢结构建筑的深化设计探讨 [J]. 钢结构，2016，2 (31)：72-76.

[143] 叶之皓 . 我国装配式钢结构住宅现状及对策研究 [D]. 南昌大学，2012：25-26.

[144] 中华人民共和国住房和城乡建设部 . 木结构设计规范 GB/ 50005-2017 [S]. 北京：中国建筑工业出版社，2011：02-03.

[145] 王韵璐，曹瑜，王正，等 . 国内外新一代重型 CLT 木结构建筑研究进展 [J]. 西北林学院学报，2017，2 (32)：286-293.

[146] 白国良，李红星，张淑云 . 混合结构体系在超高层建筑中的应用及问题 [J]. 建筑结构，2006，36 (8)：646-648.

[147] 于一凡 . 住宅与社会学 [J]. 城市规划汇刊，2003，3 (145)：30-33.

[148] 张昶 . 建筑工业化、预制混凝土装配结构和现浇混凝土的思考 [J]. 江西建材，2018 (1)：201-202.

[149] 屈志中 . 俄罗斯混凝土冬期施工与防冻剂应用进展 [J]. 低温建筑技术 . 1999 (3)：44-46.

[150] 闫廷文，唐景山，任继良 . 建筑工业化施工法 [M]. 北京：中国建筑工业出版社，1981：37.

[151] 孟祥海 . 浅谈隧道模板施工工艺在阿尔及利亚住房工程中的应用 [J]. 城市建筑，2017 (6)：348.

[152] (英) 悉尼·明德斯，(美) J. 弗朗西斯·杨 . 混凝土 [M]. 方秋清，杜如楼，吴科如，等，译 . 北京：中国建筑工业出版社，1989：1-2.

[153] 一位中国老建筑总工对建筑工业化——混凝土预制和现浇的思考 [DB/OL] http：//www. ccm-sa. org. cn/fenhui/show. php? id=20769，2018-5-10.

[154] 糜嘉平 . 建筑模板与脚手架研究及应用 [M]. 北京：中国建筑工业出版社，2001.

[155] 杨嗣信，王凤起 . 关于现浇钢筋混凝土工业化施工的问题 [J]. 建筑技术，2016，4 (47)：294-297.

[156] 中华人民共和国国家质量监督检验检疫总局，中国国家标准化管理委员会 . 混凝土结构用成型钢筋制品 GB/T 29733-2013 [S]. 北京：中国标准出版社，2013.

[157] (西德) H. 哈肯 . 协同学讲座 [M]. 宁存政，李应刚，译 . 西安：陕西科学技术出版社，1987：2.

[158] 中华人民共和国住房和城乡建设部，中华人民共和国国家质量监督检验检疫总局 . 建筑信息模型应用统一标准 GB/T 51212-2016 [S]. 北京，中国建筑工业出版社，2016.

[159] Sigfried Giedion. Space，Time and Architecture [M]. Mass：Harvard Unlvcrsily Press，1974：25.

[160] 胡子楠，等 . 建造之辨——西方建筑建造问题的维度及诸线索研究 [J]. 建筑师，2014 (02)：15.

[161] 中华人民共和国国家质量监督检验检疫总局 . 信息分类和编码的基本原则与方法 GB/T 7027-2002 [S]. 北京：中国建筑工业出版社，2002.

[162] Robert P. Charette，Harold E. Marshall. *UNIFORMAT Ⅱ Elemental Classification for Building Specifications，Cost Estimating，and Analysis* [J]. NISTIR，1999，6389：178-185.